오늘날 해양산업은 급속한 기술 발전과 함께 새로운 변화를 맞이하고 있습니다.

선박의 고효율화와 친환경화가 진행되면서, 선박기관을 이해하고 정비할 수 있는 **전문 기술 인력의 중요성**은 어느 때보다 커지고 있습니다.

이에 따라 현장의 요구를 반영한 체계적인 학습 교재의 필요성이 절실히 대두되고 있습니다.

『선박기관정비기능사 예상문제집』은 이러한 시대적 요구에 부응하여 제작된 교육서로, 선박기관의 기본 구조에서부터 정비 절차, 계통별 점검 기술에 이르기까지 실무 중심의 내용을 폭넓게 다루고 있습니다.

또한 최근의 출제 경향을 면밀히 분석하여 **예상 문제**, 기출문제 그리고 **명확한 해설**을 함께 구성함으로써 학습자가 스스로 원리를 이해하고 문제 해결 능력을 기를 수 있도록 설계되었습니다.

해양기술을 배우는 학생, 현장에서 근무하는 정비 기술인 그리고 **해양수산분야 전문가로 성장하고자 하는 모든 이들**을 위한 실질적인 학습 지침서이자 현장 안내서가 될 것입니다.

이 책이 바다를 사랑하고 기술로 미래를 꿈꾸는 여러분께 확신과 자신감을 심어주는 **든든한 동반자**가 되기를 바랍니다.

마지막으로 도서 편찬에 도움을 주신 많은 분들께 감사의 말씀을 올리며, 출간을 허락해준 도서출판 구민사 조규백 대표님과 임직원분들께 감사의 인사를 드립니다.

저자 유 재 웅

CHAPTER 01 선박기관정비기능사 및 국가기술자격 시험 예상문제 모의고사

01	제1회 모의고사	2
02	제2회 모의고사	13
03	제3회 모의고사	24
04	제4회 모의고사	34
05	제5회 모의고사	44
06	제6회 모의고사	55
07	제7회 모의고사	65
08	제8회 모의고사	76
09	제9회 모의고사	86
10	제10회 모의고사	96
11	제11회 모의고사	106
12	제12회 모의고사	116
13	제13회 모의고사	126
14	제14회 모의고사	137
15	제15회 모의고사	148
16	제16회 모의고사	159
17	제17회 모의고사	170
18	제18회 모의고사	181
19	제19회 모의고사	192
20	제20회 모의고사	203

CHAPTER 02 선박기관정비기능사 및 국가기술자격 시험 기출문제

- **01** 기출문제(2003년)   216
- **02** 기출문제(2004년)   225
- **03** 기출문제(2005년)   234
- **04** 기출문제(2008년)   243
- **05** 기출문제(2010년)   252
- **06** 기출문제(2012년)   261
- **07** 기출문제(2013년)   270
- **08** 기출문제(2015년)   279

이 책의 구성과 특징

1 모의고사 문제 및 해설 수록

필기시험에 필요한 부분을 단기간 안에 마스터할 수있도록 충분한 모의고사를 수록하였습니다. 또한 각 문제별 해설을 수록하여 문제의 이해도를 높이고자 하였습니다.

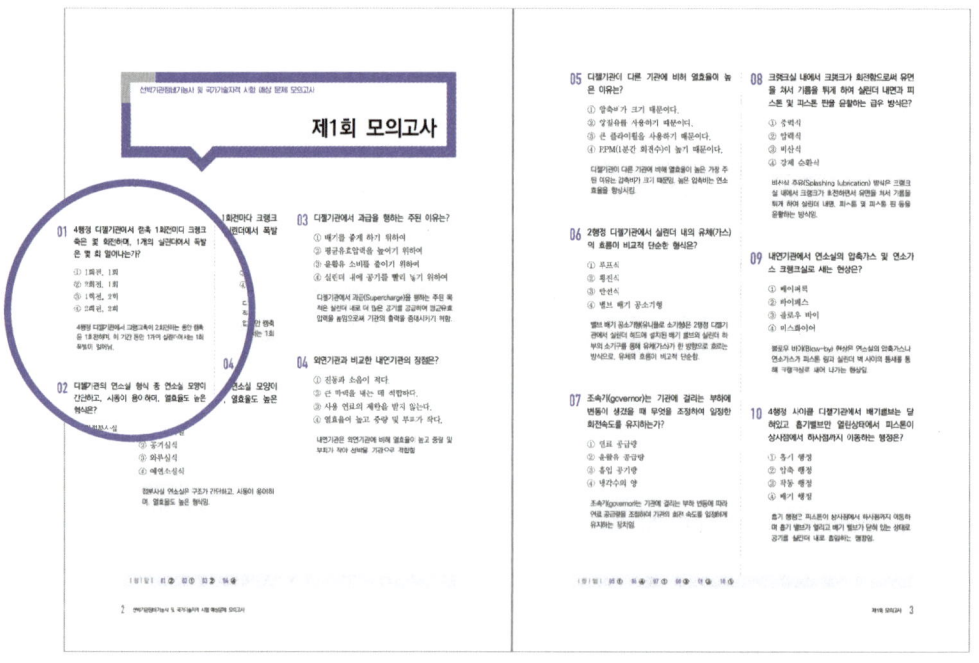

2 국가기술자격 시험 기출문제

기존 시험에 출제된 기출문제를 수록하여 실전시험에 대비하였습니다.

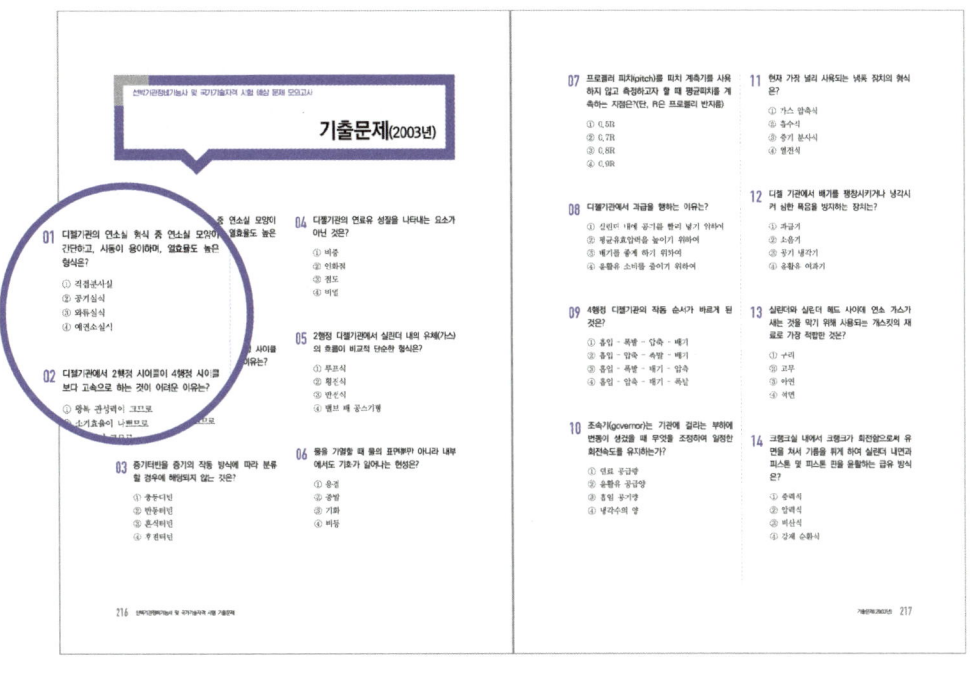

출제기준(필기)

직무 분야	기계	중직무 분야	조선	자격 종목	선박기관정비기능사	적용 기간	2025.01.01~2027.12.31
★참고★ 2025년부터 "선박기관정비기능사"로 종목명 변경 예정 ◆직무내용 : 선박기관 계통의 기기·장비가 정상적으로 작동하도록 하기 위하여 각종 공구, 시험기, 계측기 등을 사용하여 수리·정비 업무를 수행하는 직무이다.							
필기검정방법		객관식		문제수	60	시험 시간	1시간

필기과목명	문제수	주요항목	세부항목	세세항목
선박기관정비, 선박전장정비, 선박배관정비, 안전보건환경관리	60	1. 선박의 개요	1. 선박의 종류와 용어	1. 선박의 종류와 특성 2. 선박의 주요치수와 톤수 3. 선박의 주요용어
		2. 기관장치	1. 내연기관의 종류	1. 디젤기관 2. 가솔린기관 3. 가스터빈기관
			2. 내연기관의 원리	1. 작동원리 2. 사이클 3. 출력 및 효율
			3. 내연기관의 구조	1. 고정부 2. 왕복운동부 3. 회전운동부
			4. 부속장치	1. 흡?배기와 소기장치 2. 과급장치 3. 연료장치 4. 시동장치 5. 안전장치 6. 윤활장치 7. 냉각장치
			5. 감속기와 축계장치	1. 감속기 2. 축계장치
			6. 취급과 정비	1. 기관의 분해?조립 2. 기관의 측정과 검사 3. 기관의 고장, 손상과 대책
		3. 기관보조기기	1. 펌프	1. 펌프의 종류와 특성 2. 펌프의 구조
			2. 팬, 조수기, 조타기	1. 종류와 역할 2. 구조

필기과목명	문제수	주요항목	세부항목	세세항목
선박기관정비, 선박전장정비, 선박배관정비, 안전보건환경관리	60	4. 외부연소장치	1. 보일러와 부속장치	1. 작동원리와 구조 2. 부속장치 3. 운전과 점검
		5. 열교환기	1. 구조와 정비	1. 작동원리 2. 가열기 3. 냉각기 4. 운전과 점검
		6. 유공압기기	1. 유공압	1. 기초이론과 특성 2. 유공압기기 구성품 3. 유공압기호 4. 유공압회로
		7. 전원·동력장치	1. 전기 기초	1. 전기와 자기 2. 직류와 교류 회로 3. 전기계측기기
			2. 전기기기	1. 발전기 2. 전동기 3. 변압기 4. 축전지
		8. 배관	1. 배관장치	1. 배관규격 2. 밸브의 종류와 특징 3. 관피스, 플랜지, 패킹, 가스켓 4. 계기와 센서 5. 체결요소
			2. 배관도면	1. KS 제도 통칙 2. 도면의 크기와 척도 3. 선과 문자 4. 치수기입 5. 배관 계통도의 구분 6. 배관 도시기호
		9. 안전보건환경	1. 안전보건환경관리	1. 작업위험요소와 안전표지 2. 환경유해요소(해양오염, 소음, 분진, 유해화학물질 등) 3. 직업관련성 질환 4. 보호구와 방호장치

출제기준(실기)

직무분야	기계	중직무분야	조선	자격종목	선박기관정비기능사	적용기간	2025.01.01~2027.12.31

★참고★ 2025년부터 "선박기관정비기능사"로 종목명 변경 예정
◆직무내용 : 선박기관 계통의 기기·장비가 정상적으로 작동하도록 하기 위하여 각종 공구, 시험기, 계측기 등을 사용하여 수리·정비 업무를 수행하는 직무이다.
◆수행준거 : 1. 관피스를 운반거치·분해·조립하고, 부착물을 탈·부착할 수 있다.
      2. 밸브의 기능을 복구하기 위하여 분해·소제, 조립을 할 수 있다.
      3. 주기관, 보조기관 등으로 사용되는 기관장치의 수리·정비작업을 할 수 있다.
      4. 펌프의 수리·정비작업을 할 수 있다.
      5. 동력장치가 정상적인 성능과 기능을 유지하도록 동력장치와 부가 설비의 수리·정비작업을 할 수 있다.

실기검정방법	작업형	시험시간	2시간 정도

실기과목명	주요항목	세부항목	세세항목
선박기관정비 실무	1. 관피스 조립	1. 운반거치하기	1. 관피스를 설치 장소까지 운반할 수 있다.
			2. 관피스와 부착물을 순서대로 배열할 수 있다.
			3. 취급 공구를 사용할 수 있다.
			4. 서포트(Support)를 제작과 탈·부착할 수 있다.
			5. 관피스 부착품물을 거치할 수 있다.
		2. 조립하기	1. 볼트(Bolt) 체결 순서를 정하고 관을 연결할 수 있다.
			2. 관피스 부착품물을 조립할 수 있다.
			3. 유 볼트(U-bolt)를 체결할 수 있다.
		3. 부착물 탈·부착하기	1. 계기류를 탈·부착할 수 있다.
			2. 센서류를 탈·부착할 수 있다.
			3. 자동밸브 콘트롤 라인을 복구할 수 있다.
			4. 보호와 식별조치를 수행할 수 있다.(Lagging, Marking, 관 식별 띠 등)
	2. 밸브 정비	1. 분해·소제하기	1. 밸브를 분해할 수 있다.
			2. 밸브를 소제할 수 있다.

실기과목명	주요항목	세부항목	세세항목
선박기관정비 실무	2. 밸브 정비	1. 분해·소제하기	3. 정비 가능 여부를 판단할 수 있다.
			4. 부품을 교체할 수 있다.
		2. 조립하기	1. 밸브를 조립할 수 있다.
			2. 글랜드 패킹(Gland Packing)을 교환할 수 있다.
			3. 밸브의 기능을 확인할 수 있다.
	3. 기관장치 정비	1. 주기관 정비하기	1. 취급설명서에 따라 기기의 정상작동 여부를 확인하기 위한 계측과 점검을 할 수 있다.
			2. 취급설명서에 따라 안전장치를 점검과 조정할 수 있다.
			3. 정비지침서에 따라 고장원인분석을 할 수 있다.
			4. 공구 또는 치구(jig)를 활용하여 분해, 청소를 할 수 있다.
			5. 정비지침서의 기준과 비교하여 마모한계 확인과 이상 부품을 판정할 수 있다.
			6. 재생수리 대상 품목인 경우 재생수리 가능 여부를 판단할 수 있다.
			7. 유효한 비파괴검사 방법을 결정하고 검사 결과를 판정할 수 있다.
			8. 정비지침서에 따라 보수방법을 선정과 보수를 수행 할 수 있다.
			9. 취급 설명서에 따라 조립과 조정을 수행할 수 있다.
		2. 전자제어기관 정비하기	1. 취급설명서에 따라 기기의 정상작동 여부를 확인하기 위한 계측과 점검을 할 수 있다.
			2. 취급설명서에 따라 안전장치를 점검과 조정할 수 있다.
			3. 정비지침서에 따라 고장원인분석을 할 수 있다.
			4. 공구 또는 치구(jig)를 활용하여 분해, 청소를 할 수 있다.

실기과목명	주요항목	세부항목	세세항목
선박기관정비 실무	3. 기관장치 정비	2. 전자제어기관 정비하기	5. 정비지침서의 기준과 비교하여 마모한계 확인과 이상 부품을 판정할 수 있다.
			6. 재생수리 대상 품목인 경우 재생수리 가능 여부를 판단할 수 있다.
			7. 유효한 비파괴검사 방법을 결정하고 검사 결과를 판정할 수 있다.
			8. 정비지침서에 따라 보수방법을 선정과 보수를 수행할 수 있다.
			9. 취급 설명서에 따라 조립과 조정을 수행할 수 있다.
			10. 정비지침서에 따라 유압구동장치(HPU)를 점검과보수를 수행할 수 있다.
		3. 이중연료기관 정비하기	1. 취급설명서에 따라 기기의 정상작동 여부를 확인하기 위한 계측과 점검을 할 수 있다.
			2. 취급설명서에 따라 안전장치를 점검과 조정을 할 수 있다.
			3. 정비지침서에 따라 고장원인분석을 할 수 있다.
			4. 공구 또는 치구(jig)를 활용하여 분해, 청소를 할 수 있다.
			5. 정비지침서의 기준과 비교하여 마모한계 확인과 이상 부품을 판정할 수 있다.
			6. 재생수리 대상 품목인 경우 재생수리 가능 여부를 판단할 수 있다.
			7. 유효한 비파괴검사 방법을 결정하고 검사 결과를 판정할 수 있다.
			8. 정비지침서에 따라 보수방법을 선정과 보수를 수행할 수 있다.
			9. 취급 설명서에 따라 조립과 조정을 수행할 수 있다.
			10. 취급설명서에 따라 가스공급에 따른 가스연료 공급 관과 이중관 내측사이의 환기시스템을 점검할 수 있다.

실기과목명	주요항목	세부항목	세세항목
선박기관정비 실무	3. 기관장치 정비	4. 발전기관 정비하기	1. 취급설명서에 따라 기기의 정상작동 여부를 확인하기 위한 계측과 점검을 할 수 있다.
			2. 취급설명서에 따라 안전장치를 점검과 조정을 할 수 있다.
			3. 정비지침서에 따라 고장원인분석을 할 수 있다.
			4. 공구 또는 치구(jig)를 활용하여 분해, 청소를 할 수 있다.
			5. 정비지침서의 기준과 비교하여 마모한계 확인과 이상 부품을 판정할 수 있다.
			6. 재생수리 대상 품목인 경우 재생수리 가능 여부를 판단할 수 있다.
			7. 유효한 비파괴검사 방법을 결정하고 검사 결과를 판정할 수 있다.
			8. 정비지침서에 따라 보수방법을 선정과 보수를 수행 할 수 있다.
			9. 취급 설명서에 따라 조립과 조정을 수행할 수 있다.
	4. 기관보조기기 정비	1. 펌프 정비하기	1. 취급설명서에 따라 정상작동 여부를 확인하기 위한 점검을 할 수 있다.
			2. 정비지침서에 따라 펌프축 얼라인먼트(alignment) 점검을 할 수 있다.
			3. 정비지침서에 따라 고장원인분석을 할 수 있다.
			4. 공구 또는 치구(jig)를 활용하여 분해와 청소를 할 수 있다.
			5. 정비지침서의 기준과 비교하여 마모와 부식, 침식한 계확인 또는 이상 부품을 판정할 수 있다.
			6. 정비지침서에 따라 펌프축의 축봉장치(shaft seal)를 정비할 수 있다.
			7. 정비지침서에 따라 보수방법을 선정하여 보수를 수행할 수 있다.

실기과목명	주요항목	세부항목	세세항목
선박기관정비 실무	4. 기관보조기기 정비	1. 펌프 정비하기	8. 정비지침서에 따라 조립작업을 수행할 수 있다.
	5. 동력장치 정비	1. 전동기 정비하기	1. 정비계획서에 따라 정비에 필요한 준비를 할 수 있다.
			2. 정비점검 지침에 따라 이상(과열, 변형, 손상과 절연 저하) 여부를 점검할 수 있다.
			3. 정비점검 지침에 따라 전동기를 점검, 조정할 수 있다.
			4. 정비점검 지침에 따라 고장 원인분석을 할 수 있다.
			5. 정비점검 지침에 따라 소제(클리닝)을 수행할 수 있다.
			6. 정비점검 지침에 따라 회전부분(베어링 등)의 마모한계와 부품의 이상 여부를 판정할 수 있다.
			7. 정비 방법을 선정하여 정비를 수행할 수 있다.
			8. 정비점검 지침에 따라 정상 상태로 조정을 수행할 수 있다.
			9. 정비점검 지침에 따라 분해·조립작업을 수행할 수 있다.
			10. 정비점검 지침에 따라 규정된 시험과 검사를 수행할 수 있다.
		2. 기동반 정비하기	1. 정비계획서에 따라 정비에 필요한 준비를 할 수 있다.
			2. 정비점검 지침에 따라 이상(과열, 손상, 소손, 변형, 절연저하 등) 여부를 점검할 수 있다.
			3. 정비에 사용되는 장비를 작동할 수 있다.
			4. 정비점검 지침에 따라 사용 한계점 또는 부품 이상 여부를 판정할 수 있다.
			5. 정비 방법을 선정하여 정비를 수행할 수 있다.
			6. 정비점검 지침에 따라 분해·조립작업을 수행할 수 있다.

선박기관정비기능사 및 국가기술자격 시험 예상문제 모의고사

제1회 모의고사

선박기관정비기능사 및 국가기술자격 시험 예상 문제 모의고사

01 4행정 디젤기관에서 캠축 1회전마다 크랭크축은 몇 회전하며, 1개의 실린더에서 폭발은 몇 회 일어나는가?

① 1회전, 1회
② 2회전, 1회
③ 1회전, 2회
④ 2회전, 2회

4행정 디젤기관에서 크랭크축이 2회전하는 동안 캠축은 1회전하며, 이 기간 동안 1개의 실린더에서는 1회 폭발이 일어남.

02 디젤기관의 연소실 형식 중 연소실 모양이 간단하고, 시동이 용이하며, 열효율도 높은 형식은?

① 직접분사실
② 공기실식
③ 와류실식
④ 예연소실식

직접분사실 연소실은 구조가 간단하고, 시동이 용이하며, 열효율도 높은 형식임.

03 디젤기관에서 과급을 행하는 주된 이유는?

① 배기를 좋게 하기 위하여
② 평균유효압력을 높이기 위하여
③ 윤활유 소비를 줄이기 위하여
④ 실린더 내에 공기를 빨리 넣기 위하여

디젤기관에서 과급(Supercharge)을 행하는 주된 목적은 실린더 내로 더 많은 공기를 공급하여 평균유효압력을 높임으로써 기관의 출력을 증대시키기 위함.

04 외연기관과 비교한 내연기관의 장점은?

① 진동과 소음이 적다.
② 큰 마력을 내는 데 적합하다.
③ 사용 연료의 제한을 받지 않는다.
④ 열효율이 높고 중량 및 부피가 작다.

내연기관은 외연기관에 비해 열효율이 높고 중량 및 부피가 작아 선박용 기관으로 적합함.

| 정답 | 01 ② 02 ① 03 ② 04 ④

05 디젤기관이 다른 기관에 비해 열효율이 높은 이유는?

① 압축비가 크기 때문이다.
② 양질유를 사용하기 때문이다.
③ 큰 플라이휠을 사용하기 때문이다.
④ RPM(1분간 회전수)이 높기 때문이다.

> 디젤기관이 다른 기관에 비해 열효율이 높은 가장 주된 이유는 압축비가 크기 때문임. 높은 압축비는 연소 효율을 향상시킴.

06 2행정 디젤기관에서 실린더 내의 유체(가스)의 흐름이 비교적 단순한 형식은?

① 루프식
② 횡진식
③ 반전식
④ 밸브 배기 공소기형

> 밸브 배기 공소기형(유니플로 소기형)은 2행정 디젤기관에서 실린더 헤드에 설치된 배기 밸브와 실린더 하부의 소기구를 통해 유체(가스)가 한 방향으로 흐르는 방식으로, 유체의 흐름이 비교적 단순함.

07 조속기(governor)는 기관에 걸리는 부하에 변동이 생겼을 때 무엇을 조정하여 일정한 회전속도를 유지하는가?

① 연료 공급량
② 윤활유 공급량
③ 흡입 공기량
④ 냉각수의 양

> 조속기(governor)는 기관에 걸리는 부하 변동에 따라 연료 공급량을 조절하여 기관의 회전 속도를 일정하게 유지하는 장치임.

08 크랭크실 내에서 크랭크가 회전함으로써 유면을 쳐서 기름을 튀게 하여 실린더 내면과 피스톤 및 피스톤 핀을 윤활하는 급유 방식은?

① 중력식
② 압력식
③ 비산식
④ 강제 순환식

> 비산식 주유(Splashing lubrication) 방식은 크랭크실 내에서 크랭크가 회전하면서 유면을 쳐서 기름을 튀게 하여 실린더 내면, 피스톤 및 피스톤 핀 등을 윤활하는 방식임.

09 내연기관에서 연소실의 압축가스 및 연소가스 크랭크실로 새는 현상은?

① 베이퍼록
② 바이패스
③ 블로우 바이
④ 미스화이어

> 블로우 바이(Blow-by) 현상은 연소실의 압축가스나 연소가스가 피스톤 링과 실린더 벽 사이의 틈새를 통해 크랭크실로 새어 나가는 현상임.

10 4행정 사이클 디젤기관에서 배기밸브는 닫혀있고 흡기밸브만 열린상태에서 피스톤이 상사점에서 하사점까지 이동하는 행정은?

① 흡기 행정
② 압축 행정
③ 작동 행정
④ 배기 행정

> 흡기 행정은 피스톤이 상사점에서 하사점까지 이동하며 흡기 밸브가 열리고 배기 밸브가 닫혀 있는 상태로 공기를 실린더 내로 흡입하는 행정임.

| 정답 | 05 ① 06 ④ 07 ① 08 ③ 09 ③ 10 ①

11 디젤기관의 노크를 방지하는데 좋은 노즐은?

① 다공노즐
② 핀틀노즐
③ 드로틀노즐
④ 단공노즐

다공형 노즐은 여러 개의 미세한 분사 구멍을 가지고 있어 연료의 무화 및 분산이 양호하여 노크를 효과적으로 방지하는 데 좋음.

12 4행정 사이클 기관 운전 중 하나의 실린더에서 1분간에 180회의 폭발이 일어났다면 이 기관의 분당 회전수는?

① 45rpm
② 60rpm
③ 180rpm
④ 360rpm

4행정 기관은 크랭크축 2회전당 1회 폭발합니다. 따라서 1분 동안 180회의 폭발이 일어났다면 크랭크축은 180회 × 2 = 360회전(rpm)

13 디젤기관의 연료유 성질을 나타내는 요소가 아닌 것은?

① 비중
② 인화점
③ 점도
④ 비열

비열은 물질의 온도를 1°C 높이는 데 필요한 열량으로, 디젤기관 연료유의 성질을 나타내는 주된 요소는 아닙니다. 비중, 인화점, 점도 등은 연료유의 중요한 성질임.

14 디젤기관에 저질 중유를 사용했을 때 실린더 라이너 내면을 부식시키는 주원인 물질은?

① 질소
② 아황산가스
③ 탄화수소
④ 이산화탄소

디젤기관에 저질 중유를 사용했을 때, 연료 중의 황(S) 성분이 연소 시 산화되어 아황산가스(SO_2)를 생성하며, 이는 실린더 라이너 내면을 부식시키는 주원인 물질이 됨.

15 실린더와 실린더 헤드 사이에 연소 가스가 새는 것을 막기 위해 사용되는 개스킷의 재료로 가장 적합한 것은?

① 구리
② 고무
③ 아연
④ 석면

실린더와 실린더 헤드 사이에 연소 가스가 새는 것을 막기 위해 사용되는 개스킷의 재료로는 구리가 열도율과 연성이 좋아 적합하게 사용됨.

16 냉동기의 팽창밸브를 통과한 냉매는 파이프 내에서 어떠한 상태인가?

① 포화액
② 건포화증기
③ 고온, 고압의 기체
④ 습포화증기

냉동기의 팽창 밸브를 통과한 냉매는 교축 작용에 의해 압력과 온도가 급격히 낮아지면서 일부는 증발하고 일부는 액체 상태로 남아 있는 습포화 증기 상태가 됨.

| 정 | 답 | 11 ① 12 ④ 13 ④ 14 ② 15 ① 16 ④

17 현재 가장 널리 사용되는 냉동 장치의 형식은?

① 가스 압축식
② 흡수식
③ 증기 분사식
④ 열전식

현재 가장 널리 사용되는 냉동 장치의 형식은 효율성과 적용성이 우수한 가스 압축식임.

18 원심 펌프와 비교했을 때 왕복 펌프의 특징으로 틀린 것은?

① 흡입 성능이 양호하다.
② 높은 양정을 얻기가 쉽다.
③ 큰 유량을 얻는데 유리하다.
④ 운전 조건이 광범위하게 변해도 효율변화가 적다.

왕복 펌프는 원심 펌프에 비해 흡입 성능이 양호하고, 높은 양정을 얻기 쉬우며, 운전 조건 변화에 따른 효율 변화가 적습니다. 반면 큰 유량을 얻는 데는 원심 펌프가 더 유리함.

19 유압을 일로 바꾸는 역할을 하는 유압기구의 구성요소는?

① 유압펌프
② 유압밸브
③ 액추에이터
④ 유압탱크

유압 장치에서 액추에이터(Actuator)는 유압 에너지를 기계적인 일(운동)로 바꾸는 역할을 하는 구성요소임.

20 증기터빈을 증기의 작동 방식에 따라 분류할 때 해당되지 않는 것은?

① 충동 터빈
② 배압 터빈
③ 반동 터빈
④ 혼식 터빈

증기 터빈을 증기의 작동 방식에 따라 충동 터빈, 반동 터빈, 혼식 터빈으로 분류함. 배압 터빈은 증기의 작동 방식이 아닌 배기 압력에 따른 분류에 해당함.

21 냉동장치에서 냉매가 부족할 경우 나타나는 현상은?

① 냉동능력이 증가한다.
② 토출압력이 높아진다.
③ 흡입압력이 높아진다.
④ 흡입압력이 낮아진다.

냉매가 부족하면 증발기에서 충분한 열 흡수가 이루어지지 않아 흡입압력이 낮아지는 현상이 나타남.

22 0°C의 순수한 물 1톤을 24시간에 걸쳐서 0°C의 얼음으로 바꾸는 냉동능력은?

① 1냉동톤
② 1제빙톤
③ 1얼음톤
④ 1응축톤

1냉동톤(Refrigeration Ton, RT)은 0°C의 순수한 물 1톤(1000kg)을 24시간에 걸쳐서 0°C의 얼음으로 바꾸는 냉동 능력을 나타내는 단위임.

23 원심펌프가 진동하거나 비정상적인 소리가 발생하는 경우 그 원인으로 옳은 것은?

① 흡입 양정이 높다.
② 흡입 측에 공기가 유입되었다.
③ 유체의 온도가 높다.
④ 축의 중심이 어긋나 있다.

원심 펌프가 진동하거나 비정상적인 소리가 발생하는 주요 원인 중 하나는 축의 중심이 어긋나 있을 때임.

24 보일러에서 발생한 증기 중에 포함된 수분을 제거하는 장치는?

① 슈트 블로워
② 과열 저감기
③ 스팀 헤드
④ 기수 분리기

기수 분리기(Steam Separator)는 보일러에서 발생한 증기 중에 포함된 물방울(수분)을 원심력이나 충돌 등을 이용하여 제거하여 건조한 증기를 공급하는 장치임.

25 대규모의 냉동 장치에 쓰이고, 증발 잠열이 가장 크며, 철은 부식시키지 않으나, 극심한 자극성 냄새와 독성이 강한 냉매는?

① 프레온
② 탄산가스
③ 암모니아
④ 메틸크로라이드

암모니아는 증발 잠열이 매우 크고, 철을 부식시키지 않으며, 냉동 능력이 우수하여 대규모 냉동 장치에 널리 사용됩니다. 그러나 독성이 강하고 특유의 자극성 냄새가 있어 취급에 주의가 필요함.

26 왕복식 급수 펌프에 해당되는 것은?

① 인젝터 펌프
② 플런저 펌프
③ 터빈 펌프
④ 볼류트 펌프

플런저 펌프는 플런저의 왕복 운동을 이용하여 액체를 이송하는 대표적인 왕복식 펌프임.

27 수관 보일러의 특징을 잘못 설명한 것은?

① 대용량의 증기 발생에 유리하다.
② 수(水) 순환이 빠르므로 급수처리를 할 필요가 없다.
③ 효율이 원통 보일러보다 높다.
④ 수관의 직경이 작으므로 고압력에 유리하다.

수관 보일러는 대용량의 증기 발생에 유리하고, 효율이 높으며, 고압력에 강합니다. 하지만 수(水) 순환이 빠르더라도 급수 처리가 매우 중요하며, 불량한 급수 처리는 스케일 형성 및 부식으로 이어질 수 있으므로 "급수처리를 할 필요가 없다"는 설명은 잘못됨.

28 선박용 대형 기관에서 주로 사용되는 기관 냉각 방법은?

① 공기 냉각
② 청수 냉각
③ 유 냉각
④ 해수 냉각

선박용 대형 기관에서는 엔진의 열 발생량이 많고 효율적인 열 제거가 필요하므로, 일반적으로 청수 냉각 방식을 사용합니다. 해수는 직접 냉각수로 사용 시 부식 등의 문제가 발생할 수 있음.

| 정 | 답 | 23 ④ 24 ④ 25 ③ 26 ② 27 ② 28 ②

29 냉동장치의 증발기에 부착한 서리를 제거해야 하는 이유는?

① 증발 코일이 부식하므로
② 증발 코일이 중량이 커져서 파괴되므로
③ 냉동물을 손상시키므로
④ 증발 코일의 전열이 나쁘게 되므로

냉동 장치의 증발기에 서리나 성에가 부착하면 열 전달을 방해하여 냉동 능력이 저하되므로 이를 주기적으로 제거해야 함.

30 보일러의 비상 정지시에 가장 먼저 조치하는 사항은?

① 연료 공급 차단
② 송풍기 정지
③ 급수 증대
④ 댐퍼 개방

보일러 비상 정지 시에는 연료 공급을 가장 먼저 차단하여 연소를 중지시키고, 추가적인 위험을 방지해야 함.

31 가솔린기관에서 점화 코일이 유도된 고압의 전류를 기관의 점화 순서에 따라 각 실린더의 점화 플러그에 분배하는 기구는?

① 배전기
② 점화 코일
③ 기화기
④ 점화 장치

배전기는 가솔린기관에서 점화 코일이 유도한 고압 전류를 기관의 점화 순서에 따라 각 실린더의 점화 플러그에 분배하는 기구임.

32 디젤기관 시동에 사용되는 공기압축기를 다단식으로 하는 이유가 아닌 것은?

① 효율이 좋아진다.
② 압축 공기의 온도를 낮출 수 있다.
③ 비상시 원활한 압축공기의 공급을 할 수 있다.
④ 탄화에 의한 피스톤과 피스톤 링의 고착 및 폭발의 위험이 감소한다.

디젤기관 시동용 공기압축기를 다단식으로 하는 주된 이유는 압축 과정에서 발생하는 공기의 온도를 낮춰서 안전성을 확보하고 효율을 높이기 위함. "비상시 원활한 압축공기의 공급을 할 수 있다"는 다단식 압축기의 주된 이유가 아님.

33 3상 교류에서 각 상의 위상차는 몇 도(°)인가?

① 60°
② 120°
③ 180°
④ 360°

3상 교류 전원에서는 각 상의 전압 또는 전류가 서로 120°의 위상차를 가짐

34 직류 발전기의 구성 부분에 해당하지 않는 것은?

① 계자
② 전기자
③ 정류자
④ 슬립 링

직류 발전기의 구성 부분은 계자, 전기자, 정류자, 브러시 등이며, 슬립 링(Slip Ring)은 교류 발전기나 일부 직류 전동기에서 사용되는 부품으로 직류 발전기 구성 부분에는 해당하지 않음.

| 정 | 답 | 29 ④ 30 ① 31 ① 32 ③ 33 ② 34 ④

35 용량이 100AH인 납축전지에서 매시간 5A의 크기로 방전시키면 사용할 수 있는 시간은?

① 10시간
② 20시간
③ 30시간
④ 40시간

사용 시간(h) = 용량(Ah) / 전류(A)
100Ah / 5A = 20시간

36 폭발성 가스 중에서 안전하게 사용할 수 있도록 고안된 전기기구의 형식은?

① 방폭형
② 방수형
③ 수중형
④ 풍우밀형

방폭형 전기기구는 폭발성 가스나 분진이 존재하는 위험한 환경에서도 안전하게 사용할 수 있도록 고안된 전기기구의 형식.

37 발전기용 정류자편 사이와 그 지지물 사이의 절연물질로 사용되는 것은?

① 나무
② 고무
③ 마이카(mica)
④ 에보나이트

마이카(Mica)는 절연성이 우수하고 고온에 강하여 발전기의 정류자편 사이와 그 지지물 사이의 절연 물질로 많이 사용됨.

38 납 축전지의 방전 여부를 알아보는 가장 좋은 방법은?

① 직렬 연결 시험
② 병렬 연결 시험
③ 비중, 전압 측정
④ 점도 측정

납 축전지의 방전 여부를 알아보는 가장 좋은 방법은 전해액의 비중과 전압을 측정하는 것. 방전될수록 비중과 전압이 낮아짐.

39 직류 전동기 중 기동 토크가 가장 크고 전차, 크레인 등 큰 기동력을 필요로 하는 곳에 주로 사용되는 것은?

① 직권전동기
② 분권전동기
③ 복권전동기
④ 타여자전동기

직권 전동기는 계자 권선과 전기자 권선이 직렬로 연결되어 있어 기동 토크가 매우 크므로, 전차, 크레인 등 큰 기동력이 필요한 곳에 주로 사용됨.

40 전류가 흐르는 도체의 전기 저항은?

① 길이에 비례하고 단면적에 반비례한다.
② 길이와 단면적에 반비례한다.
③ 길이와 단면적에 비례한다.
④ 길이에 반비례하고 단면적에 비례한다.

도체의 전기 저항은 도체의 길이에 비례하고, 도체의 단면적에 반비례 함.

| 정 | 답 | 35 ② 36 ① 37 ③ 38 ③ 39 ① 40 ①

41 변압기의 손실 중 변압기의 철심에 발생하는 손실을 무엇이라 하는가?

① 구리손
② 부하손
③ 철손
④ 표유 부하손

변압기의 손실 중 철심에서 발생하는 손실을 철손이라고 합니다. 이는 히스테리시스손과 와류손을 포함함.

42 두 극판 사이에 절연물을 두고 전하를 모으는 장치는?

① 대전체
② 저항체
③ 절연체
④ 콘덴서

콘덴서(Capacitor)는 두 개의 금속 도체(극판) 사이에 유전체를 삽입하여 전하를 모아 정전 용량을 가지게 한 소자임.

43 선수의 형상 중 선수파의 파형을 조정하여 선박의 조파저항을 감소시킬 목적으로 개발된 것은?

① 램형
② 경사형
③ 구상형
④ 클리퍼형

구상 선수는 선수 수선 아래 부분에 공 모양의 돌출부를 두어, 선수파의 파형을 조정하여 조파 저항을 감소시킬 목적으로 개발됨.

44 다음 중 선박의 적재 가능한 중량을 나타내는 것은?

① 배수량
② 총톤수
③ 순톤수
④ 재화중량

선박의 재화중량톤수는 선박이 적재할 수 있는 화물의 최대 중량을 나타내는 것으로, 만재배수톤수에서 경하배수톤수를 뺀 값.

45 선박의 마찰저항 크기에 영향을 미치는 요소가 아닌 것은?

① 침수 표면적
② 파고
③ 유체의 밀도
④ 유체의 점성계수

선박의 마찰 저항 크기에 영향을 미치는 요소는 침수 표면적, 유체의 밀도, 유체의 점성 계수 등임. 파고는 주로 조파 저항에 영향을 줌.

46 배가 진행할 때 선미에서 배의 진행방향으로 물의 흐름이 생기는데 이를 무엇이라 하는가?

① 반류
② 슬립
③ 공동현상
④ 피치

배가 진행할 때 선미에서 배의 진행 방향으로 물의 흐름이 생기는데 이를 반류라고 합니다. 이 반류는 프로펠러의 추진 효율에 영향을 줌.

| 정답 | 41 ③ 42 ④ 43 ③ 44 ④ 45 ② 46 ①

47 유조선에서 중앙기관선보다 선미기관선을 주로 채택하는 이유로 틀린 것은?

① 화재의 위험이 적다.
② 선수트림을 조정하기 쉽다.
③ 축로를 아주 짧게 단축할 수 있다.
④ 중앙부의 장소를 유효하게 화물창으로 쓸 수 있다.

유조선은 인화성 액체를 운반하므로 화재 위험성이 높음. 선수 트림을 조정하기 쉬운 것은 유조선이 선미 기관선을 채택하는 주된 이유가 아님. 화재 위험 감소, 축로 단축, 중앙부 화물창 유효 활용 등이 주된 이유임.

48 선박 기관실 천창(Sky light)의 설치 목적이 아닌 것은?

① 통풍
② 채광
③ 방열
④ 관계자의 출입

선박 기관실 천창(Sky light)의 주요 목적은 통풍, 채광, 방열 등임. 관계자의 출입은 천창의 주된 설치 목적이 아님.

49 중앙횡단면의 현측에서 상갑판보의 상면부터 기선까지 측정한 수직거리는?

① 형깊이
② 건현
③ 형흘수
④ 건형용의 깊이

선박의 중앙 횡단면에서 현측의 상갑판보 상면부터 기선까지 측정한 수직 거리는 형깊이(Moulded Depth)라고 함.

50 주기관이 설치되는 곳의 보강방법으로 부적절한 것은?

① 보를 크게 한다.
② 특설늑골을 증설한다.
③ 늑판의 두께를 증가한다.
④ 이중저 내의 실체늑판의 수를 증가한다.

주기관이 설치되는 기관실 바닥을 보강하는 방법으로는 특설 늑골 증설, 늑판 두께 증가, 이중저 내 실체 늑판 수 증가 등이 있음. 보(Beam)를 크게 하는 것은 갑판 보강에 해당하며 기관실 바닥 보강과는 거리가 멈.

51 축로의 상부보다 높게 위치하는 공간으로 프로펠러 축을 빼기에 편리하게 되어 있는 곳은?

① 선미관
② 탈출 트렁크
③ 축로 리세스
④ 스터핑 상자

축로 리세스(Shaft Tunnel Recess)는 축로의 상부보다 높게 위치하는 공간으로, 프로펠러 축을 교환 시 빼내기 편리하도록 설계된 구조물임.

52 항공기의 원리인 날개의 양력을 이용하여 수면 가까이 떠서 운항하는 선박의 명칭은?

① 활주형선
② 위그선
③ 수중익선
④ 공기부양선

위그선(WIG, Wing-In-Ground effect ship)은 항공기의 날개 양력 원리를 이용하여 수면 가까이 떠서 운항하는 선박임.

| 정 | 답 | 47 ② 48 ④ 49 ① 50 ① 51 ③ 52 ②

53 피치가 2mm인 2줄 나사를 180° 회전시키면 몇 mm 이동하는가?

① 1
② 2
③ 3
④ 4

나사의 리드(Lead) = 피치(Pitch) × 줄 수(Number of Starts)임. 피치가 2mm이고 2줄 나사이므로 리드는 2mm × 2 = 4mm임. 180° 회전은 1회전 (360°)의 절반이므로, 이동 거리는 리드의 절반인 4mm / 2 = 2mm임.

54 TIG 용접에서 사용하는 전극재료는?

① 텅스텐
② 탄소
③ 알루미늄
④ 주철

TIG 용접(Tungsten Inert Gas welding)은 텅스텐 전극을 사용하여 아크를 발생시키고, 불활성 가스(아르곤 등)로 보호하면서 용접하는 방식임.

55 배관 제도 방법에 대한 설명으로 틀린 것은?

① 관은 1줄의 실선으로 표시한다.
② 계기는 종류에 따라 O안에 문자 기호를 넣어 표시한다.
③ 관의 굵기는 배관을 표현한 곳 옆에 굵기에 따라 여러 줄의 가는 실선을 이용하여 표시한다.
④ 배관이 접속하면서 교차할 경우 교차지점에 굵은 점으로 표시한다.

배관 제도에서 관의 굵기는 배관을 표현한 곳 옆에 치수(예: ∅50)로 직접 표시하며, 여러 줄의 가는 실선을 이용하여 표시한다는 설명은 틀림.

56 가스용접 장치 중 산소와 아세틸렌 가스를 일정한 비율로 혼합하고 이 혼합 가스를 연소시켜 고온의 불꽃을 얻는 장치는?

① 봄베   ② 용접봉
③ 토치   ④ 압력조정기

토치는 가스 용접 장치 중 산소와 아세틸렌 가스를 일정한 비율로 혼합하고 이 혼합 가스를 연소시켜 고온의 불꽃을 얻는 장치임.

57 수공구 이용시 안전한 작업을 하기 위한 설명으로 틀린 것은?

① 쇠톱을 이용한 절단작업시 밀 때 절삭이 되도록 한다.
② 스패너의 크기가 너트에 맞는 것이 없을 때는 끼움판을 사용한다.
③ 스패너로 너트를 조일 때는 모양에 맞게 끼우고 앞으로 당기면서 조인다.
④ 해머 작업시 면장갑이나 기름 묻은 손으로 자루를 잡지 않는다.

수공구 이용 시 안전한 작업을 위한 설명 중, 스패너의 크기가 너트에 맞지 않을 때 끼움판을 사용하는 것은 부적절하고 위험합니다. 항상 너트 크기에 맞는 스패너를 사용해야 함.

58 실린더 헤드의 볼트나 메인베어링의 스터드 볼트를 정확한 힘으로 죌 때 사용하는 공구는?

① 토크 렌치
② 래칫 렌치
③ 복스 렌치
④ 육각 렌치

실린더 헤드 볼트나 메인 베어링 볼트를 정확한 힘(토크)으로 조일 때 사용하는 공구는 토크 렌치임

| 정 | 답 | 53 ② 54 ① 55 ③ 56 ③ 57 ② 58 ①

59 제도에서 사용하는 선의 종류와 용도에 대한 설명으로 틀린 것은?

① 외형선은 실선으로 표시한다.
② 지시선은 쇄선으로 표시한다.
③ 중심선은 1점 쇄선으로 표시한다.
④ 무게중심선은 2점 쇄선으로 표시한다.

지시선은 치수 보조 기호와 함께 주석 등을 가리킬 때 사용하며, 가는 실선으로 표시합니다. "쇄선으로 표시한다"는 설명은 틀림.

60 마이크로미터와 같은 직접 측정 방법의 특징으로 옳은 것은?

① 눈금을 읽는 오류가 적고 측정시간이 짧다.
② 초보자도 정밀한 측정기기를 쉽게 다룰 수 있다.
③ 측정범위가 넓고 피측정물의 실제치수를 읽을 수 있다.
④ 치수 편차의 파악이 용의하고 원격제어에 활용할 수 있다.

마이크로미터와 같은 직접 측정 방법은 측정 범위가 넓고 피측정물의 실제 치수를 직접 읽을 수 있다는 장점이 있음.

|정|답| 59 ② 60 ③

선박기관정비기능사 및 국가기술자격 시험 예상 문제 모의고사

제2회 모의고사

01 4행정 디젤기관에서 흡입, 압축, 폭발, 배기 행정이 차례로 일어나는 동안 크랭크축은 몇 회전하는가?

① 0.5회전
② 1회전
③ 2회전
④ 4회전

4행정 기관은 크랭크축 2회전 동안 흡입, 압축, 폭발, 배기의 4행정이 진행되며, 1회 폭발이 일어남. 따라서 크랭크축 2회전당 1회 폭발이 발생함.

02 디젤기관의 피스톤 링이 고온에서도 변형이 적고, 링의 전 둘레에 걸쳐 실린더 벽에 균일하게 밀착해야 하는 주된 이유는?

① 윤활유 소모 감소
② 블로 바이(Blow-by) 현상 방지
③ 피스톤 링의 마모 감소
④ 냉각 효율 증대

피스톤 링은 실린더 내 연소가스 및 압축가스가 크랭크실로 새어 나가는 현상인 블로 바이(Blow-by)를 방지하여 기밀을 유지하는 역할을 함.

03 다음 중 2행정 기관이 4행정 기관에 비해 마력당 부피와 무게가 작아 대형 선박기관에 많이 사용되는 장점과 가장 거리가 먼 것은?

① 실린더 열응력이 작다.
② 구조가 간단하다.
③ 토크 변화가 적다.
④ 흡, 배기 밸브가 없다.

2행정 기관은 4행정 기관에 비해 마력당 부피와 무게가 작고, 토크 변화가 적으며, 흡배기 밸브가 없어 구조가 간단한 장점이 있음. 그러나 실린더 열응력이 크다는 단점이 있음.

04 선박용 보일러가 갖추어야 할 조건으로 옳지 않은 것은?

① 검사 및 수리가 편리할 것
② 물의 대류가 용이한 구조일 것
③ 구조는 상용 압력에 충분한 강도를 가질 것
④ 노와 연소실은 모든 공기의 흐름을 차단하여 밀폐될 것

보일러의 구비 조건으로는 검사 및 수리가 편리하고, 물의 대류가 용이한 구조를 가지며, 상용 압력에 충분한 강도를 가질 것 등이 있음. 노와 연소실은 모든 공기의 흐름을 차단하여 밀폐되어야 하지만, 이는 구비 조건이라기보다 정상 운전을 위한 설계 및 운전 원칙에 가까움.

|정답| 01 ③ 02 ② 03 ① 04 ④

05 냉동 장치에서 냉매 부족 시 나타나는 현상으로 옳은 것은?

① 응축 압력이 낮아진다.
② 압축기가 과열한다.
③ 압축 압력이 높아진다.
④ 흡입 압력이 높아진다.

냉매가 부족하면 흡입 압력이 낮아지고 냉동 능력이 저하되며, 응축 압력도 낮아질 수 있음. 압축기가 과열되는 현상이 나타나기도 함.

06 다음 중 추력축의 칼라(collar)가 하는 주된 역할은 무엇인가?

① 진동을 방지한다.
② 축의 부식을 방지한다.
③ 윤활을 양호하게 한다.
④ 추진력을 선체에 전달한다.

스러스트 베어링의 일종인 추력축의 칼라(collar)는 프로펠러에서 발생한 추진력을 받아 선체에 전달하는 역할을 함.

07 원심 펌프와 비교했을 때 왕복 펌프의 특징으로 옳지 않은 것은?

① 흡입 성능이 양호하다.
② 높은 양정을 얻기가 쉽다.
③ 큰 유량을 얻는 데 유리하다.
④ 운전 조건이 광범위하게 변해도 효율 변화가 적다.

왕복 펌프는 원심 펌프에 비해 흡입 성능이 양호하고, 높은 양정을 얻기 쉬우며, 운전 조건이 광범위하게 변해도 효율 변화가 적다는 특징이 있음. 반면 큰 유량을 얻는 데는 원심 펌프가 유리함.

08 피스톤 링의 종류 중 링의 고착 방지에 효과가 가장 큰 것은?

① 키스톤형 링
② 플레인형 링
③ 테이퍼형 링
④ 인사이드 베벨형 링

키스톤형 링은 단면이 사다리꼴 모양으로, 피스톤 링 홈에 끼워지면 테이퍼 면과 접촉하여 틈새를 유지함으로써 링의 고착 방지에 큰 효과가 있음.

09 디젤기관의 배기량은 다음 중 어떤 부피를 말하는가?

① 행정 부피
② 실린더 부피
③ 압축 부피
④ 피스톤 부피

기관의 배기량은 피스톤의 상사점과 하사점 사이의 직선 거리에 해당하는 행정 부피(Stroke volume)를 의미함.

10 어떤 디젤기관의 행정 체적이 $1900cm^3$, 압축 체적이 $100cm^3$일 때 압축비는?

① 17
② 18
③ 19
④ 20

압축비는 (행정 부피 + 압축 부피) / 압축 부피로 계산함.
($1900cm^3$ + $100cm^3$) / $100cm^3$ = $2000cm^3$ / $100cm^3$ = 20.

| 정답 | 05 ① 06 ④ 07 ③ 08 ① 09 ① 10 ④

11 디젤기관에서 피스톤 링의 역할로 옳지 않은 것은?

① 냉각 작용
② 기밀 유지
③ 축압 지지
④ 유막 형성

피스톤 링의 역할은 기밀 유지, 냉각 작용, 유막 형성 등. '축압 지지'는 피스톤 링의 직접적인 역할이 아님.

12 4행정 4실린더 디젤 기관의 크랭크 축이 분당 1000번 회전한다면 이때 캠축의 분당 회전수(rpm)는 얼마인가?

① 250
② 500
③ 1000
④ 2000

4행정 기관에서 캠축은 크랭크축 회전수의 1/2로 회전함. 따라서 크랭크축이 1000rpm으로 회전하면 캠축은 500rpm으로 회전함.

13 변압기의 손실 중 변압기의 철심에 발생되는 손실을 무엇이라 하는가?

① 철손
② 구리손
③ 부하손
④ 표유 부하손

변압기의 손실 중 철심에서 발생하는 손실을 철손이라 함. 이는 히스테리시스손과 와류손을 포함함.

14 냉동 장치에서 서모스탯(thermostat)의 주요 기능은?

① 온도 조절기
② 압력 조절기
③ 저압 차단 조절기
④ 고압 차단 조절기

서모스탯(Thermostat)은 냉동 장치에서 냉동기의 온도를 일정하게 유지하는 온도 조절기 역할을 함.

15 내연기관에서 피스톤의 왕복운동에 의한 힘을 크랭크축에 전달하는 부품은?

① 푸시 로드(Push Rod)
② 타이 로드(Tie Rod)
③ 실린더 헤드(Cylinder Head)
④ 커넥팅 로드(Connecting Rod)

내연기관에서 피스톤의 왕복운동에 의한 힘을 크랭크축에 전달하는 부품은 커넥팅 로드(Connecting Rod)임.

16 내연기관의 출력을 증대시킬 수 있는 요인이 아닌 것은?

① 행정 부피의 증가
② 회전 속도의 증가
③ 평균 유효 압력의 상승
④ 피스톤의 행정거리 단축

내연기관의 출력 증대 요인으로는 행정 부피 증가, 회전 속도 증가, 평균 유효 압력 상승, 연소 효율 증대 등이 있음. 피스톤의 행정 거리 단축은 행정 부피를 감소시켜 출력 증대에 불리함.

|정답| 11 ③ 12 ② 13 ① 14 ① 15 ④ 16 ④

17 어떤 디젤기관의 출력을 측정한 결과 도시마력이 100PS, 제동마력이 90PS이었다면 이 기관의 기계효율은 몇 %인가?

① 80
② 85
③ 90
④ 95

기계효율은 제동마력 / 도시마력 × 100%로 계산함.
90PS / 100PS × 100% = 90%

18 실린더 헤드의 볼트나 메인 베어링의 스터드 볼트를 정확한 힘으로 죄는 데 사용되는 공구는?

① 토크 렌치
② 양구 스패너
③ 복스 렌치
④ 다이얼 게이지

실린더 헤드 볼트나 메인 베어링 볼트를 정확한 힘(토크)으로 조일 때 사용하는 공구는 토크 렌치임.

19 디젤기관에서 피스톤 링 재료로 주철을 사용하는 이유가 아닌 것은?

① 고온에서의 탄성 변화가 매우 적다.
② 열응력이 작아서 절손되지 않는다.
③ 운동면에 대한 접촉성이 다른 재료보다 좋다.
④ 조직 중에 포함된 흑연 성분으로 윤활 작용이 좋다.

주철은 조직 중에 포함된 흑연 성분으로 윤활 작용이 좋고, 고온에서의 탄성 변화가 극히 적으며, 운동면에 대한 접촉성이 좋아서 피스톤 링 재료로 사용됨. 열응력이 작아서 절손되지 않는 것은 주된 이유와 거리가 멈.

20 4행정 4실린더 디젤기관의 폭발 순서가 1-3-4-2일 때, 1번 실린더가 폭발을 시작하면 2번 실린더는 어떤 행정에 있을까?

① 흡입 행정   ② 압축 행정
③ 폭발 행정   ④ 배기 행정

4행정 4실린더 기관의 착화 순서가 1-3-4-2일 때, 1번 실린더가 폭발 행정이라면, 크랭크축 180° 간격으로 폭발이 진행. 1번 폭발 (0°) → 3번 흡입 (180°) → 4번 압축 (360°) → 2번 폭발 (540°) 1번 폭발 (상사점 직후) → 2번 흡입 (상사점 직후. 1-3-4-2 착화 순서를 가정했을 때 2번은 1번 폭발 시 흡입 행정 초반이 됨. 1번 폭발 후 180도 간격으로 3번 폭발, 그 후 180도 간격으로 4번 폭발, 그 후 180도 간격으로 2번 폭발이므로, 1번 폭발 시 2번은 720-180 = 540도, 즉 180도 전 흡입 행정).

21 피스톤 링을 교체할 때의 방법으로 잘못된 것은?

① 링을 뺄 때는 최상부의 링부터 뺀다.
② 링을 끼울 때는 최하부의 링부터 끼운다.
③ 링의 절단부를 180° 또는 120°로 엇갈리게 끼운다.
④ 링의 제작사, 사이즈, 표시부가 아래쪽으로 가도록 끼운다.

피스톤 링 교체 시에는 링의 제작사, 사이즈, 표시부가 위쪽으로 가도록 끼움.

22 두 개의 금속 도체를 일정한 간격으로 서로 마주보게 하고 그 사이에 유전체를 삽입하여 정전 용량을 가지게 한 소자를 무엇이라 하는가?

① 코일   ② 콘덴서
③ 저항기   ④ 집적회로

두 극판 사이에 절연물을 두고 전하를 모으는 장치를 콘덴서(Capacitor)라고 하며, 이는 정전 용량을 가짐.

|정|답| 17 ③ 18 ① 19 ② 20 ② 21 ④ 22 ②

23 원심 펌프의 축 추력(thrust) 방지법이 아닌 것은?

① 균형 원판을 설치한다.
② 평형공을 설치한다.
③ 단흡입 임펠러를 사용한다.
④ 스러스트 베어링을 설치한다.

스러스트 베어링은 축 추력을 받아내는 역할을 하는 부품이지, 축 추력 발생을 방지하는 방법은 아님.

24 기관의 냉각용 청수 계통에 수두를 주어 공기를 빼냄과 동시에 열팽창을 흡수하고 소모량을 보급해주는 탱크는?

① 저장 탱크
② 팽창 탱크
③ 압력 탱크
④ 급수 탱크

기관의 냉각용 청수계통에 설치되어 수두를 주어 공기를 빼내고, 열팽창을 흡수하며, 소모량을 보급해주는 탱크는 팽창 탱크(Expansion tank)임.

25 다음 중 이론적 냉동 사이클에 해당되는 것은?

① 랭킨 사이클
② 디젤 사이클
③ 오토 사이클
④ 역 카르노 사이클

열기관의 이상 사이클 중 냉동 사이클에 해당하는 것은 역 카르노 사이클임. 카르노 사이클을 역으로 돌린 것임.

26 크랭크실이나 실린더 안에서 작업을 할 때 작업자의 안전을 위하여 다음 중 반드시 주의해야 할 사항은?

① 동파 방지를 위하여 냉각수를 보충한다.
② 마찰을 줄이기 위하여 윤활유 압력을 높여 준다.
③ 실린더 헤드의 스터드 볼트를 대각선 방향으로 푼다.
④ 기관이 회전하지 못하게 터닝 기어를 맞물려 놓는다.

크랭크실이나 실린더 안에서 작업을 할 때 가장 중요한 안전 수칙은 기관이 회전하지 못하도록 터닝 기어를 맞물려 놓는 것임.

27 보일러를 비상 정지시키기 위해 다음 중 가장 먼저 조치해야 하는 사항은?

① 급수를 한다.
② 송풍기를 정지시킨다.
③ 댐퍼를 개방한다.
④ 연료 공급을 차단한다.

보일러 비상 정지 시 가장 먼저 해야 할 조치는 연료 공급을 차단하는 것임.

28 다음 중 B급 화재로 분류되는 화재는?

① 유류 화재
② 전기 화재
③ 목재 화재
④ 금속 화재

B급 화재는 유류, 가스 등 인화성 액체 및 기체에 의한 화재를 분류함.

| 정 | 답 | 23 ④ 24 ② 25 ④ 26 ④ 27 ④ 28 ①

29 다음 중 증기 터빈을 분류할 때 날개에 가해지는 증기의 작동 방식에 따라 분류한 것이 아닌 것은?

① 충동 터빈　② 복수 터빈
③ 반동 터빈　④ 혼식 터빈

증기 터빈을 증기의 작동 방식에 따라 충동 터빈, 반동 터빈, 혼식 터빈으로 분류함. 복수 터빈은 증기의 작동 방식에 따른 분류가 아님.

30 직류 발전기의 구조 중 교류 기전력을 직류로 바꾸는 역할을 하는 것은?

① 계자　② 정류자
③ 전기자　④ 브러시

직류 발전기에서 전기자의 코일에서 발생한 교류 기전력을 직류로 바꾸는 역할을 하는 부품은 정류자임.

31 제3각 투상법으로 투상할 경우 눈, 물체, 투상면의 순서를 옳게 나열한 것은?

① 눈-물체-투상면
② 물체-투상면-눈
③ 눈-투상면-물체
④ 투상면-물체-눈

제3각 투상법의 투상 순서는 눈 – 투상면 – 물체

32 다음 중 길이 측정용 기기가 아닌 것은?

① 수준기
② 마이크로미터
③ 강철자
④ 버니어 캘리퍼스

수준기는 수평 또는 수직 여부를 측정하는 기기이며, 길이 측정용 기기는 아님.

33 너트의 풀림 방지법이 아닌 것은?

① 와셔를 사용하는 방법
② 부시를 사용하는 방법
③ 로크 너트를 사용하는 방법
④ 핀, 작은 나사를 사용하는 방법

너트의 풀림 방지법으로는 와셔, 로크 너트, 핀, 작은 나사 등을 사용하는 방법이 있음. 부시(bush)는 주로 베어링이나 삽입 부품으로 사용되며 풀림 방지법은 아님.

34 KS 규격에서 재료의 표시 기호 중 SF가 의미하는 것은?

① 탄소 공구강
② 고속도 공구강
③ 합금 공구강
④ 탄소강 단강품

KS 규격에서 SF는 탄소강 단강품을 의미함.

35 각을 측정하는 기구인 사인바는 측정 각도가 일정 각도 이상이 되면 오차가 커져 사용을 할 수 없게 된다. 이 한계 각도는 몇 도인가?

① 45°
② 50°
③ 55°
④ 60°

사인바는 일정 각도(일반적으로 45° 이상)를 넘어서면 측정 오차가 커져 사용하기 어렵게 됨.

| 정답 |　29 ②　30 ②　31 ③　32 ①　33 ②　34 ④　35 ①

36 다음 중 한쪽 방향으로만 큰 힘을 전달하는 경우에 적합한 나사는?

① 삼각 나사
② 톱니 나사
③ 둥근 나사
④ 사다리꼴 나사

톱니 나사는 나사산의 한쪽 면이 수직에 가까운 형태로, 한쪽 방향으로만 큰 힘을 전달하는 데 특히 적합함.

37 고도의 에너지가 집적된 직진성이 양호한 빛을 광학렌즈를 이용하여 원하는 지점에 쏘면 순간적인 에너지의 상승으로 모재가 용융되는데 다음 중 이것을 이용한 용접은?

① 레이저 용접
② 탄산 가스 아크 용접
③ 불활성 가스 금속 아크 용접
④ 불활성 가스 텅스텐 아크 용접

레이저 용접은 고도의 에너지가 집적된 직진성이 양호한 빛을 광학렌즈로 원하는 지점에 쏘아 모재를 용융시키는 용접 방식임.

38 다음 중 용접의 장점에 관한 설명으로 옳은 것은?

① 품질 검사가 쉽다.
② 잔류 응력이 발생하지 않는다.
③ 용접 모재에 열 영향이 거의 없다.
④ 접합부의 기밀성과 수밀성, 유밀성이 좋다.

용접의 장점은 접합부의 기밀성, 수밀성, 유밀성이 좋고, 구조가 간단하며 재료를 절약할 수 있다는 점. 품질 검사가 어렵고 잔류 응력이 발생하는 것은 단점임.

39 미터 표준 나사의 나사산의 각도는 몇 도인가?

① 30°
② 60°
③ 90°
④ 120°

미터 표준 나사의 나사산 각도는 60°

40 강의 기계적 성질에 가장 크게 영향을 미치는 원소는?

① 황(S)
② 탄소(C)
③ 인(P)
④ 규소(Si)

강의 기계적 성질에 가장 크게 영향을 미치는 원소는 탄소(C)

41 다음 중 치수 공차가 가장 큰 것은?

① 100 ± 0.05
② $100 + {}^{0.05}_{0}$
③ $100 - {}^{0.05}_{0}$
④ $100 - {}^{0.10}_{0.05}$

치수 공차는 허용되는 최대 치수와 최소 치수의 차이임.
① 100 ± 0.05: $(100.05 - 99.95) = 0.10$
② $100 + 0.05\ 0$: $(100.05 - 100.00) = 0.05$
③ $100 - 0.05\ 0$: $(100.00 - 99.95) = 0.05$
④ $100 - 0.10 - 0.05$: $(99.95 - 99.90) = 0.05$

|정|답| 36 ② 37 ① 38 ④ 39 ② 40 ② 41 ①

42 끼워맞춤 기호가 "⌀20H7g6"으로 표시된 경우의 설명으로 틀린 것은?

① 구멍과 축의 기준 지름은 "20"이다.
② 구멍 기준식 헐거운 끼워맞춤이다.
③ 구멍의 아래치수 허용차는 "0"이다.
④ 축의 허용한계 치수는 항상 기준 치수보다 크다.

끼워맞춤 기호 ⌀20H7g6에서 g6는 축의 허용차를 나타내며, 헐거운 끼워맞춤이므로 축의 허용한계 치수는 항상 기준 치수보다 작음.

43 다음 중 금속을 물리적, 기계적, 화학적 성질로 구분할 때 물리적 성질에 해당되는 것은?

① 비열
② 강도
③ 연성
④ 경도

금속의 물리적 성질에는 비열, 밀도(비중), 열전도율, 전기전도율, 녹는점 등이 있음. 강도, 경도, 연성 등은 기계적 성질임.

44 두께 10mm 철판을 가스 용접으로 접합할 때 필요한 용접봉의 지름은 몇 mm인가?

① 1.0
② 2.5
③ 3.5
④ 5.0

가스 용접 시 용접봉 지름은 보통 판 두께의 약 0.7배 정도를 사용. 10mm 철판의 경우, 약 7mm 내외의 용접봉이 필요하며, 보기 중 가장 적합한 것은 5.0mm

45 다이얼 게이지로 측정하기 어려운 것은?

① 직각도
② 진원도
③ 흔들림
④ 표면 거칠기

다이얼 게이지는 직각도, 진원도, 흔들림 등의 형상 오차 측정에 주로 사용되지만, 표면 거칠기는 측정하기 어려움. 표면 거칠기는 별도의 거칠기 측정기를 사용함.

46 다음 중 선체 이중저(double bottom)의 상면을 덮는 부재는?

① 갑판
② 내저판
③ 마진판
④ 정판

선체 이중저(Double bottom)의 상면을 덮는 부재는 내저판임.

47 선수의 형상 중 선수파의 파형을 조정하여 선박의 조파 저항을 감소시킬 목적으로 개발된 것은?

① 램형
② 구상형
③ 경사형
④ 클리퍼형

구상 선수는 선수파의 파형을 조정하여 선박의 조파 저항을 감소시킬 목적으로 개발된 선수 형상임.

| 정 답 | 42 ④ 43 ① 44 ④ 45 ④ 46 ② 47 ②

48 길이 40m, 폭 10m, 깊이 4m인 상자형 배가 해수 중에 2.5m의 흘수로 떠 있을 때 이 배의 배수량은 몇 톤인가?(단, 해수의 비중은 1.025이다.)

① 1000ton
② 1025ton
③ 1200ton
④ 1225ton

> 배수량은 선박이 밀어낸 물의 중량을 의미하며, 배수용적(길이 × 폭 × 흘수) × 유체의 비중으로 계산함.
> 40m × 10m × 2.5m × 1.025ton/m³ = 1000m³ × 1.025ton/m³ = 1025ton.

49 선박의 선루(deckhouse)에 대한 설명으로 틀린 것은?

① 선미루는 기관실 및 조타장치 등을 보호한다.
② 저선루는 선루 안에 상갑판이 연속된 것을 말한다.
③ 선수루는 선수부에 위치하여 선박에 능파성을 갖게 하는 것이 최대의 목적이다.
④ 선교루는 선박의 중앙부에 위치하여 선실 제공 및 예비 부력 확보가 주 목적이다.

> 저선루(Long forecastle)는 선수루가 길게 이어진 형태로, 선루 안에 상갑판이 연속된 것을 의미하는 것은 아님. 선루는 상갑판 위에 설치되는 구조물임.

50 다음 중 선박의 주요 치수에 포함되지 않는 것은?

① 길이 ② 너비
③ 깊이 ④ 건현

> 선박의 주요 치수에는 길이, 너비, 깊이 등이 포함됨. 건현은 만재 흘수선으로부터 상갑판까지의 수직 거리를 나타내는 것으로, 주요 치수에는 포함되지 않음.

51 선수로부터 물속 선체를 따라 흘러가던 물이 선미에 이르러 급격한 형상 변화에 순응하지 못하고 선체로부터 떨어져나가 소용돌이를 일으키는데 이때 발생되는 저항을 무엇이라 하는가?

① 마찰 저항
② 조파 저항
③ 조와 저항
④ 공기 저항

> 조와 저항은 선수로부터 물속 선체를 따라 흘러가던 물이 선미에서 급격한 형상 변화에 순응하지 못하고 선체로부터 떨어져나가 소용돌이를 일으킬 때 발생하는 저항임.

52 다음 중 구명 설비가 아닌 것은?

① 구조정
② 추종장치
③ 구명정
④ 구명 뗏목

> 구조정, 구명정, 구명 뗏목 등은 선박의 구명 설비에 해당함. 추종장치는 항해 장비의 일종으로, 구명 설비가 아님.

53 선수부 및 선미부에 있어서 슬래밍(slamming) 등의 외부 충격에 견디게 하기 위하여 특별히 보강하는 구조는?

① 종식 구조
② 횡식 구조
③ 팬팅 구조
④ 이중저 구조

> 팬팅 구조(Panting structure)는 선수부 및 선미부에 있어서 슬래밍(slamming) 등의 외부 충격에 견디게 하기 위하여 특별히 보강하는 구조임.

| 정 | 답 | 48 ② 49 ② 50 ④ 51 ③ 52 ② 53 ③

54 선박의 위치 측정 장치로 인공위성을 이용한 장비는?

① GPS
② 자기 나침의
③ 레이더
④ 도플러 로그

GPS(Global Positioning System)는 인공위성을 이용하여 선박의 위치를 측정하는 장비임.

55 선수미창에 청수나 밸러스트수 등을 적재하여 트림을 조절하기 위해 사용되는 탱크는?

① 주 탱크
② 창내 탱크
③ 피크 탱크
④ 연료유 탱크

피크 탱크(Peak tank)는 선수미창에 청수나 밸러스트수 등을 적재하여 선박의 트림을 조절하기 위해 사용되는 탱크임.

56 무과급 기관에 대한 과급 기관의 특징으로 틀린 것은?

① 연료 소비율이 적다.
② 연소성이 좋게 되므로 저질 연료의 사용이 용이하다.
③ 같은 크기의 기관에서는 과급 정도에 따라 평균 유효 압력과 출력이 크게 된다.
④ 출력 증가에 비해 마찰 손실이 크므로 기계 효율은 감소한다.

과급 기관은 무과급 기관에 비해 연료 소비율이 적고, 연소성이 좋으며, 출력 증대가 가능하지만, 출력 증가에 비해 마찰 손실이 크므로 기계 효율은 감소함. 또한 실린더 열응력이 증가함.

57 공기 조화 장치의 기능이 아닌 것은?

① 공기의 청정화
② 공기의 유속의 균일화
③ 공기의 냉각, 가열
④ 유공압기기의 압력 공급

공기 조화 장치의 기능은 공기의 청정화, 유속 균일화, 냉각/가열 등이며, 유공압기기의 압력 공급은 해당되지 않음.

58 선박의 각 계통과 열교환기가 사용되는 곳을 옳게 짝지어진 것은?

① 보일러 및 증기 계통 - 응축기, 증발기
② 냉동장치 계통 - 중요 가열기, 윤활유 냉각기
③ 주수 장치 및 정수 계통 - 증발기, 증류기, 청수 냉각기
④ 연료유 및 윤활유 계통 - 증발관, 공기 예열기, 복수기

주수 장치 및 정수 계통에는 증발기, 증류기, 청수 냉각기 등의 열교환기가 사용됨.

59 다음 중 냉동 장치에서 사용되는 간접 냉매는?

① 프레온
② 브라인
③ 암모니아
④ 메틸클로라이드

브라인(Brine)은 염화칼슘($CaCl_2$) 또는 염화나트륨(NaCl) 수용액으로, 냉동 장치에서 간접 냉매로 사용됨.

| 정답 | 54 ① 55 ③ 56 ④ 57 ④ 58 ③ 59 ②

60 추진기축을 발출한 후 검사해야 할 곳이 아닌 것은?

① 슬리브 부분
② 축 커플링 부분
③ 스핀들의 홈 부분
④ 추진기가 고정되는 원뿔 부분

추진기축을 발출한 후에는 슬리브 부분, 축 커플링 부분, 추진기가 고정되는 원뿔 부분 등을 검사해야 함. 스핀들(spindle)의 홈 부분은 일반적으로 추진기축의 검사 항목에 해당하지 않음.

|정|답| 60 ③

제3회 모의고사

선박기관정비기능사 및 국가기술자격 시험 예상 문제 모의고사

01 4행정 기관에서 크랭크축 몇 회전당 1회 폭발하는가?

① 1회전 ② 2회전
③ 3회전 ④ 4회전

4행정 기관은 크랭크축 2회전 동안 흡입, 압축, 폭발, 배기의 4행정이 진행되며, 이때 1회 폭발이 일어남.

02 디젤 기관에서 크랭크축을 지지하는 베어링은?

① 메인 베어링
② 중간축 베어링
③ 추력 베어링
④ 피스톤 핀 베어링

메인 베어링은 디젤기관에서 크랭크축을 직접 지지하고, 크랭크축의 회전 운동을 원활하게 하는 역할을 함.

03 디젤기관의 열효율을 높이는 방법으로 옳은 것은?

① 실린더 온도를 낮춘다.
② 압축비를 낮춘다.
③ 연료 분사 시기를 늦게 한다.
④ 연료를 완전 연소시킨다.

디젤기관의 열효율을 높이기 위해서는 연료를 완전 연소시키고, 압축비를 높이며, 과급을 하는 등의 방법이 있음.

04 선박용 내연기관이 갖추어야 할 조건으로 틀린 것은?

① 무게가 가벼워야 한다.
② 부피가 작아야 한다.
③ 구조가 간단해야 한다.
④ 마력당 중량이 커야 한다.

선박용 내연기관은 경량화, 소형화, 간단한 구조가 요구됨. 마력당 중량이 작아야 고속 운전 및 공간 효율에 유리하므로, 마력당 중량이 커야 한다는 설명은 틀림.

05 2행정 복류식 기관에서 소기구와 배기구는 무엇에 의해 열리고 닫히는가?

① 피스톤   ② 캠
③ 스프링   ④ 푸시로드(push rod)

2행정 복류식 기관에서는 피스톤이 상하 운동하면서 실린더 벽의 소기구와 배기구를 직접 열고 닫음. 밸브는 사용되지 않음.

|정답| 01 ② 02 ① 03 ④ 04 ④ 05 ①

06 내연기관에서 연소실의 압축가스 및 연소가스 크랭크실로 새는 현상은?

① 베이퍼록
② 바이패스
③ 블로우 바이
④ 미스화이어

블로우 바이(Blow-by) 현상은 연소실의 압축가스나 연소가스가 피스톤 링과 실린더 벽 사이의 틈새를 통해 크랭크실로 새어 나가는 현상을 말함.

07 고속 디젤기관에서 피스톤 핀의 재료 및 형상으로 가장 적절한 것은?

① 주강으로 된 중실봉(中實棒)
② 고속도강으로 된 중공봉(中空)
③ 표면경화강으로 된 중공봉(中空棒)
④ 주철로 된 중실봉(中實棒)

고속 디젤기관의 피스톤 핀은 고하중과 고온에 견뎌야 하므로, 일반적으로 표면 경화강으로 된 중공봉(中空棒) 형태가 사용됨.

08 디젤기관의 피스톤 링이 갖추어야 될 특성 설명으로 틀린 것은?

① 운동 중 절손하지 않을 것
② 링의 절구부 압력이 가장 낮을 것
③ 링의 전둘레에 걸쳐 균일하게 밀착할 것
④ 열을 받아도 비틀리지 않을 것

피스톤 링은 실린더 벽에 균일하게 밀착하여 기밀을 유지해야 하며, 링의 전 둘레에 걸쳐 압력이 가장 높게 분포되어야 블로우 바이를 효과적으로 방지할 수 있음. 링의 절구부 압력이 가장 낮아야 한다는 설명은 틀림.

09 디젤기관의 흡, 배기 밸브의 태핏 간격에 대한 설명으로 잘못된 것은?

① 밸브 간격(valve clearance)이라고도 한다.
② 운전중에 정확히 밸브가 닫히도록 하는데 목적이 있다.
③ 캠과 롤러 또는 밸브와 록커 암 사이에서 조절한다.
④ 태핏 간격은 배기밸브보다 흡기밸브 쪽이 크다.

밸브 태핏 간격(valve clearance)은 밸브가 완전히 닫힐 때 캠과 밸브 구동부 사이에 있는 일정한 틈새를 의미함. 운전 중 열팽창으로 인해 밸브 기구의 길이가 변해도 밸브가 완전히 닫히도록 하는 것이 주된 목적임. 일반적으로 배기 밸브는 열에 의한 팽창이 더 크므로 흡기 밸브보다 태핏 간격이 크게 설정됨.

10 4행정 디젤기관에서 흡입행정 시 흡기밸브는 열리고 피스톤은 어디로 이동하는가?

① 상사점에서 하사점으로
② 하사점에서 상사점으로
③ 중간에서 상사점으로
④ 중간에서 하사점으로

흡입 행정은 피스톤이 상사점(TDC)에서 하사점(BDC)으로 이동하면서 흡기 밸브가 열려 외부 공기를 실린더 내로 흡입하는 과정임.

11 디젤기관의 노크를 방지하는 데 좋은 노즐은?

① 다공노즐   ② 핀틀노즐
③ 드로틀노즐 ④ 단공노즐

디젤기관에서 노킹을 방지하기 위해서는 연료의 무화 및 분포를 개선해야 함. 다공 노즐은 연료를 여러 개의 미세한 구멍으로 분사하여 무화 및 분포를 좋게 함으로써 노크를 효과적으로 방지할 수 있음.

| 정답 | 06 ③ 07 ③ 08 ② 09 ④ 10 ① 11 ①

12 2행정 디젤기관에서 실린더 내의 유체(가스)의 흐름이 비교적 단순한 형식은?

① 루프식
② 횡진식
③ 반전식
④ 밸브 배기 공소기형(유니플로 소기형)

밸브 배기 공소기형(Uniflow Scavenging)은 2행정 디젤기관에서 실린더 헤드에 설치된 배기 밸브와 실린더 하부의 소기구를 통해 유체(가스)가 한 방향으로 흐르는 방식임. 이는 유체의 흐름이 비교적 단순하고 소기 효율이 좋은 장점이 있음.

13 2사이클 6실린더 기관에 일반적으로 채용되는 착화 순서는?

① 1-2-4-6-5-3
② 1-5-4-6-2-3
③ 1-5-3-6-2-4
④ 1-6-2-4-3-5

2사이클 6실린더 기관의 일반적인 착화 순서는 1-5-4-6-2-3임. 실린더 간의 균형적인 폭발과 진동 저감을 고려하여 설계됨.

14 디젤기관의 피스톤 링에 관한 설명 중 옳은 것은?

① 피스톤의 압축링과 오일링의 수는 같아야 한다.
② 링은 마모되면 링과 피스톤의 틈새가 좁아진다.
③ 모든 링의 절구 틈은 일직선상에 위치해야 한다.
④ 단면이 사다리꼴로 된 압축링은 키스톤 링이다.

키스톤 링은 단면이 사다리꼴 모양으로, 피스톤 링 홈에 끼워지면 테이퍼 면과 접촉하여 링의 고착 방지에 효과가 있음.

15 디젤기관에서 캠축과 크랭크축의 기어 연결 시 백래시(backlash)가 너무 작을 경우 발생할 수 있는 문제점은?

① 소음 증가
② 유막 파괴 및 조기 마모
③ 밸브 타이밍 불일치
④ 크랭크축 회전 불균일

캠축과 크랭크축의 기어 연결 시 백래시(Backlash)가 너무 작으면, 기어 간의 마찰이 심해져 유막이 파괴되고 조기 마모가 발생할 수 있음. 또한 열팽창에 의한 응력 집중으로 파손의 위험도 있음.

16 보일러에서 발생한 증기 중에 포함된 수분을 제거하는 장치는?

① 슈트 블로워
② 과열 저감기
③ 스팀 헤드
④ 기수 분리기

기수 분리기(Steam Separator)는 보일러에서 발생한 증기 중에 포함된 물방울(수분)을 원심력이나 충돌 등을 이용하여 제거하여 건조한 증기를 공급하는 장치임.

17 대규모의 냉동 장치에 쓰이고, 증발 잠열이 가장 크며, 철은 부식시키지 않으나, 극심한 자극성 냄새와 독성이 강한 냉매는?

① 프레온
② 탄산가스
③ 암모니아
④ 메틸크로라이드

암모니아는 증발 잠열이 매우 크고, 철을 부식시키지 않으며, 냉동 능력이 우수하여 대규모 냉동 장치에 널리 사용됨. 그러나 독성이 강하고 특유의 자극성 냄새가 있어 누설 시 위험함.

|정|답| 12 ④ 13 ② 14 ④ 15 ② 16 ④ 17 ③

18 왕복식 급수 펌프에 해당되는 것은?

① 인젝터 펌프
② 플런저 펌프
③ 터빈 펌프
④ 볼류트 펌프

플런저 펌프는 플런저의 왕복 운동을 이용하여 액체를 이송하는 대표적인 왕복식 펌프임.

19 운동하는 부분이 없는 펌프는?

① 베인 펌프
② 제트 펌프
③ 기어 펌프
④ 피스톤 펌프

제트 펌프는 고속으로 분사되는 유체(증기나 물)의 운동 에너지를 이용하여 다른 유체를 흡입하고 이송하는 펌프로, 내부적으로 운동하는 부분이 없음.

20 보일러 설비에서 공기 이젝터는 주로 어디에 설치되는가?

① 복수기　　② 급수 가열기
③ 공기 예열기　④ 절탄기

공기 이젝터(Air Ejector)는 복수기(Condenser) 내의 진공도를 유지하기 위해, 증기나 공기의 제트를 이용하여 복수기 내의 불응축 가스를 흡인하여 배출하는 장치임.

21 수관 보일러의 특징을 잘못 설명한 것은?

① 대용량의 증기 발생에 유리하다.
② 수(水) 순환이 빠르므로 급수처리를 할 필요가 없다.
③ 효율이 원통 보일러보다 높다.
④ 수관의 직경이 작으므로 고압력에 유리하다.

수관 보일러는 대용량의 증기 발생에 유리하고, 효율이 높으며, 고압력에 강함. 하지만 수(水) 순환이 빠르더라도 급수 처리가 매우 중요하며, 불량한 급수 처리는 스케일 형성 및 부식으로 이어질 수 있으므로 "급수 처리를 할 필요가 없다"는 설명은 잘못됨.

22 보일러의 급수 펌프가 급수를 공급하지 못하는 원인으로 옳지 않은 것은?

① 흡입 밸브가 제대로 열리지 않을 때
② 펌프 내부의 에어록(air lock) 현상
③ 펌프의 회전 속도가 너무 높을 때
④ 흡입 배관이 막혔을 때

원심 펌프에서 비정상적인 소리나 진동이 발생하는 주요 원인 중 하나는 축의 중심이 어긋나 있을 때임. 이는 베어링 마모, 불균형한 임펠러 또는 설치 불량 등으로 인해 발생할 수 있음.

23 선박 보조기계를 역할에 따라 분류할 때 승무원의 편의를 위한 장치에 해당되는 것은?

① 공기압축기
② 스테빌라이저
③ 무어링 윈치
④ 공기조화장치 및 통풍장치

공기조화장치 및 통풍장치는 선박 내 승무원 및 승객에게 쾌적한 환경을 제공하는 승무원의 편의를 위한 장치에 해당함.

|정|답| 18 ② 19 ② 20 ① 21 ② 22 ③ 23 ④

24 보일러 연소가스로 급수를 예열하는 장치는?

① 과열기   ② 재열기
③ 가열기   ④ 절탄기

절탄기(Economizer)는 보일러에서 배출되는 고온의 연소가스 열을 이용하여 급수를 예열하는 장치임. 이는 보일러 효율을 높이는 데 기여함.

25 보일러에서 급수를 예열하여 보일러 효율을 높이는 장치는?

① 과열기
② 절탄기
③ 공기 예열기
④ 재열기

절탄기(Economizer)는 보일러에서 배출되는 고온의 배기가스 열을 이용하여 급수를 예열함으로써 보일러 효율을 높이는 장치임.

26 4행정 기관의 흡, 배기 밸브개폐시기가 다음과 같을 때, 밸브 겹침(over lap)은 몇 도인가?(단, 흡기밸브는 TDC 전 15°에서 열리고 BDC 후 25°에서 닫히며, 배기밸브는 BDC 전 25°에서 열리고 TDC 후 15°에서 닫힌다.)

① 15°   ② 20°
③ 25°   ④ 30°

밸브 겹침(Overlap)은 흡기 밸브가 열리기 시작하기 전과 배기 밸브가 완전히 닫힌 후, 그리고 배기 밸브가 열리기 시작하기 전과 흡기 밸브가 완전히 닫힌 후, 두 밸브가 동시에 열려 있는 기간을 말함. 흡기밸브는 TDC 전 15°에서 열리고 BDC 후 25°에서 닫힘. 배기밸브는 BDC 전 25°에서 열리고 TDC 후 15°에서 닫힘. TDC에서의 밸브 겹침 = (배기 밸브 닫힘 후 TDC까지의 각도) + (TDC 후 흡기 밸브 열림까지의 각도) = (TDC 후 15° 닫힘) + (TDC 전 15° 열림) = 15° + 15° = 30°

27 다음 중 냉매로 사용되는 암모니아의 특징으로 옳지 않은 것은?

① 증발 잠열이 크다.
② 철을 부식시키지 않는다.
③ 독성과 자극성 냄새가 강하다.
④ 공기보다 가벼워 누설 시 실내 하부에 체류한다.

암모니아 냉매는 공기보다 가벼워 누설 시 실내 상부에 체류함. "실내 하부에 체류한다"는 설명은 틀림.

28 발전기용 정류자편 사이와 그 지지물 사이의 절연물질로 사용되는 것은?

① 나무
② 고무
③ 마이카
④ 에보나이트

마이카(Mica)는 절연성이 우수하고 고온에 강하여 발전기의 정류자편 사이와 그 지지물 사이의 절연 물질로 많이 사용됨.

29 자기장 내에서 전류가 흐르는 도선이 받는 힘의 방향은 어떤 법칙에 따르는가?

① 플레밍의 오른손 법칙
② 플레밍의 왼손 법칙
③ 렌츠의 법칙
④ 앙페르의 법칙

|정|답| 24 ④   25 ②   26 ④   27 ③   28 ④   29 ②

30 3강 교류에서 각 상의 위상차는?

① 60°
② 120°
③ 180°
④ 360°

3상 교류 전원에서는 각 상의 전압 또는 전류가 서로 120°의 위상차를 가짐.

31 다음 중 트랜지스터의 기능이 아닌 것은?

① 증폭 작용
② 발진 작용
③ 스위칭 작용
④ 발열 작용

트랜지스터는 증폭, 발진, 스위칭 등의 기능을 수행하는 반도체 소자임. 발열 작용은 트랜지스터의 기능이라기보다는 작동 시 발생하는 현상임.

32 스퍼기어 열에서 기어 A(잇수 20개)가 800rpm으로 회전할 때 기어 B(잇수 40개)의 회전수는?

① 300rpm
② 400rpm
③ 500rpm
④ 600rpm

기어의 회전수는 잇수에 반비례함. 기어 A의 잇수(Z_A)는 20, 회전수(N_A)는 800rpm, 기어 B의 잇수(Z_B)는 40.
$N_A \times Z_A = N_B \times Z_B$ 800rpm × 20 = N_B × 40 N_B = (800 × 20) / 40 = 16000 / 40 = 400rpm.

33 다음 중 전력을 구하는 식으로 옳지 않은 것은?(단, V는 전압, I는 전류, R은 저항이다.)

① VI
② I^2R
③ V^2/R
④ $\sqrt{VR}$

전력을 구하는 식은 $P = VI$, $P = I^2R$, $P = V^2/R$ 등이 있음. $\sqrt{VR}$은 전력을 구하는 식이 아님.

34 용량이 120Ah인 납축전지에서 매시간 6A의 크기로 방전시키면 사용할 수 있는 시간은 몇 시간인가?

① 15
② 20
③ 25
④ 30

납축전지의 사용 가능 시간(h) = 용량(Ah) / 전류(A). 120Ah / 6A = 20시간.

35 열기관의 이상 사이클인 카르노 사이클에서 고열원의 온도가 327°C, 저열원의 온도가 27°C일 때 이 사이클의 열효율은?

① 30%
② 40%
③ 50%
④ 60%

카르노 사이클의 열효율(η)은 고열원 온도(T_H)와 저열원 온도(T_L)를 이용하여 계산함.(절대 온도 기준)
T_H = 327°C + 273 = 600K
T_L = 27°C + 273 = 300K $\eta = 1 - (T_L / T_H) = 1 - $ (300K / 600K) = 1 − 0.5 = 0.5 = 50%

| 정답 | 30 ② 31 ④ 32 ② 33 ④ 34 ② 35 ②

36 도체가 전하를 수용할 수 있는 능력을 의미하며, 단위로는 패럿(F)을 사용하는 전기적 성질은?

① 전압
② 전류
③ 저항
④ 정전 용량

정전 용량(Capacitance)은 도체가 전하를 수용할 수 있는 능력을 나타내는 전기적 성질이며, 단위는 패럿(F)을 사용함.

37 총톤수에서 기관실, 선원실, 밸러스트 탱크 등에 사용되는 장소를 공제한 톤수, 즉 화물을 적재하여 직접 수익을 얻는 데 사용되는 장소의 용적 톤수는?

① 경하배수톤수
② 순톤수
③ 수정 총톤수
④ 만재배수톤수

순톤수(Net Tonnage)는 총톤수에서 기관실, 선원실, 밸러스트 탱크 등 선박의 운항에 직접적으로 필요한 공간을 공제한 톤수로, 화물을 적재하여 직접 수익을 얻는 데 사용되는 장소의 용적 톤수를 나타냄.

38 타축(rudder stock)에 직접 연결되어 키를 회전시켜 주는 것은?

① 체인
② 기어
③ 틸러
④ 캐리어

틸러(Tiller)는 타축(rudder stock)에 직접 연결되어 조타 장치의 힘을 받아 키를 좌우로 회전시켜 선박의 방향을 조종하는 부품임.

39 프루드는 배의 저항을 〈보기〉와 같이 구분하였다. 보기 안에 들어갈 저항은?

[보기]
프루드는 배의 저항을 마찰저항과 (　　)저항으로 구분하였다.

① 조와
② 잉여
③ 점성
④ 형상

프루드(Froude)는 선박의 저항을 마찰 저항과 잉여 저항으로 크게 구분함. 잉여 저항은 조파 저항과 와류 저항이 포함됨.

40 다음 중 선박의 선미부 구조가 아닌 것은?

① 디프탱크(deep tank)
② 선미창(aft peak tank)
③ 트랜섬(transom)
④ 선미골재(stern frame)

디프탱크(Deep tank)는 주로 화물창 내부에 설치되는 탱크로, 액체 화물을 적재하거나 밸러스트수로 사용하여 선박의 트림을 조절하는 데 사용됨. 선미부 구조에 해당하는 선미창, 트랜섬, 선미골재와는 다름.

41 선수 흘수가 선미 흘수보다 큰 상태를 무엇이라 하는가?

① 초기 트림
② 등흘수 상태
③ 선미 트림
④ 선수 트림

선수 트림은 선박의 선수 흘수가 선미 흘수보다 큰 상태를 말함.

| 정답 | 36 ④ | 37 ② | 38 ③ | 39 ② | 40 ① | 41 ④ |

42 다음 중 선박 계선용 의장품이 아닌 것은?

① 페어 리더
② 볼라드
③ 무어링 파이프
④ 램프 웨이

램프 웨이(Ramp Way)는 주로 로로선(Ro-Ro ship) 등에서 차량이나 화물이 자력으로 선박에 오르내릴 수 있도록 연결하는 경사로를 의미함. 페어 리더, 볼라드, 무어링 파이프 등은 선박의 계선(정박)용 의장품임.

43 선박의 선루의 역할을 설명한 것으로 틀린 것은?

① 종강도가 증가된다.
② 예비 부력을 감소시킨다.
③ 파랑을 이겨내는 능력이 증대된다.
④ 채광과 통풍에 편리한 선실을 제공한다.

선루(Deckhouse)의 역할은 예비 부력을 증대시키고, 내항 성능을 확보하며, 채광과 통풍에 편리한 선실을 제공하는 것임. "예비 부력을 감소시킨다"는 설명은 틀림.

44 선박 모형 시험 설비 중 모형선은 그대로 두고 모형선 주변의 물을 대응 속도만큼 움직여서 시험하는 방식의 수조는?

① 예인수조
② 회류수조
③ 풍동시험수조
④ 해양공학수조

회류 수조는 모형선을 고정하고 모형선 주변의 물을 대응 속도로 움직여서 선박의 저항 성능이나 추진 성능 등을 시험하는 방식의 수조임.

45 최근 선박에서 많이 채용되고 있는 평판 용골에 대하여 잘못 설명한 것은?

① 선체 중앙부의 외판으로 통상 주변 선저 외판보다 두껍다.
② 평판 용골의 나비는 배의 길이에 따라서 결정된다.
③ 평판 용골은 단저 구조에서는 채용하지 않는다.
④ 공작이 용이해서 소형선에도 많이 채용되고 있다.

평판 용골은 단저 구조(single bottom)가 아닌 주로 이중저 구조에 채용함. 이중저 구조에서는 선저 외판과 내저판 사이에 평판 용골이 배치되어 종강도를 보강함.

46 선박의 이중저 내에 설치된 탱크 중 청수를 담는 탱크로 사용될 수 있는 것은?

① 빌지 탱크   ② 밸러스트 탱크
③ 급수 탱크   ④ 연료유 탱크

급수 탱크는 보일러에 공급할 청수를 저장하는 탱크로, 필요에 따라 밸러스트수로도 사용될 수 있어 이중저 내에 설치되어 청수를 담는 용도로 사용됨.

47 선박의 항해 중 파도에 의해 선수와 선미가 위로 들리고 중앙부가 아래로 처지는 현상은?

① 새깅(Sagging)
② 호깅(Hogging)
③ 래킹(Racking)
④ 팬팅(Panting)

새깅(Sagging) 현상은 선박이 파도의 골에 위치하거나, 선체 중앙부에 화물이 과도하게 집중될 때, 선수와 선미가 위로 들리고 중앙부가 아래로 처지는 현상임.

| 정답 | 42 ④ 43 ② 44 ② 45 ③ 46 ③ 47 ① |

48 선박의 횡방향 강도를 보강하는 데 가장 중요한 역할을 하는 구조 부재는?

① 용골
② 종통재
③ 늑골
④ 거더

늑골(Frame)은 선박의 횡방향으로 설치되어 외판을 지지하고 선체의 횡강도를 보강하는 데 가장 중요한 역할을 하는 구조 부재임.

49 선박의 선수미 방향의 안정을 유지하기 위해 사용되는 것은?

① 킬(Keel)
② 빌지 킬(Bilge Keel)
③ 러더(Rudder)
④ 트림(Trim)

러더(Rudder)는 선미에 설치되어 선박의 선수미 방향의 안정을 유지하고 방향을 조종하는 데 사용되는 부품임.

50 선박의 총톤수에서 기관실, 선원실, 조타실 등 선박 운항에 필요한 공간을 공제한 톤수는?

① 경하배수톤수
② 만재배수톤수
③ 순톤수
④ 재화중량톤수

순톤수(Net Tonnage)는 총톤수에서 기관실, 선원실, 조타실 등 선박 운항에 필요한 공간을 공제한 톤수임. 이는 선박의 실질적인 화물 적재 능력을 나타내는 지표로 사용됨.

51 선박 안전 관리 시스템(SMS)의 주요 목적 중 하나는?

① 선박의 항해 속도 증대
② 환경 오염 방지 및 안전 운항 확보
③ 화물 적재량 최대화
④ 연료 소비율 최소화

선박 안전 관리 시스템(SMS)의 주요 목적은 환경 오염 방지 및 안전 운항 확보임. 이는 국제해사기구(IMO)의 ISM 코드에 따라 운영됨.

52 제도에서 정투상도법 중 제 3각법에서 우측면도는 정면도 어느 쪽에 위치하는가?

① 우측
② 좌측
③ 상부
④ 하부

제3각 투상법에서 우측면도는 정면도의 우측에 위치하고, 좌측면도는 정면도의 좌측, 평면도는 정면도의 위에 위치함.

53 치수기입에 있어 판의 두께를 나타내는 보조기호는?

① R
② C
③ t
④ ∅

판의 두께는 치수 보조 기호로 t를 사용하여 표시함. R은 반지름, C는 모따기, ∅는 지름을 나타냄.

| 정답 | 48 ③ 49 ③ 50 ③ 51 ② 52 ① 53 ③

54 물체를 정반 위에 올려 놓고 높이를 측정할 때 사용되는 측정기는?

① 버니어 캘리퍼스
② 마이크로미터
③ 하이트 게이지
④ 다이얼 게이지

하이트 게이지(Height Gauge)는 정반 위에 물체를 올려놓고 높이를 측정하거나 금긋기 작업에 사용되는 정밀 측정기임.

55 다음 중 아크 용접 작업 시의 안전 보호장구와 관계가 없는 것은?

① 앞치마
② 용접홀더
③ 용접장갑
④ 발 커버

용접 홀더는 용접봉을 고정하고 용접 전류를 전달하는 공구임, 아크 용접 작업 시 작업자의 눈이나 신체를 보호하는 안전 보호장구는 아님.

56 용접부에 생기는 잔류응력을 제거하는 열처리 작업은?

① 뜨임
② 풀림
③ 불림
④ 담금질

풀림(Annealing)은 금속 재료를 적정 온도로 가열한 후 서서히 냉각하여 내부 응력을 제거하고 조직을 연화시키는 열처리 작업임.

57 다음 가공기호 중에서 연삭을 나타내는 기호는?

① L
② M
③ G
④ D

연삭(Grinding)은 숫돌을 사용하여 재료의 표면을 정밀하게 가공하는 작업으로, 가공 기호로는 G가 사용됨.

58 파이프 내에 흐르는 유체의 종류 기호가 S일 때 이 유체의 종류는?

① 유류
② 가스
③ 물
④ 증기

배관 내에 흐르는 유체의 종류를 나타내는 기호 중 S는 증기(Steam)를 의미함. A는 공기, G는 가스, O는 유류를 의미함.

59 어미자 눈금이 1mm이며 아들자의 눈금은 39mm를 40등분한 M형 버니어 캘리퍼스에서 측정 가능한 최소값은 몇 mm인가?

① 1/5
② 1/10
③ 1/20
④ 1/40

M형 버니어 캘리퍼스에서 최소 측정값은 어미자 1눈금 / 아들자 눈금 수로 계산함. 어미자 1눈금 = 1mm 아들자 40눈금이 어미자 39mm를 등분하므로, 아들자 1눈금 = 39/40mm. 최소 측정값 = 어미자 1눈금 – 아들자 1눈금 = 1mm – 39/40mm = 1/40mm = 0.025mm

60 피치가 3mm인 2줄 나사를 180° 회전시키면 몇 mm 이동하는가?

① 1.5
② 3
③ 4.5
④ 6

나사의 리드(Lead)는 나사를 1회전시켰을 때 축 방향으로 이동하는 거리임. 리드 = 피치 × 줄 수 피치가 3mm인 2줄 나사이므로 리드는 3mm × 2 = 6mm임. 180° 회전은 1회전(360°)의 절반이므로, 이동 거리는 리드의 절반인 6mm / 2 = 3mm임.

| 정 | 답 | 54 ③ 55 ② 56 ② 57 ③ 58 ④ 59 ④ 60 ②

제4회 모의고사

선박기관정비기능사 및 국가기술자격 시험 예상 문제 모의고사

01 디젤기관의 작동 사이클 중 흡입, 압축, 폭발, 배기 행정이 차례로 일어나는 기관은?

① 2행정 기관
② 4행정 기관
③ 로터리 기관
④ 증기 터빈 기관

4행정 기관은 흡입, 압축, 폭발(작동), 배기 행정의 4단계가 차례로 일어남.

02 내연기관에서 B.D.C가 의미하는 것은?

① 상사점 ② 응고점
③ 하사점 ④ 압축부피

B.D.C(Bottom Dead Center)는 피스톤이 실린더 내에서 가장 아래쪽에 위치한 지점인 하사점을 의미함.

03 조속기(governor)가 기관에 걸리는 부하 변동 시 일정한 회전속도를 유지하기 위해 조정하는 것은?

① 냉각수의 양   ② 윤활유 공급량
③ 연료 공급량   ④ 흡입 공기량

조속기(governor)는 기관에 걸리는 부하 변동에 따라 연료 공급량을 조절하여 기관의 회전 속도를 일정하게 유지하는 장치임.

04 기관의 배기량은 다음 중 어떤 부피를 말하는가?

① 실린더 부피   ② 압축 부피
③ 행정 부피   ④ 피스톤 부피

기관의 배기량은 피스톤의 상사점과 하사점 사이의 직선 거리에 해당하는 부피인 행정 부피(Stroke Volume)를 말함.

05 디젤기관에서 노킹(knocking) 현상이 가장 잘 발생할 수 있는 조건은?

① 압축 압력이 높을 때
② 연료의 세탄가가 높을 때
③ 실린더 온도가 너무 낮을 때
④ 실린더 내 유입되는 흡기 온도가 높을 때

디젤기관의 노킹(knocking) 현상은 착화 지연 기간이 길어질수록 발생하기 쉬운데, 실린더 온도가 너무 낮을 때 연료의 착화 지연이 발생하여 노킹이 유발될 수 있음.

|정|답| 01 ② 02 ③ 03 ③ 04 ③ 05 ③

06 4행정 사이클 기관에서 흡/배기 밸브가 모두 닫혀 있고 피스톤이 하사점에서 상사점으로 이동하는 행정은?

① 흡입 행정
② 압축 행정
③ 폭발 행정
④ 배기 행정

4행정 사이클 기관에서 피스톤이 하사점에서 상사점으로 이동하며 흡/배기 밸브가 모두 닫혀 있는 행정은 압축 행정임.

07 4행정 디젤기관에서 크랭크축이 1회전할 때 캠축은 몇 회전하는가?

① 1/2회전
② 1회전
③ 2회전
④ 4회전

4행정 기관에서 캠축은 크랭크축 회전수의 1/2로 회전함. 따라서 크랭크축이 1회전할 때 캠축은 1/2회전함.

08 어떤 디젤기관의 도시마력이 80PS, 제동마력이 72PS이었다면 이 기관의 기계효율은 몇 %인가?

① 72
② 76
③ 85
④ 90

기계효율(%) = (제동마력 / 도시마력) × 100 (72PS / 80PS) × 100 = 0.9 × 100 = 90%

09 4행정 사이클 4실린더 디젤 기관의 크랭크축이 분당 800번 회전한다면 이때 캠축의 분당 회전수(rpm)는 얼마인가?

① 200
② 400
③ 800
④ 1600

4행정 기관에서 캠축은 크랭크축 회전수의 1/2로 회전함. 따라서 크랭크축 800rpm에 대해 캠축은 800 / 2 = 400rpm으로 회전함.

10 실린더 내에서 피스톤의 상사점과 하사점 사이의 직선거리를 무엇이라 하는가?

① 행정 부피
② 행정
③ 실린더 부피
④ 상부 간극

실린더 내에서 피스톤의 상사점과 하사점 사이의 직선거리는 행정(Stroke)이라고 함.

11 디젤기관의 연료 분사 조건 중 연료유의 입자를 미세화시키는 현상은?

① 무화
② 분포
③ 분산
④ 관통력

디젤기관의 연료 분사 조건 중 연료유를 미세한 액체 입자로 만드는 현상은 무화(Atomization)임.

12 디젤기관에서 크랭크 암의 디플렉션(Deflection)을 측정하는 목적으로 옳은 것은?

① 밸브 틈새를 알기 위하여
② 연료 분사 시기를 알기 위하여
③ 실린더 윤활 상태를 알기 위하여
④ 축 중심이 어긋났는가를 알기 위하여

크랭크 암의 디플렉션(Deflection)은 크랭크축의 변형 또는 휘어짐을 측정하는 것으로, 주로 축 중심이 어긋났는가를 알기 위하여 측정함.

| 정답 | 06 ② 07 ① 08 ④ 09 ② 10 ② 11 ① 12 ④

13 4행정 사이클 기관 운전 중 하나의 실린더에서 1분 동안 240회의 폭발이 일어났다면 이 기관의 분당 회전수는 몇 rpm인가?

① 60 ② 120
③ 240 ④ 480

> 4행정 기관은 크랭크축 2회전당 1회 폭발함. 따라서 1분 동안 240회의 폭발이 일어났다면 크랭크축은 240회 × 2 = 480회전(rpm)함.

14 크랭크실 내에서 크랭크가 회전함으로써 유면을 쳐서 기름을 튀게 하여 실린더 내면과 피스톤 및 피스톤 핀을 윤활하는 급유 방식은?

① 중력식
② 압력식
③ 비산식
④ 강제 순환식

> 비산식 주유(Splashing lubrication) 방식은 크랭크실 내에서 크랭크가 회전하면서 유면을 쳐서 기름을 튀게 하여 실린더 내면, 피스톤 및 피스톤 핀 등을 윤활하는 방식임.

15 어떤 디젤기관의 행정 용적이 4200cm³, 압축 용적이 300cm³일 때 이 기관의 압축비는?

① 12 ② 14
③ 15 ④ 16

> 압축비 = (행정 용적 + 압축 용적) / 압축 용적 (4200cm³ + 300cm³) / 300cm³ = 4500 / 300 = 15

16 냉동 장치에서 서모스탯(thermostat)의 주된 역할은 무엇인가?

① 압력 조절
② 온도 조절
③ 저압 차단
④ 고압 차단

> 서모스탯(thermostat)은 냉동 장치에서 냉동기의 온도를 일정하게 조절하는 장치임.

17 보일러의 비상 정지 시 가장 먼저 조치해야 할 사항은?

① 송풍기 정지
② 급수 증대
③ 연료 공급 차단
④ 댐퍼 개방

> 보일러 비상 정지 시에는 연료 공급을 가장 먼저 차단하여 연소를 중지시키고, 추가적인 위험을 방지해야 함.

18 원심 펌프와 비교했을 때 왕복 펌프의 특징으로 옳은 것은?

① 큰 유량을 얻는 데 유리하다.
② 흡입 성능이 양호하다.
③ 운전 조건 변화에 효율 변화가 크다.
④ 높은 양정을 얻기 어렵다.

> 왕복 펌프는 원심 펌프에 비해 흡입 성능이 양호하며, 높은 양정을 얻기 쉽고, 운전 조건 변화에 따른 효율 변화가 적음. 큰 유량을 얻는 데는 원심 펌프가 더 유리함.

| 정답 | 13 ④ 14 ③ 15 ③ 16 ② 17 ③ 18 ②

19 공기 조화 장치의 기능이 아닌 것은?

① 공기의 청정화
② 공기의 유속 균일화
③ 공기의 냉각, 가열
④ 유공압기기의 압력 공급

> 공기 조화 장치의 기능은 공기의 청정화, 유속 균일화, 냉각 및 가열 등. 유공압기기의 압력 공급은 공기 조화 장치의 기능이 아님.

20 증기를 동작 유체로 하는 열 사이클로서 가장 기본적인 사이클은?

① 재생 사이클
② 랭킨 사이클
③ 카르노 사이클
④ 재열 사이클

> 증기를 동작 유체로 하는 열 사이클 중 가장 기본적인 이상 사이클은 랭킨 사이클임.

21 보일러의 구비 조건으로 틀린 것은?

① 검사 및 수리가 편리할 것
② 보일러실의 온도가 높을 것
③ 급수처리가 간단히 될 수 있을 것
④ 부하 변동에 신속히 응할 수 있을 것

> 보일러의 구비 조건으로는 검사 및 수리가 편리할 것, 물의 대류가 용이한 구조일 것, 부하 변동에 신속히 응할 수 있을 것 등이 있음. "보일러실의 온도가 높을 것"은 구비 조건이 아니며, 오히려 적절한 환기를 통해 온도를 관리해야 함.

22 게이지 압력이 $7kg/cm^2$이면 절대압력은 약 얼마인가?(단, 대기압은 약 $1kg/cm^2$로 간주한다.)

① $7kg/cm^2$
② $8kg/cm^2$
③ $9kg/cm^2$
④ $10kg/cm^2$

> 절대압력 = 게이지압력 + 대기압 대기압을 약 $1kg/cm^2$으로 간주하면, $7kg/cm^2 + 1kg/cm^2 = 8kg/cm^2$임.

23 선박용 대형 기관에서 주로 사용되는 기관 냉각 방법은?

① 유 냉각
② 공기 냉각
③ 청수 냉각
④ 해수 냉각

> 선박용 대형 기관에서는 엔진의 열 발생량이 많고 효율적인 열 제거가 필요하므로, 일반적으로 청수 냉각 방식을 사용함. 해수는 직접 냉각수로 사용 시 부식 등의 문제가 발생할 수 있음.

24 냉동 장치의 증발기에 성에(서리)가 많이 끼는 경우 제거해야 하는 주된 이유는?

① 증발 코일이 부식되므로
② 냉동 능력이 저하되므로
③ 증발 코일의 무게가 증가하므로
④ 냉동물의 손상을 유발하므로

> 냉동 장치의 증발기에 성에나 서리가 많이 끼면 열전달 효율이 급격히 저하되어 냉동 능력이 감소하므로 이를 주기적으로 제거해야 함.

| 정 답 | 19 ④ 20 ② 21 ② 22 ② 23 ③ 24 ② |

25 펌프의 종류 중 왕복동식 펌프는?

① 기어 펌프
② 터빈 펌프
③ 피스톤 펌프
④ 볼류트 펌프

> 피스톤 펌프는 플런저나 피스톤의 왕복 운동을 이용하여 액체를 이송하는 대표적인 왕복동식 펌프임.

26 보일러에서 급수를 예열하여 보일러 효율을 높이는 장치는?

① 과열기
② 절탄기
③ 공기 예열기
④ 재열기

> 절탄기(Economizer)는 보일러에서 배출되는 고온의 배기가스 열을 이용하여 급수를 예열함으로써 보일러의 전체 열효율을 높이는 장치임.

27 원심 펌프에서 캐비테이션(cavitation) 발생 시 나타나는 현상으로 옳지 않은 것은?

① 펌프 효율 저하
② 심한 소음 및 진동 발생
③ 펌프 양정 증가
④ 임펠러 표면의 손상

> 원심 펌프에서 캐비테이션이 발생하면 펌프 효율이 저하되고 심한 소음 및 진동이 발생하며, 임펠러 표면이 손상됨. 압력 변동으로 인해 펌프 양정이 감소하는 경향을 보이므로 "펌프 양정 증가"는 옳지 않음.

28 변압기의 손실 중 변압기의 철심에 발생하는 손실을 무엇이라 하는가?

① 구리손   ② 부하손
③ 철손   ④ 표유 부하손

> 변압기의 손실 중 철심에서 발생하는 손실을 철손이라고 함.

29 직류 발전기에서 교류 기전력을 직류로 바꾸는 역할을 하는 부품은?

① 계자   ② 전기자
③ 정류자   ④ 브러시

> 직류 발전기에서 전기자에 유도되는 교류 기전력을 외부 회로에 직류로 공급하기 위해 정류자가 사용됨.

30 일반적으로 전기 장치에서 변압기를 사용하는 주된 목적은?

① 직류 전력의 변환
② 교류 주파수의 변환
③ 직류 전압의 변환
④ 교류 전압의 변환

> 변압기는 교류 회로에서 전압을 변환(승압 또는 강압)하는 데 주로 사용됨.

31 두 극판 사이에 절연물을 두고 전하를 모으는 장치는?

① 대전체   ② 저항체
③ 절연체   ④ 콘덴서

> 콘덴서(Capacitor)는 두 개의 금속 도체(극판) 사이에 유전체를 삽입하여 전하를 모아 정전 용량을 가지게 한 소자임.

|정답| 25 ③ 26 ② 27 ③ 28 ③ 29 ③ 30 ④ 31 ④

32 납 축전지의 방전 여부를 알아보는 가장 좋은 방법은?

① 직렬 연결 시험
② 병렬 연결 시험
③ 비중, 전압 측정
④ 점도 측정

납 축전지의 방전 여부를 알아보는 가장 좋은 방법은 전해액의 비중과 전압을 측정하는 것. 방전될수록 비중과 전압이 낮아짐.

33 전류가 흐르는 도체의 전기 저항은?

① 길이에 비례하고 단면적에 반비례한다.
② 길이와 단면적에 반비례한다.
③ 길이와 단면적에 비례한다.
④ 길이에 반비례하고 단면적에 비례한다.

도체의 전기 저항은 도체의 길이에 비례하고, 도체의 단면적에 반비례함.

34 다음 직류 전동기 중 정속도 특성 때문에 공작기계, 펌프 등에 이용되는 것은?

① 직권 전동기
② 분권 전동기
③ 복권 전동기
④ 타여자 전동기

분권 전동기는 계자 권선과 전기자 권선이 병렬로 연결되어 있어 정속도 특성을 가지므로, 공작 기계, 펌프 등 일정한 속도 유지가 필요한 곳에 주로 사용됨.

35 용량이 1kW인 전열기를 30분 동안 사용하면 총 전력량은 몇 Wh인가?

① 200   ② 300
③ 400   ④ 500

전력량(Wh) = 전력(kW) × 시간(h) 1kW 전열기를 30분(0.5시간) 사용하면, 1kW × 0.5h = 0.5kWh = 500Wh임.

36 열기관의 이상 사이클인 카르노 사이클에서 고열원의 온도가 227°C, 저열원의 온도가 27°C일 때 이 사이클의 열효율은?

① 25%   ② 30%
③ 35%   ④ 40%

. 카르노 사이클의 열효율(η) = 1 − (저열원 절대온도 / 고열원 절대온도) 고열원 온도 (T_H) = 227°C + 273 = 500K 저열원 온도 (T_L) = 27°C + 273 = 300K η = 1 − (300K / 500K) = 1 − 0.6 = 0.4 = 40%

37 선박의 이중저(double bottom) 상면을 덮는 부재는?

① 갑판   ② 마진판
③ 내저판   ④ 정판

내저판은 선체 이중저(double bottom)의 상면을 덮는 부재임.

38 선박의 선수파 파형을 조정하여 조파저항을 감소시키는 목적으로 개발된 선수 형상은?

① 램형   ② 경사형
③ 구상형   ④ 클리퍼형

구상 선수는 선수 수선 아래 부분에 공 모양의 돌출부를 두어, 선수파의 파형을 조정하여 조파 저항을 감소시킬 목적으로 개발됨.

| 정 | 답 | 32 ③ 33 ① 34 ② 35 ④ 36 ④ 37 ③ 38 ③

39 B급 화재로 분류되는 화재는?

① 전기 화재 ② 목재 화재
③ 유류 화재 ④ 금속 화재

B급 화재는 유류, 가스 등 인화성 액체 및 기체에 의한 화재를 분류함.

40 구명 설비 중 1인용 개인 구명 설비에 해당하는 것은?

① 구명정
② 구명 뗏목
③ 구명 동의
④ 구명 부환

구명 동의(Life Jacket)는 1인용 개인 구명 설비로, 조난 시 개인이 착용하여 부유할 수 있도록 도움. 구명정, 구명 뗏목, 구명 부환 등은 다인용 또는 장비임.

41 선내 작업 시 휴대용 전기드릴을 사용하는 경우 접지선을 선체에 접속하는 주 목적은?

① 화재 방지
② 감전 사고 방지
③ 단락 사고 방지
④ 추락 사고 방지

휴대용 전기드릴과 같은 전기기구를 선내에서 사용할 때는 감전 사고 방지를 위해 반드시 접지선을 선체에 접속해야 함.

42 선박의 선수부 최상 갑판에 설치되어 닻을 올리고 내리는 데 사용되는 보조기계는?

① 캡스턴
② 수액기
③ 조타장치
④ 양묘기

양묘기(Windlass)는 선박의 선수부 최상 갑판에 설치되어 닻(anchor)을 올리고 내리는 데 사용되는 보조기계임.

43 기름 윤활식 선미관에 사용되는 베어링 재료는?

① 리그넘바이티
② 켈멧
③ 화이트 메탈
④ 청동

화이트 메탈(White Metal)은 주성분이 주석(Sn)이나 납(Pb)이며, 마찰 계수가 작고 내마모성이 우수하여 기름 윤활식 선미관 베어링 재료로 많이 사용됨.

44 해수 중에 선박이 배수량 2050ton인 상태로 떠 있다면 이 선박의 배수 용적은 몇 m^3인가?(단, 해수의 비중량은 1.025ton/m^3이다.)

① 1025 ② 2000
③ 2050 ④ 2101

배수 용적(m^3) = 배수량(ton) / 해수 비중량(ton/m^3)
2050ton / 1.025ton/m^3 = 2000m^3

45 선루의 역할을 설명한 것으로 틀린 것은?

① 종강도가 증가된다.
② 예비 부력을 감소시킨다.
③ 파랑을 이겨내는 능력이 증대된다.
④ 채광과 통풍에 편리한 선실을 제공한다.

|정답| 39 ③ 40 ③ 41 ② 42 ④ 43 ③ 44 ② 45 ②

선루(Deckhouse)는 상갑판 위에 설치되는 구조물로, 선실 제공, 예비 부력 증대, 능파성(파도를 이겨내는 능력) 증대, 종강도 증대 등의 역할을 함. "예비 부력을 감소시킨다"는 설명은 틀림.

46 선박에 설치하는 선등과 색이 옳게 짝지어진 것은?

① 선미등 - 청색
② 좌현의 현등 - 녹색
③ 마스트 전조등 - 백색
④ 우현의 현등 - 홍색

마스트 전조등은 선박의 진행 방향을 나타내는 등으로, 백색을 사용함. 좌현 현등은 홍색, 우현 현등은 녹색, 선미등은 백색임.

47 배가 조난당했을 때 승무원 각자가 상체에 착용하는 것은?

① 구명정　　② 구명 부환
③ 구명 뗏목　④ 구명 동의

배가 조난당했을 때 승무원 각자가 상체에 착용하는 것은 구명 동의(Life Jacket)임.

48 선박의 위치 측정 장치로 인공위성을 이용한 장비는?

① 레이더
② 도플러 로그
③ 자기 나침의
④ GPS

GPS(Global Positioning System)는 인공위성을 이용하여 선박의 현재 위치를 정확하게 측정하는 장비임.

49 기관실의 이중저에 설치해야 할 실체 늑판의 간격은?

① 두 늑골마다
② 매 늑골마다
③ 세 늑골마다
④ 네 늑골마다

기관실의 이중저 내에는 매 늑골마다 실체 늑판(Solid Floor)을 설치하여 종강도를 보강하고 진동을 억제해야 함.

50 어떤 선박이 10노트(knot)의 속력으로 예인되고 있을 때 예인에 필요한 유효마력은?(단, 예인 로프에 걸린 수평장력은 14.6tonf이다.)

① 1,000PS　　② 1,333PS
③ 1,460PS　　④ 1,947PS

유효마력(PS) = (예인 장력(tonf) × 속력(knot) × 1852m/knot) / (75kgf·m/s × 3600s/h) 1노트 = 1852m/h. 1PS = 75kgf·m/s. 예인 장력 14.6tonf = 14600kgf. 속력 10knot. 유효마력 = (14600kgf × 10 × 1852m/h) / (75kgf·m/s × 3600s/h) = (146000 × 1852) / 270000 = 270392000 / 270000 = 약 1001.45PS 가장 가까운 값은 1,000PS임.

51 선박에서 이중저 구조의 장점이 아닌 것은?

① 선체 종강도 증대
② 선저 파손 시 선내 침수 방지
③ 밸러스트 탱크 등 각종 탱크로 이용 가능
④ 화물의 적재 공간이 넓어져 운송량 증대

이중저 구조는 선체 종강도 증대, 선저 파손 시 선내 침수 방지, 밸러스트 탱크 등으로 활용 가능 등의 장점이 있음. 화물창의 적재 공간은 단저 구조에 비해 줄어들 수 있으므로 "화물의 적재 공간이 넓어져 운송량 증대"는 옳지 않음.

|정|답| 46 ③　47 ④　48 ④　49 ②　50 ①　51 ④

52 KS 규격에서 탄소강 단강품을 의미하는 재료 표시 기호는?

① SF ② SM
③ GC ④ STS

KS 규격에서 SF는 탄소강 단강품을 의미하는 재료 표시 기호임.

53 용접의 장점으로 옳은 것은?

① 잔류 응력이 발생하지 않는다.
② 품질 검사가 쉽다.
③ 접합부의 기밀성과 수밀성이 좋다.
④ 용접 모재에 열 영향이 거의 없다.

용접의 장점 중 하나는 접합부의 기밀성, 수밀성, 유밀성이 좋음.

54 미터 표준 나사의 나사산 각도는 몇 도인가?

① 30°
② 60°
③ 90°
④ 120°

미터 표준 나사의 나사산 각도는 60°임.

55 도면에서 1점 쇄선으로 표현하지 않는 선은?

① 중심선
② 피치선
③ 파단선
④ 특수 지정선

파단선은 도면에서 물체의 내부 형상을 나타내기 위해 일부를 잘라내어 표시할 때 사용하며, 1점 쇄선으로는 중심선, 피치선, 특수 지정선 등을 표현함.

56 강의 기계적 성질에 가장 크게 영향을 미치는 원소는?

① 황(S) ② 탄소(C)
③ 인(P) ④ 규소(Si)

강의 기계적 성질에 가장 크게 영향을 미치는 원소는 탄소(C)임.

57 주로 내경 측정 및 내측의 홈이나 폭을 측정하는 데 사용되는 비교 측정기는?

① 게이지 블록
② 실린더 게이지
③ 버니어 캘리퍼스
④ 다이얼 게이지

실린더 게이지는 주로 실린더 라이너의 내경, 특히 내측의 홈이나 폭 등을 정밀하게 측정하는 데 사용되는 비교 측정기임.

58 다이얼게이지의 특징으로 틀린 것은?

① 측정 범위가 좁다.
② 소형, 경량으로 취급이 용이하다.
③ 연속된 변위량의 측정이 가능하다.
④ 다원측정의 검출기로서 이용할 수 있다.

다이얼 게이지는 측정 범위가 좁지만, 작은 길이의 변화나 편차를 정밀하게 측정하고 연속적인 변위량 측정이 가능한 비교 측정기임. "측정 범위가 좁다"는 설명은 다이얼 게이지의 특징 중 하나임.

|정답| 52 ① 53 ③ 54 ② 55 ③ 56 ② 57 ② 58 ①

59 잇수 22, 피치원의 지름 220mm인 기어의 모듈값은?(단, 모듈 = 피치원의 지름 / 잇수)

① 5
② 7
③ 10
④ 20

모듈(m) = 피치원의 지름(d) / 잇수(Z) 모듈
= 220mm / 22개 = 10

60 표준 마이크로미터에서 나사 피치가 0.25mm, 딤블의 원주 눈금이 50등분되어 있을 때 최소 측정값은?

① 0.01mm
② 0.05mm
③ 0.025mm
④ 0.005mm

M형 버니어 캘리퍼스의 최소 측정값은 어미자 한 눈금과 아들자 한 눈금의 차이임. 어미자 1눈금 = 1mm 아들자 50눈금이 어미자 24.5mm를 등분하므로 (피치 0.25mm의 딤블 50등분 = 0.25/50 = 0.005mm가 최소값임, 19mm/20등분 아들자 눈금과는 다름) 이 문제의 경우, 스핀들 피치 0.25mm, 딤블 원주 50등분일 때 최소 측정값은 0.005mm임.

|정답| 59 ③ 60 ④

선박기관정비기능사 및 국가기술자격 시험 예상 문제 모의고사

제5회 모의고사

01 4행정 디젤기관에서 흡입 밸브와 배기 밸브가 모두 닫혀 있는 행정은?

① 흡입 행정
② 압축 행정
③ 폭발 행정
④ 배기 행정

4행정 디젤기관의 행정은 흡입, 압축, 폭발, 배기 순으로 진행됨. 이 중 피스톤이 하사점에서 상사점으로 이동하며 흡입 및 배기 밸브가 모두 닫혀 있는 행정은 압축 행정임.

02 디젤기관의 작동 시 왕복 운동부에 해당하는 것은?

① 피스톤
② 크랭크축
③ 실린더
④ 플라이휠

디젤기관의 피스톤은 실린더 내에서 왕복 운동하며, 연소가스의 폭발력을 받아 크랭크축에 동력을 전달하는 핵심 왕복 운동부임.

03 디젤기관의 피스톤 링이 갖추어야 할 조건으로 옳지 않은 것은?

① 고온에서 탄성 변화가 적을 것
② 운동면에 대한 접촉성이 좋을 것
③ 링의 절구부 압력이 가장 높을 것
④ 운전 중 절손되지 않을 것

피스톤 링은 실린더 벽에 균일하게 밀착하여 기밀을 유지해야 하며, 링의 전 둘레에 걸쳐 압력이 가장 높게 분포되어야 블로우 바이를 효과적으로 방지할 수 있음. "링의 절구부 압력이 가장 높을 것"이 올바른 조건이며, "가장 낮을 것"은 틀린 설명임.

04 2행정 사이클 기관의 특성이 아닌 것은?

① 실린더 헤드 구조가 간단하다.
② 고속으로 운전하는 데 적합하다.
③ 크랭크축과 캠축의 회전수가 같다.
④ 기관 크기에 비해 출력이 크다.

2행정 사이클 기관은 4행정 기관에 비해 크랭크축 1회전당 1회 폭발하여 출력은 크지만, 소기 효율이 나빠 고속 운전에는 부적합함. 오히려 열응력이 크고 실린더 헤드 구조가 간단하지 않을 수 있음.

| 정답 | 01 ② 02 ① 03 ③ 04 ②

05 피스톤 엔진의 열효율은 압축비와 어떤 관계를 가지는가?

① 압축비가 클수록 감소한다.
② 압축비가 클수록 증가한다.
③ 압축비가 적을수록 증가한다.
④ 압축비에는 관계없다.

피스톤 엔진의 열효율은 일반적으로 압축비가 클수록 증가함. 압축비가 높을수록 연소 효율이 향상되기 때문임.

06 어떤 디젤기관의 행정 체적이 280cc, 연소실 체적이 20cc일 때 이 기관의 압축비는?

① 14
② 15
③ 16
④ 17

압축비는 (행정 체적 + 연소실 체적) / 연소실 체적으로 계산함. (280cc + 20cc) / 20cc = 300cc / 20cc = 15

07 디젤 기관과 관계 있는 부품은?

① 배전기
② 기화기
③ 점화 플러그
④ 연료 분사 노즐

디젤기관은 연료를 직접 실린더 내에 분사하여 압축 착화하는 방식이므로, 연료 분사를 담당하는 연료 분사 노즐이 필수적인 부품임. 배전기, 기화기, 점화 플러그는 가솔린 기관과 관계된 부품임.

08 실린더 헤드 볼트를 죌 때 사용하는 공구로서 죄는 압력을 알 수 있는 공구는?

① 복스 렌치
② 스피드 핸들
③ 토크 렌치
④ 오픈 렌치

토크 렌치는 실린더 헤드 볼트나 다른 주요 볼트를 규정된 힘(토크)으로 정확하게 조일 때 사용하는 공구임.

09 디젤기관 구성 부품 중 가장 높은 곳에 설치되는 것은?

① 푸시 로드
② 로커 암
③ 크랭크 축
④ 캠 축

디젤기관의 밸브 개폐를 담당하는 로커 암은 실린더 헤드 상부에 위치하여 기관 부품 중 가장 높은 곳에 설치되는 부품 중 하나임.

10 직접 냉각수에 접촉하며, 대형 디젤기관에서 사용되는 라이너의 형식은?

① 건식 라이너
② 방식 라이너
③ 습식 라이너
④ 워터 재킷 라이너

습식 라이너(Wet liner)는 실린더 재킷의 냉각수에 직접 접촉하는 방식으로, 냉각 효과가 우수하여 대형 디젤기관에 주로 사용됨.

|정답| 05 ② 06 ② 07 ④ 08 ③ 09 ② 10 ③

11 내연기관에서 압축비를 증가시키는 방법으로서 가장 적절한 것은?

① 피스톤의 행정을 길게 한다.
② 압축 부피를 크게 한다.
③ 행정 부피를 작게 한다.
④ 피스톤의 행정을 짧게 한다.

내연기관에서 압축비를 증가시키는 가장 효과적인 방법은 압축 부피(연소실 부피)를 작게 하는 것임. 피스톤의 행정을 짧게 하는 것도 행정 용적이 줄어들어 결과적으로 압축비를 증가시킬 수 있음.

12 디젤기관에서 밸브 틈새를 조정할 때 피스톤의 위치와 밸브의 개폐 상태는?

① 피스톤이 최상부에 위치하고, 흡, 배기 밸브가 모두 닫혀 있을 때
② 피스톤이 최하부에 위치하고, 흡, 배기 밸브가 모두 열려 있을 때
③ 피스톤이 중간에 위치하고, 흡기 밸브는 열려 있으며 배기 밸브는 닫혀 있을 때
④ 피스톤이 중간에 위치하고, 흡기 밸브는 닫혀 있으며 배기 밸브는 열려 있을 때

디젤기관에서 밸브 틈새를 조정할 때는 일반적으로 해당 실린더의 피스톤이 최상부에 위치하고, 흡, 배기 밸브가 모두 닫혀 있을 때 (즉, 압축 상사점 또는 폭발 상사점) 조정함. 이는 밸브 구동부에 장력이 없는 상태에서 정확한 간극을 맞추기 위함.

13 디젤기관의 분배형 보슈 펌프에서 공급 펌프의 구성요소가 아닌 것은?

① 플런저
② 라이너
③ 로터
④ 블레이드

보슈식 연료 분사 펌프의 공급 펌프 구성요소는 플런저, 로터, 블레이드 등이며, 라이너는 실린더 내벽을 구성하는 부품으로 공급 펌프의 구성요소는 아님.

14 디젤기관에서 연료의 착화 지연 기간을 단축시키는 데 가장 효과적인 연료 성질은?

① 높은 점도　② 낮은 세탄가
③ 높은 세탄가　④ 높은 인화점

디젤기관에서 연료의 세탄가가 높을수록 착화 지연 기간이 짧아져 연료가 즉시 착화되고 연소되므로 노크를 방지하는 데 효과적임.

15 디젤기관의 실린더 헤드에 설치되는 밸브는?

① 흡기 밸브, 배기 밸브
② 흡기 밸브, 연료 밸브
③ 배기 밸브, 공기 시동 밸브
④ 흡기 밸브, 배기 밸브, 연료 밸브, 공기 시동 밸브(대형 기관의 경우)

대형 디젤기관의 실린더 헤드에는 흡기 밸브, 배기 밸브, 연료 밸브, 그리고 공기 시동 밸브가 함께 설치되는 경우가 일반적임.

16 냉동기의 팽창밸브를 통과한 냉매는 파이프 내에서 어떠한 상태인가?

① 포화액
② 건포화증기
③ 고온, 고압의 기체
④ 습포화증기

냉동기의 팽창 밸브를 통과한 냉매는 교축 작용에 의해 압력과 온도가 급격히 낮아지면서 일부는 증발하고 일부는 액체 상태로 남아 있는 습포화 증기 상태가 됨.

|정|답| 11 ④　12 ①　13 ②　14 ③　15 ④　16 ④

17 수관 보일러의 특징을 잘못 설명한 것은?

① 대용량의 증기 발생에 유리하다.
② 수(水) 순환이 빠르므로 급수처리를 할 필요가 없다.
③ 효율이 원통 보일러보다 높다.
④ 수관의 직경이 작으므로 고압력에 유리하다.

수관 보일러는 물의 대류가 활발하여 급격한 부하 변동에 대응하기 쉽고 효율이 높지만, 급수 처리는 매우 중요하며, 불순물이 포함된 급수는 스케일이나 부식의 원인이 될 수 있음. 따라서 "급수처리를 할 필요가 없다"는 설명은 잘못됨.

18 냉동 장치에서 증발 잠열이 가장 크고, 독성과 자극성 냄새가 강하며 철을 부식시키지 않는 냉매는?

① 프레온   ② 탄산가스
③ 암모니아   ④ 메틸클로라이드

암모니아는 증발 잠열이 매우 크고, 철을 부식시키지 않으며, 냉동 능력이 우수하여 대규모 냉동 장치에 널리 사용됨. 그러나 독성이 강하고 특유의 자극성 냄새가 있어 취급에 주의가 필요함.

19 원심 펌프에서 비정상적인 소음이나 진동이 발생하는 주요 원인은?

① 흡입 양정이 너무 높다.
② 흡입 측에 공기가 유입되었다.
③ 유체의 온도가 너무 높다.
④ 축의 중심이 어긋나 있다.

원심 펌프에서 진동이나 비정상적인 소리가 발생하는 주요 원인 중 하나는 축의 중심이 어긋나 있을 때임. 이는 베어링 마모, 불균형한 임펠러 또는 설치 불량 등으로 인해 발생할 수 있음.

20 복수기(Condenser)의 주요 역할은?

① 증기를 가열하여 과열 증기를 만든다.
② 증기를 응축하여 물로 바꾸고 진공을 유지한다.
③ 급수를 예열하여 보일러 효율을 높인다.
④ 윤활유를 냉각하여 온도를 낮춘다.

복수기(Condenser)는 증기 터빈에서 배출된 저압의 증기를 냉각수를 이용하여 응축시켜 물로 만들고, 터빈 출구의 진공도를 유지함으로써 터빈의 효율을 높이는 역할을 함.

21 게이지 압력이 9kg/cm²이면 절대압력은 약 얼마인가?(단, 대기압은 약 1kg/cm²로 간주한다.)

① $8kg/cm^2$
② $9kg/cm^2$
③ $10kg/cm^2$
④ $11kg/cm^2$

절대압력 = 게이지압력 + 대기압 대기압을 약 1kg/cm² 로 간주하면, 9kg/cm² + 1kg/cm² = 10kg/cm²임.

22 냉동 장치의 증발기에 부착한 서리를 제거해야 하는 가장 주된 이유는?

① 증발 코일이 부식되므로
② 냉동 능력이 저하되므로
③ 증발 코일의 중량이 커져서 파괴되므로
④ 냉동물을 손상시키므로

냉동 장치의 증발기에 성에(서리)가 많이 끼면 열 전달을 방해하여 냉동 능력이 저하되므로, 이를 주기적으로 제거해야 함.

|정답| 17 ② 18 ③ 19 ④ 20 ② 21 ③ 22 ②

23 한 번 과열된 고온의 과열증기를 포화온도 가까이 또는 저온 과열증기 온도까지 낮추려는 목적으로 장치된 것은?

① 과열기
② 재열기
③ 절탄기
④ 과열 저감기

과열 저감기(Desuperheater)는 한 번 과열된 고온의 과열 증기를 포화 온도 가까이 또는 저온 과열 증기 온도까지 낮추는 목적으로 장치됨.

24 원심 펌프에서 캐비테이션 발생 시 펌프 성능에 미치는 영향으로 옳지 않은 것은?

① 펌프 효율 저하
② 심한 소음 및 진동 발생
③ 펌프 양정 증가
④ 임펠러 표면의 손상

캐비테이션(cavitation)이 발생하면 펌프 효율이 저하되고 심한 소음 및 진동이 발생하며, 임펠러 표면이 손상됨. 펌프 양정은 오히려 감소하는 경향을 보임.

25 보일러의 급수 펌프가 급수를 공급하지 못하는 원인으로 옳지 않은 것은?

① 흡입 밸브가 제대로 열리지 않을 때
② 펌프 내부의 에어록(air lock) 현상
③ 펌프의 회전 속도가 너무 높을 때
④ 흡입 배관이 막혔을 때

보일러의 급수 펌프가 급수를 공급하지 못하는 원인으로는 흡입 밸브의 문제, 에어록 현상, 흡입 배관 막힘 등이 있으며, 펌프의 회전 속도가 너무 높을 때는 오히려 송출 능력이 과도하게 되어 다른 문제를 일으킬 수 있지만, 급수를 공급하지 못하는 직접적인 원인은 아님.

26 열기관의 열효율을 가장 이상적으로 나타내는 사이클은?

① 랭킨 사이클
② 오토 사이클
③ 카르노 사이클
④ 디젤 사이클

카르노 사이클은 열효율이 가장 높은 이상적인 열기관 사이클로, 열기관의 효율 한계를 제시함.

27 냉동기에서 응축기를 통과한 냉매의 상태는 일반적으로 어떠한가?

① 고온 고압의 증기
② 저온 저압의 액체
③ 고온 고압의 액체
④ 저온 저압의 증기

냉동기에서 응축기는 압축기에서 압축된 고온 고압의 증기 냉매를 냉각시켜 고온 고압의 액체로 변화시키는 역할을 함.

28 직류 전동기 중 기동 토크가 가장 크고 전차, 크레인 등 큰 기동력을 필요로 하는 곳에 주로 사용되는 것은?

① 직권 전동기
② 분권 전동기
③ 복권 전동기
④ 영구 자석 전동기

직권 전동기는 계자 권선과 전기자 권선이 직렬로 연결되어 있어 기동 토크가 매우 크므로, 전차, 크레인 등 큰 기동력이 필요한 곳에 주로 사용됨.

| 정답 | 23 ④ 24 ③ 25 ③ 26 ③ 27 ③ 28 ① |

29 용량이 100Ah 용량의 납축전지에서 20A의 전류로 방전시키면 몇 시간 동안 사용할 수 있는가?

① 2시간
② 3시간
③ 4시간
④ 5시간

사용 시간(h) = 용량(Ah) / 전류(A) 100Ah / 20A = 5시간.

30 트랜지스터의 기능 중 증폭, 발진, 스위칭 외에 해당하지 않는 것은?

① 증폭 작용
② 발진 작용
③ 스위칭 작용
④ 축전 작용

트랜지스터는 증폭, 발진, 스위칭 등의 기능을 수행하는 반도체 소자임. 축전 작용은 콘덴서(커패시터)의 기능임.

31 3상 교류 회로에서 각 상의 전압 또는 전류는 서로 몇 도(°)의 위상차를 가지는가?

① 60°
② 90°
③ 120°
④ 180°

3상 교류 전원에서는 각 상의 전압 또는 전류가 서로 120°의 위상차를 가짐.

32 전기가 흐르는 도체의 저항에 대한 설명으로 옳은 것은?

① 길이에 비례하고 단면적에 반비례한다.
② 길이와 단면적에 반비례한다.
③ 길이와 단면적에 비례한다.
④ 길이에 반비례하고 단면적에 비례한다.

도체의 전기 저항은 도체의 길이에 비례하고, 도체의 단면적에 반비례함. ($R = \rho L/A$)

33 다음 직류 전동기 중 정속도 특성이 뛰어나 공작기계나 펌프 등 일정한 속도 유지가 요구되는 곳에 주로 사용되는 것은?

① 직권 전동기
② 분권 전동기
③ 복권 전동기
④ 타여자 전동기

분권 전동기는 계자 권선과 전기자 권선이 병렬로 연결되어 있어 정속도 특성을 가지므로, 공작 기계, 펌프 등 일정한 속도 유지가 필요한 곳에 주로 사용됨.

34 열기관의 이상 사이클인 카르노 사이클에서 고열원의 온도가 327°C, 저열원의 온도가 27°C일 때 이 사이클의 열효율은?

① 30%
② 40%
③ 50%
④ 60%

카르노 사이클의 열효율(η) = 1 − (저열원 절대온도 / 고열원 절대온도) T_H = 327°C + 273 = 600K T_L = 27°C + 273 = 300K η = 1 − (300K / 600K) = 1 − 0.5 = 0.5 = 50%임.

| 정답 | 29 ④ 30 ④ 31 ③ 32 ① 33 ② 34 ③

35 직류 발전기에서 전기자에 유도되는 기전력의 크기가 비례하지 않는 것은?

① 자속의 크기
② 도체의 길이
③ 도체의 저항
④ 도체의 속도

직류 발전기에서 전기자에 유도되는 기전력의 크기는 자속의 크기, 도체의 길이, 도체의 속도에 비례하지만, 도체의 저항에는 비례하지 않음.

36 어떤 전기 회로에 220V의 전압을 가했을 때 110W의 전력이 소비되었다면, 이 회로에 흐르는 전류는 약 몇 A인가?

① 0.2A
② 0.5A
③ 1.0A
④ 2.0A

전류(I) = 전력(P) / 전압(V)
110W / 220V = 0.5A임.

37 수선 아래의 앞쪽 부분에 혹을 붙인 것과 같은 형상으로 선수파를 감소시킬 목적으로 설치한 선수의 종류는?

① 램형 선수
② 직립형 선수
③ 구상 선수
④ 경사형 선수

구상 선수는 선수 수선 아래 부분에 공 모양의 돌출부를 두어, 선수파의 파형을 조정하여 조파 저항을 감소시킬 목적으로 개발된 선수 형상임.

38 선박의 적재 가능한 화물의 최대 중량을 나타내는 것은?

① 총톤수
② 순톤수
③ 재화중량톤수
④ 배수량

재화중량톤수는 선박이 적재할 수 있는 화물의 최대 중량을 나타내는 것으로, 만재배수톤수에서 경하배수톤수를 뺀 값임.

39 선박의 마찰 저항 크기에 가장 큰 영향을 미치는 요소는?

① 선형의 미세함
② 침수 표면적
③ 파고
④ 유체의 밀도

선박의 마찰 저항 크기에 가장 큰 영향을 미치는 요소는 침수 표면적임. 침수 표면적이 넓을수록 마찰 저항이 증가함.

40 선박이 항주할 때 선미에서 진행방향으로 물의 흐름이 생기는데 이를 무엇이라 하는가?

① 겉보기 슬립
② 참 슬립
③ 반류
④ 공동현상

배가 진행할 때 선미에서 배의 진행 방향으로 물의 흐름이 생기는데 이를 반류라고 함. 이 반류는 프로펠러의 추진 효율에 영향을 미침.

| 정답 | 35 ③　36 ②　37 ③　38 ③　39 ②　40 ③ |

41 유조선에서 중앙 기관실보다 선미 기관실을 주로 채택하는 이유로 옳지 않은 것은?

① 화재의 위험이 적다.
② 선수 트림을 조정하기 쉽다.
③ 축로를 아주 짧게 단축할 수 있다.
④ 중앙부의 장소를 유효하게 화물창으로 쓸 수 있다.

유조선은 인화성 액체를 운반하므로 화재 위험성이 높음. 선수 트림을 조정하기 쉬운 것은 유조선이 선미 기관선을 채택하는 주된 이유가 아님. 화재 위험 감소, 축로 단축, 중앙부 화물창 유효 활용 등이 주된 이유임.

42 선박의 기관실 천창(Sky light)이 설치되는 주된 목적과 거리가 먼 것은?

① 통풍
② 채광
③ 방열
④ 관계자의 출입

선박 기관실 천창(Sky light)의 주요 목적은 통풍, 채광, 방열 등임. "관계자의 출입"은 천창의 주된 설치 목적이 아님.

43 선박의 중앙 횡단면에서 현측의 상갑판보 상면부터 기선까지의 수직 거리를 나타내는 용어는?

① 형깊이
② 건현
③ 형흘수
④ 건형용의 깊이

선박의 중앙 횡단면에서 현측의 상갑판보 상면부터 기선까지 측정한 수직 거리는 형깊이(Moulded Depth)라고 함.

44 주기관이 설치되는 기관실 바닥을 보강하는 방법으로 옳지 않은 것은?

① 보(Beam)를 크게 한다.
② 특설 늑골을 증설한다.
③ 늑판의 두께를 증가한다.
④ 이중저 내의 실체 늑판의 수를 증가한다.

주기관이 설치되는 기관실 바닥을 보강하는 방법으로는 특설 늑골 증설, 늑판 두께 증가, 이중저 내 실체 늑판 수 증가 등이 있음. 보(Beam)를 크게 하는 것은 갑판 보강에 해당하며 기관실 바닥 보강과는 거리가 멈.

45 프로펠러 축을 교환 시 빼내기 편리하도록 축로 끝단부에 위치한 구조물의 명칭은?

① 선미관
② 탈출 트렁크
③ 축로 리세스
④ 스터핑 상자

축로 리세스(Shaft Tunnel Recess)는 축로의 상부보다 높게 위치하는 공간으로, 프로펠러 축을 교환 시 빼내기 편리하도록 설계된 구조물임.

46 수면 가까이 떠서 운항하며 항공기 날개의 양력 원리를 이용하는 선박의 명칭은?

① 활주형선
② 위그선
③ 수중익선
④ 공기부양선

위그선(Wing-In-Ground effect vessel)은 항공기의 날개 양력 원리를 이용하여 수면 가까이 떠서 운항하는 선박임.

| 정 | 답 | 41 ② 42 ④ 43 ① 44 ① 45 ③ 46 ②

47 선박의 건조 공정 중 선체 구조를 조립하고 용접하는 단계는?

① 의장 공정
② 탑재 공정
③ 블록 조립 공정
④ 시운전 공정

선박의 건조 공정 중 블록 조립 공정은 강판 절단 및 가공 후, 소형 블록을 제작하고 이를 다시 대형 블록으로 조립하며 용접하는 주요 단계임.

48 선박이 좌초되거나 충돌했을 때, 해수의 유입을 제한하여 선박의 부양성을 유지하는데 가장 중요한 역할을 하는 것은?

① 이중저
② 횡격벽
③ 주갑판
④ 현측 외판

횡격벽(Transverse Bulkhead)은 선체가 좌초되거나 충돌했을 때 한 구획이 침수되더라도 다른 구획으로의 해수 유입을 제한하여 선박의 부양성을 유지하는데 가장 중요한 역할을 함.

49 국제 항해에 종사하는 선박의 안전 관리 및 오염 방지를 위한 국제 규약으로, 선박 안전 관리 시스템(SMS)의 기반이 되는 것은?

① SOLAS 협약
② MARPOL 협약
③ ISM 코드
④ STCW 협약

ISM 코드(International Safety Management Code)는 국제 항해에 종사하는 선박의 안전 관리 및 해양 오염 방지를 위한 국제 규약으로, 선박 안전 관리 시스템(SMS)의 기반이 됨.

50 선박의 선수재(stem)와 선미재(stern frame)를 연결하는 선박의 가장 아랫부분의 주된 부재는?

① 갑판(Deck)
② 늑골(Frame)
③ 용골(Keel)
④ 거더(Girder)

용골(Keel)은 선박의 선수재와 선미재를 연결하는 선박의 가장 아랫부분에 위치한 주된 부재로, 선체의 종강도를 지탱하고 바닥의 중심을 잡아주는 역할을 함.

51 선박의 길이방향 강도를 증대시키기 위해 사용되는 구조 방식은?

① 횡식 구조
② 종식 구조
③ 혼합식 구조
④ 이중저 구조

종식 구조는 선체의 길이 방향으로 강재를 주로 배치하여 선박의 길이방향 강도를 증대시키는 구조 방식임. 대형 선박이나 유조선 등에 많이 사용됨.

52 피치가 3mm인 2줄 나사를 180° 회전시키면 몇 mm 이동하는가?

① 1.5
② 3
③ 4.5
④ 6

나사의 리드(Lead) = 피치(Pitch) × 줄 수(Number of Starts) 피치가 3mm이고 2줄 나사이므로 리드는 3mm × 2 = 6mm 180° 회전은 1회전(360°)의 절반이므로, 이동 거리는 리드의 절반인 6mm / 2 = 3mm임.

| 정 | 답 | 47 ③ 48 ② 49 ③ 50 ③ 51 ② 52 ②

53 TIG 용접에서 아크를 발생시키기 위해 사용되는 전극 재료는?

① 텅스텐
② 탄소
③ 알루미늄
④ 주철

TIG 용접(Tungsten Inert Gas welding)은 텅스텐 전극을 사용하여 아크를 발생시키고, 불활성 가스(아르곤 등)로 보호하면서 용접하는 방식임.

54 교류 아크 용접기의 종류가 아닌 것은?

① 정류형
② 가동철심형
③ 탭 전환형
④ 가포화 리액턴스형

정류형은 교류를 직류로 바꾸는 장치이며, 가동철심형, 탭 전환형, 가포화 리액턴스형 등은 교류 아크 용접기의 종류임.

55 웜 기어(Worm gear)의 장점이 아닌 것은?

① 부하 용량이 크다.
② 역회전이 불가능하다.
③ 소음과 진동이 적다.
④ 큰 감속비를 얻을 수 있다.

웜 기어(Worm gear)는 큰 감속비를 얻을 수 있고, 소음과 진동이 적으며, 부하 용량이 크다는 장점이 있음. 그러나 일반적으로 역회전이 불가능하여 (웜 휠이 웜을 회전시키기 어려움) 한쪽 방향으로만 동력을 전달하는 데 주로 사용됨.

56 제도에서 판의 두께를 표시하는 치수 보조 기호는?

① □
② ∅
③ R
④ t

제도에서 판의 두께를 표시하는 치수 보조 기호는 t임. R은 반지름, ∅는 지름을 나타냄.

57 버니어 캘리퍼스의 어미자 1눈금은 1mm이고, 아들자 19mm를 20등분할 경우 최소 측정값은 몇 mm인가?(M형 버니어 캘리퍼스 방식)

① 0.01
② 0.02
③ 0.05
④ 0.1

M형 버니어 캘리퍼스에서 최소 측정값은 어미자 1눈금과 아들자 1눈금의 차이임. 어미자 1눈금 = 1mm 아들자 20눈금이 어미자 19mm와 일치하므로, 아들자 1눈금 = 19/20mm = 0.95mm. 최소 측정값 = 1mm − 0.95mm = 0.05mm임.

58 제도에서 사용하는 선의 종류와 용도에 대한 설명으로 옳지 않은 것은?

① 외형선은 굵은 실선으로 표시한다.
② 지시선은 가는 실선으로 표시한다.
③ 중심선은 가는 1점 쇄선으로 표시한다.
④ 무게중심선은 가는 2점 쇄선으로 표시한다.

지시선은 치수 보조 기호와 함께 주석 등을 가리킬 때 사용하며, 가는 실선으로 표시함. 쇄선으로 표시하는 것은 중심선 등임.

| 정 | 답 | 53 ① 54 ① 55 ② 56 ④ 57 ③ 58 ②

59 아크 용접 작업 시 작업자의 눈이나 신체 보호를 위한 안전 보호장구가 아닌 것은?

① 앞치마
② 용접 홀더
③ 용접 장갑
④ 발 커버

용접 홀더는 용접봉을 고정하고 용접 전류를 전달하는 공구이지, 아크 용접 시 작업자의 눈이나 신체를 보호하는 안전 보호장구는 아님.

60 미터 보통 나사의 표준 나사산 각도는 몇 도(°)인가?

① 30°
② 60°
③ 90°
④ 120°

미터 보통 나사의 표준 나사산 각도는 60°임.

|정|답| 59 ② 60 ②

선박기관정비기능사 및 국가기술자격 시험 예상 문제 모의고사

제6회 모의고사

01 4행정 사이클 기관의 행정을 순서대로 바르게 나열한 것은?

① 흡입 – 작동 – 배기 – 압축
② 흡입 – 작동 – 압축 – 배기
③ 흡입 – 압축 – 작동 – 배기
④ 흡입 – 압축 – 배기 – 작동

4행정 사이클 기관의 행정 순서는 흡입 – 압축 – 작동(폭발) – 배기

02 디젤기관의 작동 시 왕복 운동부에 해당하는 것은?

① 피스톤   ② 크랭크축
③ 실린더   ④ 플라이휠

디젤기관의 주요 왕복 운동부품은 실린더 내에서 상하 운동하는 피스톤임.

03 디젤기관에서 과급(Supercharge)을 행하는 주된 이유는?

① 배기를 좋게 하기 위하여
② 평균 유효 압력을 높이기 위하여
③ 윤활유 소비를 줄이기 위하여
④ 실린더 내에 공기를 빨리 넣기 위하여

디젤기관에서 과급(Supercharge)을 행하는 주된 목적은 실린더 내로 더 많은 공기를 공급하여 평균 유효 압력을 높임으로써 기관의 출력을 증대시키기 위함.

04 외연기관과 비교한 내연기관의 장점으로 옳은 것은?

① 진동과 소음이 적다.
② 큰 마력을 내는 데 적합하다.
③ 사용 연료의 제한을 받지 않는다.
④ 열효율이 높고 중량 및 부피가 작다.

내연기관은 외연기관에 비해 열효율이 높고, 중량 및 부피가 작아 선박용 기관으로 적합함.

05 디젤기관이 다른 기관에 비해 열효율이 높은 가장 주된 이유는?

① 압축비가 크기 때문이다.
② 양질유를 사용하기 때문이다.
③ 큰 플라이휠을 사용하기 때문이다.
④ RPM(1분간 회전수)이 높기 때문이다.

디젤기관이 다른 기관에 비해 열효율이 높은 가장 주된 이유는 압축비가 크기 때문임. 높은 압축비는 연소 효율을 향상시킴.

| 정답 | 01 ③ 02 ① 03 ② 04 ④ 05 ①

06 4행정 디젤기관에서 캠축 1회전마다 크랭크축은 몇 회전하며, 1개의 실린더에서 폭발은 몇 회 일어나는가?

① 1회전, 1회
② 2회전, 1회
③ 1회전, 2회
④ 2회전, 2회

4행정 디젤기관에서 크랭크축이 2회전하는 동안 캠축은 1회전하며, 이 기간 동안 하나의 실린더에서는 1회 폭발이 일어남.

07 디젤기관의 작동 중 상사점 부근에서 흡기 밸브와 배기 밸브가 동시에 열려있는 상태를 무엇이라 하는가?

① 캐비테이션
② 스로틀링
③ 밸브 오버랩
④ 밸브 래핑

디젤기관의 작동 중 상사점 부근에서 흡기 밸브와 배기 밸브가 동시에 열려있는 상태를 밸브 오버랩(Valve Overlap)이라고 함.

08 피스톤 엔진의 열효율은 압축비와 어떤 관계를 가지는가?

① 압축비가 클수록 감소한다.
② 압축비가 클수록 증가한다.
③ 압축비가 적을수록 증가한다.
④ 압축비에는 관계없다.

피스톤 엔진의 열효율은 일반적으로 압축비가 클수록 증가하는 경향을 보임. 압축비가 높을수록 연소 효율이 향상되기 때문임.

09 어떤 디젤기관의 행정 체적이 380cc, 연소실 체적이 20cc일 때 이 기관의 압축비는?

① 15
② 18
③ 19
④ 20

압축비 = (행정 체적 + 연소실 체적) / 연소실 체적
(380cc + 20cc) / 20cc = 400cc / 20cc = 20

10 디젤기관에서 노킹(knocking) 현상이 가장 잘 발생할 수 있는 조건은?

① 압축 압력이 높을 때
② 연료의 세탄가가 높을 때
③ 실린더 온도가 너무 낮을 때
④ 실린더 내 유입되는 흡기 온도가 높을 때

디젤기관의 노킹(knocking) 현상은 착화 지연 기간이 길어질수록 발생하기 쉬운데, 실린더 온도가 너무 낮을 때 연료의 착화 지연이 발생하여 노킹이 유발될 수 있음.

11 4행정 사이클 기관 운전 중 하나의 실린더에서 1분간 200회의 폭발이 일어났다면 이 기관의 분당 회전수(rpm)는 얼마인가?

① 200
② 300
③ 400
④ 800

4행정 기관은 크랭크축 2회전당 1회 폭발함. 따라서 1분 동안 200회의 폭발이 일어났다면 크랭크축은 200회 × 2 = 400회전(rpm)

|정|답| 06 ② 07 ③ 08 ② 09 ④ 10 ③ 11 ③

12 디젤기관 시동에 사용되는 공기압축기를 다단식으로 하는 이유가 아닌 것은?

① 효율이 좋아진다.
② 압축 공기의 온도를 낮출 수 있다.
③ 비상시 원활한 압축 공기의 공급을 할 수 있다.
④ 탄화에 의한 피스톤과 피스톤 링의 고착 및 폭발의 위험이 감소한다.

디젤기관 시동용 공기압축기를 다단식으로 하는 주된 이유는 압축 과정에서 발생하는 공기의 온도를 낮춰서 안전성을 확보하고 효율을 높이기 위함. "비상시 원활한 압축공기의 공급을 할 수 있다"는 다단식 압축기의 주된 이유가 아님.

13 디젤기관에서 크랭크 암의 디플렉션(Deflection)을 측정하는 목적으로 옳은 것은?

① 밸브 틈새를 알기 위하여
② 연료 분사 시기를 알기 위하여
③ 실린더 윤활 상태를 알기 위하여
④ 축 중심이 어긋났는가를 알기 위하여

크랭크 암의 디플렉션(Deflection)을 측정하는 주된 목적은 크랭크축의 변형이나 휘어짐을 확인하여 축 중심이 어긋났는가를 알기 위함.

14 디젤기관의 연료 분사 조건 중 연료유의 입자를 미세화시키는 현상은?

① 무화
② 분포
③ 분산
④ 관통력

디젤기관의 연료 분사 조건 중 연료유를 미세한 액체 입자로 만드는 현상은 무화(Atomization)임.

15 2행정 사이클 기관이 4행정 사이클보다 고속으로 하는 것이 어려운 가장 주된 이유는?

① 왕복 관성력이 크므로
② 소기 효율이 나쁘므로
③ 열응력이 크므로
④ 회전 관성력이 크므로

2행정 사이클 기관이 4행정 기관보다 고속 운전이 어려운 가장 주된 이유는 1회전당 폭발 횟수가 많아 열응력이 크기 때문.

16 다음 중 증발 잠열이 가장 큰 냉매는?(단, -15°C에서의 값으로 비교한다.)

① 프레온 R-12
② 탄산가스
③ 메틸클로라이드
④ 암모니아

냉매 중 암모니아는 -15°C에서 증발 잠열이 가장 큰 냉매로 알려져 있음. 이는 효율적인 냉동 능력을 제공함.

17 냉동기의 팽창 밸브를 통과한 냉매는 파이프 내에서 어떠한 상태인가?

① 포화액
② 건포화증기
③ 고온, 고압의 기체
④ 습포화증기

냉동기의 팽창 밸브를 통과한 냉매는 교축 작용에 의해 압력과 온도가 급격히 낮아지면서 일부는 증발하고 일부는 액체 상태로 남아 있는 습포화 증기 상태가 됨.

| 정 | 답 | 12 ③ 13 ④ 14 ① 15 ③ 16 ④ 17 ④

18 원심 펌프와 비교했을 때 왕복 펌프의 특징으로 틀린 것은?

① 흡입 성능이 양호하다.
② 높은 양정을 얻기가 쉽다.
③ 큰 유량을 얻는 데 유리하다.
④ 운전 조건이 광범위하게 변해도 효율 변화가 적다.

왕복 펌프는 원심 펌프에 비해 흡입 성능이 양호하고, 높은 양정을 얻기 쉬우며, 운전 조건 변화에 따른 효율 변화가 적음. 반면 큰 유량을 얻는 데는 원심 펌프가 더 유리함.

19 유압을 기계적인 일로 바꾸는 역할을 하는 유압기구의 구성요소는?

① 유압펌프
② 유압밸브
③ 액추에이터
④ 유압탱크

유압 장치에서 액추에이터(Actuator)는 유압 에너지를 기계적인 일(운동)로 바꾸는 역할을 하는 구성요소임.

20 보일러 운전 중 비상 정지시켜야 할 경우가 아닌 것은?

① 보일러수의 소모량이 적을 경우
② 수면계에 수위가 보이지 않는 경우
③ 보일러 본체의 과열 및 변형이 생긴 경우
④ 급수 계통에 이상이 생겨서 더 이상 급수를 할 수 없는 경우

보일러 운전 중 보일러수의 소모량이 적을 경우는 일반적으로 비상 정지 상황으로 보지 않음. 수면계 수위 불능, 본체 과열/변형, 급수 계통 이상 등은 비상 정지 사유임.

21 냉동 장치에서 냉매 부족 시 나타나는 현상으로 옳은 것은?

① 응축 압력이 낮아진다.
② 압축기가 과열한다.
③ 압축 압력이 높아진다.
④ 흡입 압력이 높아진다.

냉매가 부족하면 증발기에서 충분한 열 흡수가 이루어지지 않아 흡입 압력이 낮아지는 현상이 나타남.

22 게이지 압력이 $7kg/cm^2$이면 절대압력은 약 얼마인가?(단, 대기압은 약 $1kg/cm^2$로 간주한다.)

① $7kg/cm^2$
② $8kg/cm^2$
③ $9kg/cm^2$
④ $10kg/cm^2$

절대압력 = 게이지압력 + 대기압 대기압을 약 $1kg/cm^2$로 간주하면, $7kg/cm^2 + 1kg/cm^2 = 8kg/cm^2$임.

23 증기 터빈을 증기의 작동 방식에 따라 분류할 때 해당되지 않는 것은?

① 충동 터빈
② 배압 터빈
③ 반동 터빈
④ 혼식 터빈

증기 터빈을 증기의 작동 방식에 따라 충동 터빈, 반동 터빈, 혼식 터빈으로 분류함. 배압 터빈은 증기의 작동 방식이 아닌 배기 압력에 따른 분류에 해당함.

| 정 | 답 | 18 ③ 19 ③ 20 ① 21 ① 22 ② 23 ②

24 복수기(Condenser)의 주된 기능은?

① 증기를 가열하여 과열 증기를 만든다.
② 증기를 응축하여 물로 바꾸고 진공을 유지한다.
③ 급수를 예열하여 보일러 효율을 높인다.
④ 윤활유를 냉각하여 온도를 낮춘다.

복수기(Condenser)는 증기 터빈에서 배출된 저압의 증기를 냉각수를 이용하여 응축시켜 물로 만들고, 터빈 출구의 진공도를 유지함으로써 터빈의 효율을 높이는 역할을 함.

25 원심 펌프에서 캐비테이션(cavitation) 발생 시 펌프 성능에 미치는 영향으로 옳지 않은 것은?

① 펌프 효율 저하
② 심한 소음 및 진동 발생
③ 펌프 양정 증가
④ 임펠러 표면의 손상

캐비테이션(cavitation)이 발생하면 펌프 효율 저하, 심한 소음 및 진동, 임펠러 표면 손상 등이 나타나며, 펌프 양정은 오히려 감소하는 경향을 보임. 따라서 "펌프 양정 증가"는 옳지 않음.

26 보일러에서 급수를 예열하여 보일러 효율을 높이는 장치는?

① 과열기
② 절탄기
③ 공기 예열기
④ 재열기

절탄기(Economizer)는 보일러에서 배출되는 고온의 배기가스 열을 이용하여 급수를 예열함으로써 보일러의 전체 열효율을 높이는 장치임.

27 보일러 설비에서 공기 이젝터는 주로 어디에 설치되는가?

① 복수기
② 급수 가열기
③ 공기 예열기
④ 절탄기

공기 이젝터(Air Ejector)는 복수기 내의 진공도를 유지하기 위해, 증기나 공기의 제트를 이용하여 복수기 내의 불응축 가스를 흡인하여 배출하는 장치임.

28 다음 중 디젤기관의 전기 시동용 전동기로 많이 사용되는 형식은?

① 동기전동기
② 유도전동기
③ 직권전동기
④ 교류전동기

디젤기관의 전기 시동용 전동기로는 직권 전동기가 많이 사용됨. 이는 기동 토크가 크고 구조가 간단하여 시동용으로 적합하기 때문임.

29 용량이 150Ah인 납축전지에서 매시간 5A의 크기로 방전시키면 사용할 수 있는 시간은 몇 시간인가?

① 10
② 20
③ 30
④ 40

사용 시간(h) = 용량(Ah) / 전류(A) 150Ah / 5A = 30시간임.

| 정 답 | 24 ② 25 ③ 26 ② 27 ① 28 ③ 29 ③

30 다음 중 트랜지스터의 기능이 아닌 것은?

① 증폭 작용
② 발진 작용
③ 스위칭 작용
④ 발열 작용

트랜지스터는 증폭, 발진, 스위칭 등의 기능을 수행하는 반도체 소자임. 발열 작용은 트랜지스터의 기능이라기보다는 작동 시 발생하는 현상임.

31 변압기의 손실 중 변압기의 철심에 발생하는 손실을 무엇이라 하는가?

① 구리손
② 부하손
③ 철손
④ 표유 부하손

변압기의 손실 중 철심에서 발생하는 손실을 철손이라고 함.

32 직류 발전기의 구조 중 교류 기전력을 직류로 바꾸는 역할을 하는 것은?

① 계자　　　② 정류자
③ 전기자　　④ 브러시

직류 발전기에서 전기자에 유도되는 교류 기전력을 외부 회로에 직류로 공급하기 위해 정류자가 사용됨.

33 3상 교류에서 각 상의 위상차는?

① 60°　　　② 120°
③ 180°　　　④ 360°

3상 교류 전원에서는 각 상의 전압 또는 전류가 서로 120°의 위상차를 가짐.

34 다음 중 전력을 구하는 식이 아닌 것은?(단, V 전압, I 전류, R 저항이다.)

① VI　　　② I^2R
③ V^2/R　　④ $\sqrt{VR}$

전력을 구하는 식은 P = VI, P = I^2R, P = V^2/R 등이 있음. $\sqrt{VR}$은 전력을 구하는 식이 아님.

35 도체가 전하를 수용할 수 있는 능력을 의미하며, 단위로는 패럿(F)을 사용하는 전기적 성질은?

① 전압　　　② 전류
③ 저항　　　④ 정전 용량

정전 용량(Capacitance)은 도체가 전하를 수용할 수 있는 능력을 나타내는 전기적 성질이며, 단위는 패럿(F)을 사용함.

36 어떤 전기 회로에 240V의 전압을 가했을 때 120W의 전력이 소비되었다면, 이 회로에 흐르는 전류는 약 몇 A인가?

① 0.2A　　② 0.5A
③ 1.0A　　④ 2.0A

전류(I) = 전력(P) / 전압(V) 120W / 240V = 0.5A

37 선수의 형상 중 선수파의 파형을 조정하여 선박의 조파저항을 감소시킬 목적으로 개발된 것은?

① 램형　　　② 경사형
③ 구상형　　④ 클리퍼형

구상 선수는 선수 수선 아래 부분에 공 모양의 돌출부를 두어, 선수파의 파형을 조정하여 조파 저항을 감소시킬 목적으로 개발된 선수 형상임.

| 정답 | 30 ④　31 ③　32 ②　33 ②　34 ④　35 ④　36 ②　37 ③

38 다음 중 선박의 적재 가능한 중량을 나타내는 것은?

① 배수량
② 총톤수
③ 순톤수
④ 재화중량

선박의 재화중량톤수는 선박이 적재할 수 있는 화물의 최대 중량을 나타내는 것으로, 만재배수톤수에서 경하배수톤수를 뺀 값임.

39 선박의 마찰저항 크기에 영향을 미치는 요소가 아닌 것은?

① 침수 표면적
② 파고
③ 유체의 밀도
④ 유체의 점성계수

선박의 마찰 저항 크기에 영향을 미치는 요소는 침수 표면적, 유체의 밀도, 유체의 점성 계수 등임. 파고는 주로 조파 저항에 영향을 줌.

40 배가 진행할 때 선미에서 배의 진행방향으로 물의 흐름이 생기는데 이를 무엇이라 하는가?

① 반류
② 슬립
③ 공동현상
④ 피치

배가 진행할 때 선미에서 배의 진행 방향으로 물의 흐름이 생기는데 이를 반류라고 함. 이 반류는 프로펠러의 추진 효율에 영향을 줌.

41 유조선에서 중앙기관선보다 선미기관선을 주로 채택하는 이유로 틀린 것은?

① 화재의 위험이 적다.
② 선수 트림을 조정하기 쉽다.
③ 축로를 아주 짧게 단축할 수 있다.
④ 중앙부의 장소를 유효하게 화물창으로 쓸 수 있다.

유조선은 인화성 액체를 운반하므로 화재 위험성이 높음. 선수 트림을 조정하기 쉬운 것은 유조선이 선미기관선을 채택하는 주된 이유가 아님. 화재 위험 감소, 축로 단축, 중앙부 화물창 유효 활용 등이 주된 이유임.

42 선박 기관실 천창(Sky light)의 설치 목적이 아닌 것은?

① 통풍
② 채광
③ 방열
④ 관계자의 출입

선박 기관실 천창(Sky light)의 주요 목적은 통풍, 채광, 방열 등임. "관계자의 출입"은 천창의 주된 설치 목적이 아님.

43 중앙 횡단면의 현측에서 상갑판보의 상면부터 기선까지 측정한 수직거리는?

① 형깊이
② 건현
③ 형흘수
④ 건형용의 깊이

선박의 중앙 횡단면에서 현측의 상갑판보 상면부터 기선까지 측정한 수직 거리는 형깊이(Moulded Depth)라고 함.

| 정답 | 38 ④　39 ②　40 ①　41 ②　42 ④　43 ①

44 주기관이 설치되는 곳의 보강 방법으로 부적절한 것은?

① 보(Beam)를 크게 한다.
② 특설 늑골을 증설한다.
③ 늑판의 두께를 증가한다.
④ 이중저 내의 실체 늑판의 수를 증가한다.

주기관이 설치되는 기관실 바닥을 보강하는 방법으로는 특설 늑골 증설, 늑판 두께 증가, 이중저 내 실체 늑판 수 증가 등이 있음. 보(Beam)를 크게 하는 것은 갑판 보강에 해당하며 기관실 바닥 보강과는 거리가 멈.

45 축로의 상부보다 높게 위치하는 공간으로 프로펠러 축을 빼기에 편리하게 되어 있는 곳은?

① 선미관
② 탈출 트렁크
③ 축로 리세스
④ 스터핑 상자

축로 리세스(Shaft Tunnel Recess)는 축로의 상부보다 높게 위치하는 공간으로, 프로펠러 축을 교환 시 빼내기 편리하도록 설계된 구조물임.

46 항공기의 원리인 날개의 양력을 이용하여 수면 가까이 떠서 운항하는 선박의 명칭은?

① 활주형선
② 위그선
③ 수중익선
④ 공기부양선

위그선(Wing-In-Ground effect vessel)은 항공기의 날개 양력 원리를 이용하여 수면 가까이 떠서 운항하는 선박임.

47 선박의 이중저(double bottom) 상면을 덮는 부재는?

① 갑판   ② 마진판
③ 내저판   ④ 정판

선체 이중저(double bottom)의 상면을 덮는 부재는 내저판임.

48 B급 화재로 분류되는 화재는?

① 전기 화재
② 목재 화재
③ 유류 화재
④ 금속 화재

B급 화재는 유류, 가스 등 인화성 액체 및 기체에 의한 화재를 분류함.

49 구명 설비 중 1인용 개인 구명 설비에 해당하는 것은?

① 구명정
② 구명 뗏목
③ 구명 동의
④ 구명 부환

구명 동의(Life Jacket)는 1인용 개인 구명 설비로, 조난 시 개인이 착용하여 부유할 수 있도록 함.

50 선내 작업 시 휴대용 전기드릴을 사용하는 경우 접지선을 선체에 접속하는 주 목적은?

① 화재 방지
② 감전 사고 방지
③ 단락 사고 방지
④ 추락 사고 방지

| 정답 | 44 ① | 45 ③ | 46 ② | 47 ③ | 48 ③ | 49 ③ | 50 ② |

휴대용 전기드릴과 같은 전기기구를 선내에서 사용할 때는 감전 사고 방지를 위해 반드시 접지선을 선체에 접속해야 함.

TIG 용접(Tungsten Inert Gas welding)은 텅스텐 전극을 사용하여 아크를 발생시키고, 불활성 가스(아르곤 등)로 보호하면서 용접하는 방식임.

51 어떤 선박이 10노트(knot)의 속력으로 예인되고 있을 때 예인에 필요한 유효마력은? (단, 예인 로프에 걸린 수평장력은 14.6tonf 이다.)

① 1,000PS
② 1,333PS
③ 1,460PS
④ 1,947PS

유효마력(PS) = (예인 장력(tonf) × 속력(knot) × 1852m/knot) / (75kgf·m/s × 3600s/h) 1노트 = 1852m/h, 1PS = 75kgf·m/s. 예인 장력 14.6tonf = 14600kgf. 속력 10knot. 유효마력 = (14600kgf × 10 × 1852m/h) / (75kgf·m/s × 3600s/h) ≈ 1,000PS.

52 피치가 2mm인 2줄 나사를 180° 회전시키면 몇 mm 이동하는가?

① 1
② 2
③ 3
④ 4

나사의 리드(Lead) = 피치(Pitch) × 줄 수(Number of Starts) 피치가 2mm이고 2줄 나사이므로 리드는 2mm × 2 = 4mm 180° 회전은 1회전(360°)의 절반이므로, 이동 거리는 리드의 절반인 4mm / 2 = 2mm

53 TIG 용접에서 사용하는 전극 재료는?

① 텅스텐
② 탄소
③ 알루미늄
④ 주철

54 배관 제도 방법에 대한 설명으로 틀린 것은?

① 관은 1줄의 실선으로 표시한다.
② 계기는 종류에 따라 O안에 문자 기호를 넣어 표시한다.
③ 관의 굵기는 배관을 표현한 곳 옆에 굵기에 따라 여러 줄의 가는 실선을 이용하여 표시한다.
④ 배관이 접속하면서 교차할 경우 교차지점에 굵은 점으로 표시한다.

배관 제도에서 관의 굵기는 배관을 표현한 곳 옆에 치수(예: ⌀50)로 직접 표시하며, 여러 줄의 가는 실선을 이용하여 표시한다는 설명은 틀림.

55 아크 용접이나 가스 용접 시 눈을 보호하기 위한 안경은?

① 방진안경
② 방사안경
③ 일반안경
④ 차광용안경

아크 용접이나 가스 용접 시 발생하는 강한 빛으로부터 눈을 보호하기 위해 차광용 안경을 사용함.

56 실린더 헤드의 볼트나 메인베어링의 스터드 볼트를 정확한 힘으로 죌 때 사용하는 공구는?

① 토크 렌치
② 래칫 렌치
③ 복스 렌치
④ 육각 렌치

실린더 헤드 볼트나 메인 베어링 볼트를 정확한 힘(토크)으로 조일 때 사용하는 공구는 토크 렌치임.

| 정 | 답 | 51 ① 52 ② 53 ① 54 ③ 55 ④ 56 ①

57 미터 표준 나사의 나사산 각도는 몇 도인가?

① 30°
② 60°
③ 90°
④ 120°

미터 표준 나사의 나사산 각도는 60°

58 강의 기계적 성질에 가장 크게 영향을 미치는 원소는?

① 황(S)
② 탄소(C)
③ 인(P)
④ 규소(Si)

강의 기계적 성질에 가장 크게 영향을 미치는 원소는 탄소(C)임.

59 아크 용접 작업 시의 안전 보호장구와 관계가 없는 것은?

① 앞치마
② 용접홀더
③ 용접장갑
④ 발 커버

용접 홀더는 용접봉을 고정하고 용접 전류를 전달하는 공구이지, 아크 용접 시 작업자의 눈이나 신체를 보호하는 안전 보호장구는 아님.

60 어미자 눈금이 1mm이며 아들자의 눈금은 19mm를 20등분한 M형 버니어 캘리퍼스에서 측정 가능한 최소값은 몇 mm인가?

① 1/5
② 1/10
③ 1/15
④ 1/20

M형 버니어 캘리퍼스에서 최소 측정값은 어미자 1눈금과 아들자 1눈금의 차이임. 어미자 1눈금 = 1mm 아들자 20눈금이 어미자 19mm와 일치하므로, 아들자 1눈금 = 19/20mm = 0.95mm. 최소 측정값 = 1mm − 0.95mm = 0.05mm = 1/20mm

| 정답 | 57 ② 58 ② 59 ② 60 ④

선박기관정비기능사 및 국가기술자격 시험 예상 문제 모의고사

제7회 모의고사

01 4행정 디젤기관에서 피스톤이 하사점에서 상사점으로 이동하는 동안 흡, 배기 밸브가 모두 닫혀있는 행정은?

① 흡입 행정
② 압축 행정
③ 폭발 행정
④ 배기 행정

4행정 디젤기관에서 피스톤이 하사점에서 상사점으로 이동하며 흡, 배기 밸브가 모두 닫혀있는 행정은 압축 행정임.

02 내연기관에서 폭발력을 받아 실린더 내에서 상하 왕복운동을 하는 부품은?

① 피스톤
② 크랭크축
③ 캠축
④ 플라이휠

내연기관에서 연소에 의해 발생한 폭발력을 받아 실린더 내에서 상하 왕복운동을 하는 부품은 피스톤임.

03 피스톤 링의 고착 방지에 큰 효과가 있으며, 중·소형 선박기관의 제1, 2번 링으로 많이 쓰이는 압축 링의 종류는?

① 플레인(Plane)형 링
② 테이퍼(Taper)형 링
③ 키스톤(Keystone)형 링
④ 인사이드(inside bevel)형 링

키스톤(Keystone)형 링은 단면이 사다리꼴 모양으로, 피스톤 링 홈에 끼워지면 틈새를 유지함으로써 링의 고착 방지에 큰 효과가 있음. 특히 중·소형 선박기관의 제1, 2번 링으로 많이 쓰임.

04 4행정 기관과 비교했을 때 2행정 기관의 장점으로 틀린 것은?

① 마력당 부피, 무게가 작아 대형 선박기관에 사용된다.
② 환기 작용이 좋아 고속 기관에 적합하다.
③ 토크 변화가 적어 플라이 휠이 작아도 된다.
④ 흡, 배기 밸브가 없어 구조가 간단하다.

2행정 기관은 4행정 기관에 비해 크랭크축 1회전당 1회 폭발하여 출력은 크지만, 소기 효율이 나빠 고속 운전에는 부적합하며 열응력이 크다는 단점이 있음.

|정답| 01 ② 02 ① 03 ③ 04 ②

05 디젤기관의 열효율을 높이는 가장 중요한 요소는 무엇과 관계가 깊은가?

① 실린더 온도
② 압축비
③ 연료 분사 시기
④ 연료 품질

피스톤 엔진의 열효율은 일반적으로 압축비가 클수록 증가함. 압축비가 높을수록 연소 효율이 향상되기 때문임.

06 행정 부피가 4500cm³, 압축 부피가 300cm³ 인 디젤기관의 압축비는 얼마인가?

① 12
② 14
③ 15
④ 16

압축비는 (행정 부피 + 압축 부피) / 압축 부피로 계산함. (4500cm³ + 300cm³) / 300cm³ = 4800cm³ / 300cm³ = 16임.

07 가솔린 기관의 필수 부품으로, 혼합기에 점화하여 연소를 일으키는 것은?

① 연료 분사 노즐
② 배전기
③ 점화 플러그
④ 기화기

가솔린 기관은 혼합기에 점화하여 연소를 일으키기 위해 점화 플러그를 사용함. 배전기는 점화 순서에 따라 고압 전류를 분배하는 역할을 함.

08 기관 정비 시 규정된 힘으로 볼트를 체결하는 데 사용되는 정밀 공구는?

① 일반 렌치
② 복스 렌치
③ 토크 렌치
④ 래칫 렌치

토크 렌치는 실린더 헤드 볼트나 다른 주요 볼트를 규정된 힘(토크)으로 정확하게 조일 때 사용하는 공구임.

09 밸브 개폐 시 푸시로드의 움직임을 밸브에 전달하는 부품으로, 실린더 헤드 상부에 위치하는 것은?

① 캠축
② 로커 암
③ 크랭크축
④ 푸시 로드

로커 암은 캠축의 회전 운동에 따라 푸시 로드의 움직임을 전달받아 밸브를 개폐시키는 부품으로, 실린더 헤드 상부에 위치함.

10 냉각수와 직접 접촉하여 실린더 벽의 열을 효과적으로 식히는 라이너는?

① 건식 라이너
② 습식 라이너
③ 일체형 라이너
④ 워터 재킷 라이너

습식 라이너(Wet liner)는 실린더 재킷의 냉각수에 직접 접촉하는 방식으로, 냉각 효과가 우수하여 대형 디젤기관에 주로 사용됨.

| 정답 | 05 ② 06 ③ 07 ③ 08 ③ 09 ② 10 ②

11 디젤기관의 압축비를 높이기 위한 가장 효과적인 방법은?

① 피스톤 행정 길이 증가
② 압축 부피 감소
③ 행정 부피 감소
④ 실린더 보어 확대

내연기관에서 압축비를 증가시키는 가장 효과적인 방법은 압축 부피(연소실 부피)를 감소시키는 것임.

12 4행정 디젤기관에서 밸브 간극을 측정하거나 조정하기에 가장 적절한 피스톤 위치는?

① 피스톤이 최상부에 위치하고, 흡, 배기 밸브가 모두 닫혀 있을 때
② 피스톤이 최하부에 위치하고, 흡, 배기 밸브가 모두 열려 있을 때
③ 피스톤이 중간에 위치하고, 흡기 밸브만 열려 있을 때
④ 피스톤이 중간에 위치하고, 배기 밸브만 열려 있을 때

디젤기관에서 밸브 간극을 조정할 때는 일반적으로 해당 실린더의 피스톤이 최상부에 위치하고, 흡, 배기 밸브가 모두 닫혀 있을 때 (즉, 압축 상사점 또는 폭발 상사점) 조정함. 이는 밸브 구동부에 장력이 없는 상태에서 정확한 간극을 맞추기 위함.

13 보슈식 연료 분사 펌프에서 연료를 가압하고 분사량을 조절하는 핵심 부품은?

① 플런저
② 라이너
③ 로터
④ 블레이드

보슈식 연료 분사 펌프에서 연료를 가압하고 분사량을 조절하는 핵심 부품은 플런저임.

14 디젤기관 연료의 착화성을 나타내는 지표로, 착화 지연을 줄이는 데 중요한 것은?

① 점도
② 인화점
③ 세탄가
④ 비중

디젤기관 연료의 세탄가(Cetane number)가 높을수록 착화성이 좋아지고 착화 지연 기간이 짧아져 노크를 방지하는 데 효과적임.

15 대형 4행정 디젤기관 실린더 헤드에 일반적으로 설치되는 밸브는?

① 흡기 밸브, 배기 밸브
② 흡기 밸브, 연료 밸브
③ 배기 밸브, 공기 시동 밸브
④ 흡기 밸브, 배기 밸브, 연료 밸브, 공기 시동 밸브

대형 4행정 디젤기관의 실린더 헤드에는 일반적으로 흡기 밸브, 배기 밸브, 연료 밸브, 그리고 공기 시동 밸브가 모두 설치됨.

16 냉동 사이클에서 팽창 밸브를 거친 냉매의 일반적인 상태는?

① 포화액
② 건포화증기
③ 고온, 고압의 기체
④ 습포화증기

냉동기의 팽창 밸브를 통과한 냉매는 교축 작용에 의해 압력과 온도가 급격히 낮아지면서 일부는 증발하고 일부는 액체 상태로 남아 있는 습포화증기 상태가 됨.

| 정 | 답 | 11 ② 12 ① 13 ① 14 ③ 15 ④ 16 ④

17 수관 보일러의 특징으로 옳지 않은 것은?

① 대용량의 증기 발생에 유리하다.
② 수(水) 순환이 빠르므로 급수처리를 할 필요가 없다.
③ 효율이 원통 보일러보다 높다.
④ 수관의 직경이 작으므로 고압력에 유리하다.

수관 보일러는 물의 대류가 활발하여 급격한 부하 변동에 대응하기 쉽고 효율이 높지만, 급수 처리가 매우 중요하며, 불순물이 포함된 급수는 스케일이나 부식의 원인이 될 수 있음. 따라서 "급수처리를 할 필요가 없다"는 설명은 잘못됨.

18 증발 잠열이 크고 냉동 능력이 우수하나, 독성 및 자극성 냄새가 강하여 누설 시 위험한 냉매는?

① 프레온
② 탄산가스
③ 암모니아
④ 메틸클로라이드

냉매 중 암모니아는 증발 잠열이 크고 냉동 능력이 우수하나, 독성과 자극성 냄새가 강하여 누설 시 위험한 냉매임.

19 원심 펌프에서 축의 중심이 어긋났을 때 주로 발생하는 현상은?

① 흡입 양정 증가
② 펌프 효율 증대
③ 비정상적인 소음 및 진동
④ 캐비테이션 발생

원심 펌프에서 진동이나 비정상적인 소리가 발생하는 주요 원인 중 하나는 축의 중심이 어긋나 있을 때임.

20 증기 터빈에서 배출된 증기를 응축하여 물로 만들고 터빈 출구의 진공을 유지하는 장치는?

① 과급기
② 복수기
③ 공기 냉각기
④ 윤활유 여과기

복수기(Condenser)는 증기 터빈에서 배출된 저압의 증기를 냉각수를 이용하여 응축시켜 물로 만들고, 터빈 출구의 진공도를 유지함으로써 터빈의 효율을 높이는 역할을 함.

21 게이지 압력이 $6kg/cm^2$일 때, 이 압력에 해당하는 절대압력은 약 몇 kg/cm^2인가? (단, 대기압은 $1kg/cm^2$로 간주한다.)

① $6kg/cm^2$
② $7kg/cm^2$
③ $8kg/cm^2$
④ $9kg/cm^2$

절대압력 = 게이지압력 + 대기압.
대기압을 약 $1kg/cm^2$로 간주하면,
$6kg/cm^2 + 1kg/cm^2 = 7kg/cm^2$임.

22 냉동 장치에서 증발기에 성에가 과도하게 형성될 경우 제거해야 하는 가장 중요한 이유는?

① 증발 코일이 부식되므로
② 냉동 능력이 저하되므로
③ 증발 코일의 무게가 증가하므로
④ 냉동물의 손상을 유발하므로

냉동 장치의 증발기에 성에(서리)가 많이 끼면 열 전달 효율이 급격히 저하되어 냉동 능력이 감소하므로 이를 주기적으로 제거해야 함.

| 정 | 답 | 17 ② 18 ③ 19 ③ 20 ② 21 ② 22 ②

23 보일러에서 생산된 과열 증기의 온도를 조절하여 터빈 입구 온도를 적정하게 유지하는 장치는?

① 과열기
② 재열기
③ 절탄기
④ 과열 저감기

> 과열 저감기(Desuperheater)는 한 번 과열된 고온의 과열 증기를 포화 온도 가까이 또는 저온 과열 증기 온도까지 낮추는 목적으로 장치됨.

24 원심 펌프에서 캐비테이션 발생 시 나타나는 현상으로 틀린 것은?

① 펌프 효율 저하
② 심한 소음 및 진동 발생
③ 펌프 양정 증가
④ 임펠러 표면의 손상

> 캐비테이션(cavitation)이 발생하면 펌프 효율 저하, 심한 소음 및 진동, 임펠러 표면 손상 등이 나타나며, 펌프 양정은 오히려 감소하는 경향을 보임. 따라서 "펌프 양정 증가"는 옳지 않음.

25 보일러 급수 펌프의 양수 불능 원인으로 적절하지 않은 것은?

① 흡입 밸브가 제대로 열리지 않을 때
② 펌프 내부의 에어록(air lock) 현상
③ 펌프의 회전 속도가 너무 높을 때
④ 흡입 배관이 막혔을 때

> 보일러의 급수 펌프가 급수를 공급하지 못하는 원인으로는 흡입 밸브의 문제, 에어록 현상, 흡입 배관 막힘 등이 있으며, 펌프의 회전 속도가 너무 높을 때는 오히려 송출 능력이 과도하게 되어 다른 문제를 일으킬 수 있지만, 급수를 공급하지 못하는 직접적인 원인은 아님.

26 이상적인 열기관 사이클로서 최대 열효율을 제공하는 이론적 사이클은?

① 랭킨 사이클
② 오토 사이클
③ 카르노 사이클
④ 디젤 사이클

> 카르노 사이클은 열기관의 이상적인 사이클로서, 이론적으로 가장 높은 열효율을 제공하며 열효율의 한계를 제시함.

27 냉동 사이클에서 응축기를 거친 냉매의 일반적인 상태는?

① 고온 고압의 증기
② 저온 저압의 액체
③ 고온 고압의 액체
④ 저온 저압의 증기

> 냉동기에서 응축기는 압축기에서 압축된 고온 고압의 증기 냉매를 냉각시켜 고온 고압의 액체로 변화시키는 역할을 함.

28 엘리베이터, 압연기 등 큰 시동 토크가 요구되는 곳에 적합한 직류 전동기는?

① 직권 전동기
② 분권 전동기
③ 복권 전동기
④ 영구 자석 전동기

> 직권 전동기는 계자 권선과 전기자 권선이 직렬로 연결되어 있어 기동 토크가 매우 크므로, 전차, 크레인 등 큰 기동력이 필요한 곳에 주로 사용됨.

| 정 답 | 23 ④ 24 ③ 25 ③ 26 ③ 27 ③ 28 ①

29 용량이 180Ah인 납축전지에서 매시간 6A의 크기로 방전시키면 사용할 수 있는 시간은 몇 시간인가?

① 20
② 25
③ 30
④ 35

사용 시간(h) = 용량(Ah) / 전류(A)임.
180Ah / 6A = 30시간

30 다음 중 트랜지스터의 주요 기능이 아닌 것은?

① 증폭 작용
② 발진 작용
③ 스위칭 작용
④ 발열 작용

트랜지스터는 증폭, 발진, 스위칭 등의 기능을 수행하는 반도체 소자임. 발열 작용은 트랜지스터의 기능이라기보다는 작동 시 발생하는 현상임.

31 3상 교류 시스템에서 각 상(相)이 가지는 전기적인 위상 차이는 몇 도인가?

① 60°
② 120°
③ 180°
④ 360°

3상 교류 전원에서는 각 상의 전압 또는 전류가 서로 120°의 위상차를 가짐.

32 도체의 전기 저항에 대한 설명으로 옳은 것은?

① 길이에 비례하고 단면적에 반비례한다.
② 길이와 단면적에 반비례한다.
③ 길이와 단면적에 비례한다.
④ 길이에 반비례하고 단면적에 비례한다.

도체의 전기 저항은 도체의 길이에 비례하고, 도체의 단면적에 반비례함. ($R = \rho L/A$)

33 부하 변동에도 속도 변화가 적어 공작기계나 송풍기 등에 적합한 직류 전동기는?

① 직권 전동기
② 분권 전동기
③ 복권 전동기
④ 타여자 전동기

분권 전동기는 계자 권선과 전기자 권선이 병렬로 연결되어 있어 정속도 특성을 가지므로, 공작 기계, 펌프 등 일정한 속도 유지가 필요한 곳에 주로 사용됨.

34 카르노 사이클에서 고열원 온도가 427°C, 저열원 온도가 27°C일 때 열효율은 약 몇 %인가?

① 40%
② 50%
③ 60%
④ 70%

카르노 사이클의 열효율(η) = 1 − (저열원 절대온도 / 고열원 절대온도)
T_H = 427°C + 273 = 700K
T_L = 27°C + 273 = 300K
η = 1 − (300K / 700K) = 1 − 0.428. ≈ 0.571 ≈ 57.1% 이므로 가장 가까운 60%

| 정답 | 29 ③　30 ④　31 ②　32 ①　33 ②　34 ③

35 직류 발전기의 유도 기전력 크기에 영향을 미치지 않는 요소는?

① 자속의 크기
② 도체의 길이
③ 도체의 저항
④ 도체의 속도

직류 발전기에서 전기자에 유도되는 기전력의 크기는 자속의 크기, 도체의 길이, 도체의 속도에 비례하지만, 도체의 저항에는 비례하지 않음.

36 전력 240W가 소비되는 전기 회로에 120V의 전압이 인가되었다면, 이 회로에 흐르는 전류는 약 몇 A인가?

① 0.5A
② 1.0A
③ 2.0A
④ 2.5A

전류(I) = 전력(P) / 전압(V)임.
240W / 120V = 2.0A.

37 선수부에 볼록한 형태로 조파 저항을 줄이는 데 효과적인 선박의 선수 형태는?

① 램형 선수
② 직립형 선수
③ 구상 선수
④ 경사형 선수

구상 선수는 선수 수선 아래 부분에 공 모양의 돌출부를 두어, 선수파의 파형을 조정하여 조파 저항을 감소시킬 목적으로 개발된 선수 형상임.

38 만재 배수량에서 경하 배수량을 뺀 값으로, 선박이 실을 수 있는 화물의 중량을 의미하는 것은?

① 배수량
② 총톤수
③ 순톤수
④ 재화중량톤수

재화중량톤수는 선박이 적재할 수 있는 화물의 최대 중량을 나타내는 것으로, 만재배수톤수에서 경하배수톤수를 뺀 값임.

39 선박의 전 저항 중 침수 표면적에 가장 크게 비례하여 발생하는 저항은?

① 조파 저항
② 마찰 저항
③ 조와 저항
④ 공기 저항

선박의 마찰 저항 크기에 가장 큰 영향을 미치는 요소는 침수 표면적임. 침수 표면적이 넓을수록 마찰 저항이 증가함.

40 프로펠러의 후류(wake)에 의해 선미에서 발생하는 진행 방향의 물 흐름은?

① 반류
② 슬립
③ 공동현상
④ 피치

배가 진행할 때 선미에서 배의 진행 방향으로 물의 흐름이 생기는데 이를 반류라고 함. 이 반류는 프로펠러의 추진 효율에 영향을 미침.

| 정답 | 35 ③ | 36 ③ | 37 ③ | 38 ④ | 39 ② | 40 ① |

41 대형 유조선에서 선미 기관실을 선호하는 이유로 적절하지 않은 것은?

① 화재의 위험이 적다.
② 선수 트림을 조정하기 쉽다.
③ 축로를 아주 짧게 단축할 수 있다.
④ 중앙부의 장소를 유효하게 화물창으로 쓸 수 있다.

유조선은 인화성 액체를 운반하므로 화재 위험성이 높음. 선수 트림을 조정하기 쉬운 것은 유조선이 선미 기관실을 채택하는 주된 이유가 아님. 화재 위험 감소, 축로 단축, 중앙부 화물창 유효 활용 등이 주된 이유임.

42 기관실 스카이라이트(Sky Light)의 주된 설치 목적이 아닌 것은?

① 통풍
② 채광
③ 방열
④ 관계자의 출입

선박 기관실 천창(Sky light)의 주요 목적은 통풍, 채광, 방열 등임. "관계자의 출입"은 천창의 주된 설치 목적이 아님.

43 선박의 중앙부에서 갑판 상면부터 용골 하단까지 측정한 수직 거리는?

① 형깊이
② 건현
③ 형흘수
④ 상부 간극

선박의 중앙 횡단면에서 현측의 상갑판보 상면부터 기선까지 측정한 수직 거리는 형깊이(Moulded Depth)라고 함.

44 주기관대(Engine Bed)의 강도를 높이기 위한 선저 보강 방법으로 적합하지 않은 것은?

① 보(Beam)를 크게 한다.
② 특설 늑골을 증설한다.
③ 늑판의 두께를 증가한다.
④ 이중저 내의 실체 늑판의 수를 증가한다.

주기관이 설치되는 기관실 바닥을 보강하는 방법으로는 특설 늑골 증설, 늑판 두께 증가, 이중저 내 실체 늑판 수 증가 등이 있음.

45 선미 축로 끝 부분에 위치하며 프로펠러 축의 발출 및 수리를 용이하게 하는 공간은?

① 선미관
② 탈출 트렁크
③ 축로 리세스
④ 스터핑 상자

축로 리세스(Shaft Tunnel Recess)는 축로의 상부보다 높게 위치하는 공간으로, 프로펠러 축을 교환 시 빼내기 편리하도록 설계된 구조물임.

46 지면 효과(Ground Effect)를 이용하여 수면 위를 저고도로 고속 운항하는 선박은?

① 활주형선
② 위그선
③ 수중익선
④ 공기부양선

위그선(WIG, Wing-In-Ground effect ship)은 항공기의 날개 양력 원리를 이용하여 수면 가까이 떠서 운항하는 선박임.

| 정답 | 41 ② 42 ④ 43 ① 44 ① 45 ③ 46 ②

47 선박 건조 과정에서 강재 가공 후 여러 부재를 조립하고 용접하여 대형 구조물을 만드는 단계는?

① 의장 공정
② 탑재 공정
③ 블록 조립 공정
④ 시운전 공정

선박 건조 공정 중 블록 조립 공정은 강판 절단 및 가공 후, 소형 블록을 제작하고 이를 다시 대형 블록으로 조립하며 용접하는 주요 단계임.

48 선체 손상 시 침수 구획을 제한하여 선박의 안정성 및 생존성을 확보하는 가장 중요한 구조물은?

① 이중저   ② 횡격벽
③ 주갑판   ④ 현측 외판

횡격벽(Transverse Bulkhead)은 선체가 좌초되거나 충돌했을 때 한 구획이 침수되더라도 다른 구획으로의 해수 유입을 제한하여 선박의 부양성을 유지하는 데 가장 중요한 역할을 함.

49 선박의 안전하고 효율적인 운항을 위해 국제적으로 제정된 안전 관리 시스템(SMS)의 근거 규약은?

① SOLAS 협약
② MARPOL 협약
③ ISM 코드
④ STCW 협약

ISM 코드(International Safety Management Code)는 국제 항해에 종사하는 선박의 안전 관리 및 해양 오염 방지를 위한 국제 규약으로, 선박 안전 관리 시스템(SMS)의 기반이 됨.

50 선체 중앙부 바닥에 설치되어 선체의 종강도를 지지하는 가장 중요한 부재는?

① 갑판보
② 용골(Keel)
③ 선창 늑골
④ 횡격벽

용골(Keel)은 선박의 선수재와 선미재를 연결하는 선박의 가장 아랫부분에 위치한 주된 부재로, 선체의 종강도를 지탱하고 바닥의 중심을 잡아주는 역할을 함.

51 대형 선박이나 유조선 등에서 주로 채택되며, 선체의 길이 방향으로 부재를 강화하는 구조 방식은?

① 횡식 구조
② 종식 구조
③ 혼합식 구조
④ 이중저 구조

종식 구조는 선체의 길이 방향으로 강재를 주로 배치하여 선박의 길이방향 강도를 증대시키는 구조 방식임. 대형 선박이나 유조선 등에 많이 사용됨.

52 피치가 4mm인 2줄 나사를 360° 회전시켰을 때 축 방향으로 이동하는 거리는 몇 mm인가?

① 4
② 6
③ 8
④ 10

나사의 리드(Lead) = 피치(Pitch) × 줄 수(Number of Starts)임. 피치가 4mm이고 2줄 나사이므로 리드는 4mm × 2 = 8mm임. 360° 회전은 1회전이므로, 이동 거리는 8mm임.

| 정 | 답 | 47 ③   48 ②   49 ③   50 ②   51 ②   52 ③

53 불활성 가스 텅스텐 아크 용접 시 소모되지 않고 아크를 형성하는 전극 재료는?

① 텅스텐
② 탄소
③ 알루미늄
④ 주철

TIG 용접(Tungsten Inert Gas welding)은 텅스텐 전극을 사용하여 아크를 발생시키고, 불활성 가스(아르곤 등)로 보호하면서 용접하는 방식임.

54 다음 중 교류 아크 용접기의 형식 분류에 해당하지 않는 것은?

① 정류형
② 가동철심형
③ 탭 전환형
④ 가포화 리액턴스형

정류형은 교류를 직류로 바꾸는 장치이며, 가동철심형, 탭 전환형, 가포화 리액턴스형 등은 교류 아크 용접기의 종류임.

55 웜 기어 전동 장치의 특징으로 옳지 않은 것은?

① 부하 용량이 크다.
② 역회전이 가능하다.
③ 소음과 진동이 적다.
④ 큰 감속비를 얻을 수 있다.

웜 기어(Worm gear)는 큰 감속비를 얻을 수 있고, 소음과 진동이 적으며, 부하 용량이 크다는 장점이 있음.

56 도면에서 재료의 두께를 나타내는 데 사용되는 치수 보조 기호는?

① R
② ∅
③ C
④ t

제도에서 재료의 두께를 표시하는 치수 보조 기호는 t임. R은 반지름, ∅는 지름을 나타냄.

57 어미자 1눈금이 1mm이고, 아들자 39mm를 40등분한 버니어 캘리퍼스의 최소 측정값은 몇 mm인가?

① 0.01
② 0.025
③ 0.05
④ 0.1

M형 버니어 캘리퍼스에서 최소 측정값은 어미자 1눈금과 아들자 1눈금의 차이임. 어미자 1눈금 = 1mm 아들자 40눈금이 어미자 39mm와 일치하므로, 아들자 1눈금 = 39/40mm = 0.975mm. 최소 측정값 = 1mm − 0.975mm = 0.025mm = 1/40mm임.

58 기계 제도에서 지시선을 가는 실선으로 표현한다는 설명은 옳은가?

① 옳다
② 옳지 않다
③ 경우에 따라 다르다
④ 굵은 실선으로 표현한다

지시선은 치수 보조 기호와 함께 주석 등을 가리킬 때 사용하며, 가는 실선으로 표시함.

| 정 | 답 | 53 ① 54 ① 55 ② 56 ④ 57 ② 58 ①

59 용접 작업 시 아크열로부터 용접봉을 고정하고 전류를 전달하는 공구는?

① 차광 보안경
② 용접 홀더
③ 용접 장갑
④ 안전모

용접 홀더는 용접봉을 고정하고 용접 전류를 전달하는 공구이지, 아크 용접 시 작업자의 눈이나 신체를 보호하는 안전 보호장구는 아님.

60 ISO 미터 나사의 나사산 각도는 몇 도(°)인가?

① 30°
② 60°
③ 90°
④ 120°

미터 보통 나사의 표준 나사산 각도는 60°임.

|정답| 59 ② 60 ②

제8회 모의고사

선박기관정비기능사 및 국가기술자격 시험 예상 문제 모의고사

01 4행정 디젤기관에서 캠축 1회전마다 크랭크축은 몇 회전하며, 1개의 실린더에서 폭발은 몇 회 일어나는가?

① 1회전, 1회
② 2회전, 1회
③ 1회전, 2회
④ 2회전, 2회

4행정 디젤기관에서 크랭크축 2회전 동안 4행정(흡입, 압축, 폭발, 배기)이 완료되며, 이때 1개의 실린더에서는 1회 폭발이 발생함.

02 디젤기관의 작동 중 상사점 부근에서 흡기 밸브와 배기 밸브가 동시에 열려있는 상태를 무엇이라 하는가?

① 캐비테이션
② 스로틀링
③ 밸브 오버랩
④ 밸브 래핑

밸브 오버랩(Valve Overlap)은 디젤기관 작동 중 상사점 부근에서 흡기 밸브와 배기 밸브가 동시에 열려 있는 기간을 말함.

03 디젤기관의 작동 시 왕복 운동부에 해당하는 것은?

① 피스톤
② 크랭크축
③ 실린더
④ 플라이휠

디젤기관의 작동 시 실린더 내에서 상하 왕복 운동을 하는 부품은 피스톤임.

04 디젤기관에서 크랭크축을 지지하는 베어링은?

① 메인 베어링
② 중간축 베어링
③ 추력 베어링
④ 피스톤 핀 베어링

디젤기관에서 크랭크축을 지지하고 회전을 원활하게 하는 베어링은 메인 베어링임.

| 정 | 답 | 01 ② 02 ③ 03 ① 04 ①

05 디젤기관의 열효율을 높이는 방법으로 옳은 것은?

① 실린더 온도를 낮춘다.
② 압축비를 낮춘다.
③ 연료 분사 시기를 늦게 한다.
④ 연료를 완전 연소시킨다.

디젤기관의 열효율을 높이기 위해서는 연료를 완전 연소시키고, 압축비를 높이며, 과급을 하는 등의 방법이 있음.

06 어떤 디젤기관의 행정 체적이 4200cm³, 압축 부피가 300cm³일 때 이 기관의 압축비는?

① 12
② 14
③ 15
④ 16

압축비 = (행정 체적 + 압축 부피) / 압축 부피 로 계산함. (4200cm³ + 300cm³) / 300cm³ = 4500cm³ / 300cm³ = 15임.

07 직접 분사식 기관에 사용하며, 분사 구멍이 막히기 쉬운 결점이 있지만 무화, 분산이 양호한 연료 분사 노즐은?

① 단공형
② 핀틀형
③ 다공형
④ 스로틀형

다공형 노즐은 여러 개의 미세한 분사 구멍을 가지고 있어 연료의 무화 및 분산이 양호하여 직접 분사식 기관에 사용되지만, 분사 구멍이 막히기 쉽다는 단점이 있음.

08 디젤기관에 저질 중유를 사용했을 때 실린더 라이너 내면을 부식시키는 주원인 물질은?

① 질소
② 아황산가스
③ 탄화수소
④ 이산화탄소

디젤기관에 저질 중유를 사용했을 때, 연료 중의 황(S) 성분이 연소 시 산화되어 아황산가스(SO_2)를 생성하며, 이는 실린더 라이너 내면을 부식시키는 주원인 물질이 됨.

09 4행정 사이클 기관과 비교하여 2행정 사이클 기관의 장점이 아닌 것은?

① 마력당 부피, 무게가 작아 대형 선박기관에 사용된다.
② 환기 작용이 좋아 고속 기관에 적합하다.
③ 토크 변화가 적어 플라이 휠이 작아도 된다.
④ 흡, 배기 밸브가 없어 구조가 간단하다.

2행정 사이클 기관은 4행정 기관에 비해 크랭크축 1회전당 1회 폭발하여 출력은 크지만, 소기 효율이 나빠 고속 기관에 적합하지 않으며 열응력이 크다는 단점이 있음.

10 4행정 사이클 디젤기관에서 배기 밸브는 닫혀있고 흡기 밸브만 열린 상태에서 피스톤이 상사점에서 하사점까지 이동하는 행정은?

① 흡기 행정
② 압축 행정
③ 작동 행정
④ 배기 행정

흡기 행정은 피스톤이 상사점에서 하사점까지 이동하며 흡기 밸브가 열리고 배기 밸브가 닫혀 있는 상태로 공기를 실린더 내로 흡입하는 행정임.

| 정 | 답 | 05 ④ 06 ③ 07 ③ 08 ② 09 ② 10 ①

11 디젤기관에서 윤활유의 작용 중 마찰에 의해 생긴 열을 외부로 발산시키는 작용은?

① 기밀 작용
② 냉각 작용
③ 방청 작용
④ 청정 작용

윤활유의 주요 작용 중 냉각 작용은 마찰에 의해 발생한 열을 흡수하여 외부로 발산시켜 부품의 과열 및 열 변형을 방지함.

12 크랭크 암의 개폐 작용(디플렉션)이 반복적으로 과도하게 발생할 경우 해야 할 수리작업은?

① 밸브 타이밍 조절
② 스러스트 베어링 교환
③ 피스톤 링의 교환
④ 크랭크축 정렬 조정(크랭크 암의 변형 교정)

크랭크 암의 디플렉션(Deflection)이 과도하게 발생할 경우, 이는 크랭크축의 변형 또는 휘어짐을 나타내며, 크랭크축 정렬 조정(변형 교정)과 같은 수리 작업이 필요함.

13 디젤기관의 보슈식 연료 분사 펌프의 분사량을 조정하는 방법은?

① 캠 각도 조정
② 심 두께 조정
③ 조정 래크 조정
④ 롤러 간격 조정

디젤기관의 보슈식 연료 분사 펌프에서 연료 분사량을 조정하는 방법은 주로 조정 래크(Control Rack)를 조정하여 플런저의 유효 행정을 변화시키는 방식임.

14 냉동기의 팽창 밸브를 통과한 냉매는 파이프 내에서 어떠한 상태인가?

① 포화액
② 건포화증기
③ 고온, 고압의 기체
④ 습포화증기

냉동기의 팽창 밸브를 통과한 냉매는 교축 작용에 의해 압력과 온도가 급격히 낮아지면서 일부는 증발하고 일부는 액체 상태로 남아 있는 습포화 증기 상태가 됨.

15 보일러 운전 중 비상 정지시켜야 할 경우가 아닌 것은?

① 보일러수의 소모량이 적을 경우
② 수면계에 수위가 보이지 않는 경우
③ 보일러 본체의 과열 및 변형이 생긴 경우
④ 급수 계통에 이상이 생겨서 더 이상 급수를 할 수 없는 경우

보일러 운전 중 보일러수의 소모량이 적을 경우는 일반적으로 비상 정지 상황으로 보지 않음. 수면계에 수위가 보이지 않거나, 본체 과열/변형, 급수 계통 이상 등은 비상 정지 사유임.

16 냉동 장치에서 냉매 부족 시 나타나는 현상으로 옳은 것은?

① 응축 압력이 낮아진다.
② 압축기가 과열한다.
③ 압축 압력이 높아진다.
④ 흡입 압력이 높아진다.

냉동 장치에서 냉매가 부족하면 증발기에서 충분한 열 흡수가 이루어지지 않아 응축 압력이 낮아지고 흡입 압력도 낮아지는 현상이 나타남.

|정답| 11 ② 12 ④ 13 ③ 14 ④ 15 ① 16 ①

17 증기 터빈을 증기의 작동 방식에 따라 분류할 때 해당되지 않는 것은?

① 충동 터빈
② 배압 터빈
③ 반동 터빈
④ 혼식 터빈

증기 터빈은 증기의 작동 방식에 따라 충동 터빈, 반동 터빈, 혼식 터빈으로 분류됨.

18 유압을 기계적인 일로 바꾸는 역할을 하는 유압기구의 구성요소는?

① 유압펌프
② 유압밸브
③ 액추에이터
④ 유압탱크

유압 장치에서 액추에이터(Actuator)는 유압 에너지를 기계적인 일(운동)로 바꾸는 역할을 하는 구성요소임.

19 원심 펌프와 비교했을 때 왕복 펌프의 특징으로 옳지 않은 것은?

① 흡입 성능이 양호하다.
② 높은 양정을 얻기가 쉽다.
③ 큰 유량을 얻는 데 유리하다.
④ 운전 조건이 광범위하게 변해도 효율 변화가 적다.

왕복 펌프는 원심 펌프에 비해 흡입 성능이 양호하고, 높은 양정을 얻기 쉬우며, 운전 조건 변화에 따른 효율 변화가 적음. 반면 큰 유량을 얻는 데는 원심 펌프가 더 유리함.

20 냉동 장치에서 증발 잠열이 가장 큰 냉매는?(단, -15°C에서의 값으로 비교한다.)

① 프레온 R-12
② 탄산가스
③ 메틸클로라이드
④ 암모니아

냉매 중 암모니아는 -15°C에서 증발 잠열이 가장 큰 냉매로 알려져 있음.

21 선박용 대형 기관에서 주로 사용되는 기관 냉각 방법은?

① 유 냉각
② 공기 냉각
③ 청수 냉각
④ 해수 냉각

선박용 대형 기관에서는 엔진의 열 발생량이 많고 효율적인 열 제거가 필요하므로, 일반적으로 청수 냉각 방식을 사용함.

22 0°C의 순수한 물 1톤을 24시간에 걸쳐서 0°C의 얼음으로 바꾸는 냉동 능력을 나타내는 단위는?

① 1냉동톤
② 1제빙톤
③ 1얼음톤
④ 1응축톤

1냉동톤(Refrigeration Ton, RT)은 0°C의 순수한 물 1톤(1000kg)을 24시간에 걸쳐서 0°C의 얼음으로 바꾸는 냉동 능력을 나타내는 단위임.

| 정 | 답 | 17 ② 18 ③ 19 ③ 20 ④ 21 ③ 22 ①

23 직류 발전기의 구조 중 교류 기전력을 직류로 바꾸는 역할을 하는 것은?

① 계자 ② 정류자
③ 전기자 ④ 브러시

> 직류 발전기에서 전기자에 유도되는 교류 기전력을 외부 회로에 직류로 공급하기 위해 정류자가 사용됨.

24 다음 중 디젤기관의 전기 시동용 전동기로 많이 사용되는 형식은?

① 동기전동기
② 유도전동기
③ 직권전동기
④ 교류전동기

> 디젤기관의 전기 시동용 전동기로는 직권 전동기가 많이 사용됨. 이는 기동 토크가 크고 구조가 간단하여 시동용으로 적합하기 때문임.

25 용량이 120Ah인 납축전지에서 매시간 6A의 크기로 방전시키면 사용할 수 있는 시간은 몇 시간인가?

① 15 ② 20
③ 25 ④ 30

> 사용 시간(h) = 용량(Ah) / 전류(A)임.
> 120Ah / 6A = 20시간

26 다음 중 트랜지스터의 기능이 아닌 것은?

① 증폭 작용
② 발진 작용
③ 스위칭 작용
④ 발열 작용

> 트랜지스터는 증폭, 발진, 스위칭 등의 기능을 수행하는 반도체 소자임. 발열 작용은 트랜지스터의 기능이라기보다는 작동 시 발생하는 현상임.

27 변압기의 손실 중 변압기의 철심에 발생하는 손실을 무엇이라 하는가?

① 구리손 ② 부하손
③ 철손 ④ 표유 부하손

> 변압기의 손실 중 철심에서 발생하는 손실을 철손이라고 함. 이는 히스테리시스손과 와류손을 포함함.

28 납 축전지의 방전 여부를 알아보는 가장 좋은 방법은?

① 직렬 연결 시험
② 병렬 연결 시험
③ 비중, 전압 측정
④ 점도 측정

> 납 축전지의 방전 여부를 알아보는 가장 좋은 방법은 전해액의 비중과 전압을 측정하는 것임.

29 전위차에 의하여 전위가 높은 곳에서 낮은 곳으로 전기가 이동하는 것을 무엇이라 하고, 그 양을 측정하는 단위를 옳게 짝지은 것은?

① 전압, 볼트(V)
② 저항, 옴(Ω)
③ 전류, 암페어(A)
④ 전력, 와트(W)

> 전압은 전위차에 의하여 전위가 높은 곳에서 낮은 곳으로 전기가 이동하는 현상을 말하며, 그 양을 측정하는 단위는 볼트(V)임.

| 정 | 답 | 23 ② 24 ③ 25 ② 26 ④ 27 ③ 28 ③ 29 ①

30 직류 전동기 중 기동 토크가 가장 크고 전차, 크레인 등 큰 기동력을 필요로 하는 곳에 주로 사용되는 것은?

① 직권 전동기
② 분권 전동기
③ 복권 전동기
④ 영구 자석 전동기

직권 전동기는 계자 권선과 전기자 권선이 직렬로 연결되어 있어 기동 토크가 매우 크므로, 전차, 크레인 등 큰 기동력이 필요한 곳에 주로 사용됨.

31 선수의 형상 중 선수파의 파형을 조정하여 선박의 조파 저항을 감소시킬 목적으로 개발된 것은?

① 램형
② 경사형
③ 구상형
④ 클리퍼형

구상 선수는 선수 수선 아래 부분에 공 모양의 돌출부를 두어, 선수파의 파형을 조정하여 조파 저항을 감소시킬 목적으로 개발된 선수 형상임.

32 선박의 적재 가능한 중량을 나타내는 것은?

① 배수량
② 총톤수
③ 순톤수
④ 재화중량

선박의 재화중량톤수는 선박이 적재할 수 있는 화물의 최대 중량을 나타내는 것으로, 만재배수톤수에서 경하배수톤수를 뺀 값임.

33 배가 진행할 때 선미에서 배의 진행방향으로 물의 흐름이 생기는데 이를 무엇이라 하는가?

① 반류
② 슬립
③ 공동현상
④ 피치

배가 진행할 때 선미에서 배의 진행 방향으로 물의 흐름이 생기는데 이를 반류라고 함.

34 유조선에서 중앙 기관선보다 선미 기관선을 주로 채택하는 이유로 틀린 것은?

① 화재의 위험이 적다.
② 선수 트림을 조정하기 쉽다.
③ 축로를 아주 짧게 단축할 수 있다.
④ 중앙부의 장소를 유효하게 화물창으로 쓸 수 있다.

유조선은 인화성 액체를 운반하므로 화재 위험성이 높음. 선수 트림을 조정하기 쉬운 것은 유조선이 선미 기관실을 채택하는 주된 이유가 아님. 화재 위험 감소, 축로 단축, 중앙부 화물창 유효 활용 등이 주된 이유임.

35 중앙 횡단면의 현측에서 상갑판보의 상면부터 기선까지 측정한 수직 거리는?

① 형깊이
② 건현
③ 형흘수
④ 건형용의 깊이

선박의 중앙 횡단면에서 현측의 상갑판보 상면부터 기선까지 측정한 수직 거리는 형깊이(Moulded Depth)라고 함.

| 정 | 답 | 30 ① 31 ③ 32 ④ 33 ① 34 ② 35 ①

36 축로의 상부보다 높게 위치하는 공간으로 프로펠러 축을 빼기에 편리하게 되어 있는 곳은?

① 선미관
② 탈출 트렁크
③ 축로 리세스
④ 스터핑 상자

축로 리세스(Shaft Tunnel Recess*는 축로의 상부보다 높게 위치하는 공간으로, 프로펠러 축을 교환 시 빼내기 편리하도록 설계된 구조물임.

37 항공기의 원리인 날개의 양력을 이용하여 수면 가까이 떠서 운항하는 선박의 명칭은?

① 활주형선
② 위그선
③ 수중익선
④ 공기부양선

위그선(WIG, Wing-In-Ground effect ship)은 항공기의 날개 양력 원리를 이용하여 수면 가까이 떠서 운항하는 선박임.

38 선박의 이중저(double bottom) 상면을 덮는 부재는?

① 갑판
② 마진판
③ 내저판
④ 정판

선체 이중저(double bottom)의 상면을 덮는 부재는 내저판임.

39 B급 화재로 분류되는 화재는?

① 전기 화재
② 목재 화재
③ 유류 화재
④ 금속 화재

B급 화재는 유류, 가스 등 인화성 액체 및 기체에 의한 화재를 분류함.

40 선내 작업 시 휴대용 전기드릴을 사용하는 경우 접지선을 선체에 접속하는 주 목적은?

① 화재 방지
② 감전 사고 방지
③ 단락 사고 방지
④ 추락 사고 방지

휴대용 전기드릴과 같은 전기기구를 선내에서 사용할 때는 감전 사고 방지를 위해 반드시 접지선을 선체에 접속해야 함.

41 어떤 선박이 10노트(knot)의 속력으로 예인되고 있을 때 예인에 필요한 유효마력은? (단, 예인 로프에 걸린 수평장력은 14.6 tonf 이다.)

① 1,000PS
② 1,333PS
③ 1,460PS
④ 1,947PS

유효마력(PS) = (예인 장력(tonf) × 속력(knot) × 1852m/knot) / (75kgf·m/s × 3600s/h) 1노트 = 1852m/h, 1PS = 75kgf·m/s.
예인 장력 14.6 tonf = 14600kgf.
속력 10knot. 유효마력 = (14600kgf × 10 × 1852 m/h) / (75kgf·m/s × 3600s/h) ≈ 1,000PS임.

| 정 | 답 | 36 ③ 37 ② 38 ③ 39 ③ 40 ② 41 ①

42 선박의 위치 측정 장치로 인공위성을 이용한 장비는?

① 레이더
② 도플러 로그
③ 자기 나침의
④ GPS

GPS(Global Positioning System)는 인공위성을 이용하여 선박의 현재 위치를 정확하게 측정하는 장비임.

43 선박의 마찰 저항 크기에 영향을 미치는 요소가 아닌 것은?

① 침수 표면적
② 파고
③ 유체의 밀도
④ 유체의 점성계수

선박의 마찰 저항 크기에 영향을 미치는 요소는 침수 표면적, 유체의 밀도, 유체의 점성 계수 등임. 파고는 주로 조파 저항에 영향을 미침.

44 이중저 선체구조로 할 경우의 특징 설명으로 틀린 것은?

① 구조가 경량화 된다.
② 선저 손상 시 화물창을 보호한다.
③ 밸러스트탱크 확보가 용이하다.
④ 연료유탱크 확보가 용이하다.

이중저 선체구조는 선체의 종강도 증대, 선저 파손 시 선내 침수 방지, 밸러스트 탱크 등으로 활용 가능 등의 장점이 있음. 구조가 경량화되는 것은 이중저의 특징이 아님.

45 총톤수에서 기관실, 선원실, 밸러스트 탱크 등에 사용되는 장소를 공제한 톤수, 즉 화물을 적재하여 직접 수익을 얻는 데 사용되는 장소의 용적 톤수는?

① 경하배수톤수
② 순톤수
③ 수정 총톤수
④ 만재배수톤수

순톤수(Net Tonnage)는 총톤수에서 기관실, 선원실, 밸러스트 탱크 등 선박 운항에 직접적으로 필요한 공간을 공제한 톤수로, 화물을 적재하여 직접 수익을 얻는 데 사용되는 장소의 용적 톤수를 나타냄.

46 피치가 2mm인 2줄 나사를 180° 회전시키면 몇 mm 이동하는가?

① 1
② 2
③ 3
④ 4

나사의 리드(Lead) = 피치(Pitch) × 줄 수(Number of Starts)임. 피치가 2mm이고 2줄 나사이므로 리드는 2mm × 2 = 4mm임. 180° 회전은 1회전(360°)의 절반이므로, 이동 거리는 리드의 절반인 4mm / 2 = 2mm임.

47 TIG 용접에서 사용하는 전극 재료는?

① 텅스텐
② 탄소
③ 알루미늄
④ 주철

TIG 용접(Tungsten Inert Gas welding)은 텅스텐 전극을 사용하여 아크를 발생시키고, 불활성 가스(아르곤 등)로 보호하면서 용접하는 방식임.

| 정답 | 42 ④ 43 ② 44 ① 45 ② 46 ② 47 ①

48 배관 제도 방법에 대한 설명으로 틀린 것은?

① 관은 1줄의 실선으로 표시한다.
② 계기는 종류에 따라 O안에 문자 기호를 넣어 표시한다.
③ 관의 굵기는 배관을 표현한 곳 옆에 굵기에 따라 여러 줄의 가는 실선을 이용하여 표시한다.
④ 배관이 접속하면서 교차할 경우 교차지점에 굵은 점으로 표시한다.

배관 제도에서 관의 굵기는 배관을 표현한 곳 옆에 치수(예: ∅50)로 직접 표시하며, 여러 줄의 가는 실선을 이용하여 표시한다는 설명은 틀림.

49 아크용접이나 가스용접 시 눈을 보호하기 위한 안경은?

① 방진안경
② 방사안경
③ 일반안경
④ 차광용안경

아크용접이나 가스용접 시 발생하는 강한 빛으로부터 눈을 보호하기 위해 차광용안경을 사용함.

50 실린더 헤드의 볼트나 메인 베어링의 스터드 볼트를 정확한 힘으로 죌 때 사용하는 공구는?

① 토크 렌치
② 래칫 렌치
③ 복스 렌치
④ 육각 렌치

실린더 헤드 볼트나 메인 베어링 볼트를 정확한 힘(토크)으로 조일 때 사용하는 공구는 토크 렌치임.

51 미터 표준 나사의 나사산 각도는 몇 도인가?

① 30°
② 60°
③ 90°
④ 120°

미터 표준 나사의 나사산 각도는 60°.

52 강의 기계적 성질에 가장 크게 영향을 미치는 원소는?

① 황(S)
② 탄소(C)
③ 인(P)
④ 규소(Si)

강의 기계적 성질에 가장 크게 영향을 미치는 원소는 탄소(C)임. 탄소 함량에 따라 강도, 경도, 인성 등의 성질이 크게 변함.

53 아크 용접 작업 시의 안전 보호장구와 관계가 없는 것은?

① 앞치마
② 용접홀더
③ 용접장갑
④ 발 커버

용접 홀더는 용접봉을 고정하고 용접 전류를 전달하는 공구이지, 아크 용접 시 작업자의 눈이나 신체를 보호하는 안전 보호장구는 아님.

54 어미자 눈금이 1mm이며 아들자의 눈금은 19mm를 20등분한 M형 버니어 캘리퍼스에서 측정 가능한 최소값은 몇 mm인가?

① 1/5
② 1/10
③ 1/15
④ 1/20

M형 버니어 캘리퍼스에서 최소 측정값은 어미자 1눈금과 아들자 1눈금의 차이임. 어미자 1눈금 = 1mm

| 정 | 답 | 48 ③ 49 ④ 50 ① 51 ② 52 ② 53 ② 54 ④

아들자 20눈금이 어미자 19mm와 일치하므로, 아들자 1눈금 = 19/20mm = 0.95mm. 최소 측정값 = 1mm − 0.95mm = 0.05mm = 1/20mm.

55 제도에서 사용하는 선의 종류와 용도에 대한 설명으로 틀린 것은?

① 외형선은 실선으로 표시한다.
② 지시선은 쇄선으로 표시한다.
③ 중심선은 1점 쇄선으로 표시한다.
④ 무게중심선은 2점 쇄선으로 표시한다.

지시선은 치수 보조 기호와 함께 주석 등을 가리킬 때 사용하며, 가는 실선으로 표시함. "쇄선으로 표시한다"는 설명은 틀림.

56 가스 용접 장치 중 산소와 아세틸렌가스를 일정한 비율로 혼합하고 이 혼합 가스를 연소시켜 고온의 불꽃을 얻는 장치는?

① 봄베   ② 용접봉
③ 토치   ④ 압력조정기

토치는 가스 용접 장치 중 산소와 아세틸렌 가스를 일정한 비율로 혼합하고 이 혼합 가스를 연소시켜 고온의 불꽃을 얻는 장치임.

57 수공구 이용 시 안전한 작업을 하기 위한 설명으로 틀린 것은?

① 쇠톱을 이용한 절단작업 시 밀 때 절삭이 되도록 한다.
② 스패너의 크기가 너트에 맞는 것이 없을 때는 끼움판을 사용한다.
③ 스패너로 너트를 조일 때는 모양에 맞게 끼우고 앞으로 당기면서 조인다.
④ 해머 작업 시 면장갑이나 기름 묻은 손으로 자루를 잡지 않는다.

수공구 이용 시 안전한 작업을 위한 설명 중, 스패너의 크기가 너트에 맞지 않을 때 끼움판을 사용하는 것은 부적절하고 위험함. 항상 너트 크기에 맞는 스패너를 사용해야 함.

58 다음 중 축용(軸用) 한계 게이지는?

① 링 게이지
② 테보 게이지
③ 봉 게이지
④ 플러그 게이지

링 게이지는 주로 축의 바깥지름이나 구멍의 안지름을 측정하여 제품의 합격, 불합격을 간단히 판단하는 데 사용되는 축용 한계 게이지임.

59 웜 기어(Worm gear)의 장점이 아닌 것은?

① 부하 용량이 크다.
② 역회전이 가능하다.
③ 소음과 진동이 적다.
④ 큰 감속비를 얻을 수 있다.

웜 기어(Worm gear)는 큰 감속비를 얻을 수 있고, 소음과 진동이 적으며, 부하 용량이 크다는 장점이 있음.

60 제도할 대상 물체의 주요 면을 투상면에 나란하게 두고 투상면에 직각인 평행 투상선으로 투상도를 그리는 것은?

① 정투상법   ② 등각투상법
③ 사투상법   ④ 투시투상법

정투상법은 대상 물체의 주요 면을 투상면에 나란하게 두고 투상면에 직각인 평행 투상선으로 투상도를 그리는 방법임.

| 정 답 | 55 ② | 56 ③ | 57 ② | 58 ① | 59 ② | 60 ① |

제9회 모의고사

선박기관정비기능사 및 국가기술자격 시험 예상 문제 모의고사

01 4행정 디젤기관에서 흡입, 압축, 폭발, 배기 행정이 차례로 일어나는 동안 크랭크축은 몇 회전하는가?

① 0.5회전
② 1회전
③ 2회전
④ 4회전

4행정 기관은 크랭크축 2회전 동안 흡입, 압축, 폭발, 배기의 4행정이 진행됨.

02 디젤기관의 작동 시 실린더 내에서 상하 왕복 운동을 하는 부품은?

① 피스톤
② 크랭크축
③ 실린더
④ 플라이휠

디젤기관의 작동 시 실린더 내에서 상하 왕복 운동을 하며 연소가스의 폭발력을 받아 동력을 전달하는 부품은 피스톤임.

03 디젤기관의 열효율을 높이는 가장 중요한 요소는 무엇과 관계가 깊은가?

① 압축비
② 연료 분사 시기
③ 실린더 온도
④ 윤활유 품질

디젤기관의 열효율은 일반적으로 압축비가 클수록 증가함. 높은 압축비는 연소 효율을 향상시키기 때문임.

04 피스톤 링의 고착 방지에 큰 효과가 있으며, 중·소형 선박기관의 제1, 2번 링으로 많이 쓰이는 압축 링의 종류는?

① 플레인(Plane)형 링
② 테이퍼(Taper)형 링
③ 키스톤(Keystone)형 링
④ 인사이드(Inside bevel)형 링

키스톤(Keystone)형 링은 단면이 사다리꼴 모양으로, 피스톤 링 홈에 끼워지면 테이퍼 면과 접촉하여 틈새를 유지함으로써 링의 고착 방지에 큰 효과가 있음.

| 정답 | 01 ③   02 ①   03 ①   04 ③

05 4행정 기관과 비교했을 때 2행정 기관의 장점으로 잘못 설명된 것은?

① 마력당 부피와 무게가 작아 대형 선박기관에 많이 사용된다.
② 고속 운전에 적합하고 환기 작용이 좋다.
③ 토크 변화가 적어 플라이휠이 작아도 된다.
④ 흡, 배기 밸브가 없어 구조가 간단하다.

2행정 기관은 4행정 기관에 비해 크랭크축 1회전당 1회 폭발하여 출력은 크지만, 소기 효율이 나빠 고속 운전에는 부적합하며 열응력이 크다는 단점이 있음.

06 디젤기관 구성 부품 중 실린더 헤드 상부에 위치하는 것은?

① 푸시 로드
② 로커 암
③ 크랭크축
④ 캠축

로커 암(Rocker Arm)은 캠축의 움직임을 밸브에 전달하여 밸브를 개폐시키는 부품으로, 실린더 헤드 상부에 위치함.

07 디젤기관에서 과급(Supercharge)을 행하는 주된 이유는?

① 배기를 좋게 하기 위하여
② 평균 유효 압력을 높이기 위하여
③ 윤활유 소비를 줄이기 위하여
④ 실린더 내에 공기를 빨리 넣기 위하여

디젤기관에서 과급(Supercharge)을 행하는 주된 목적은 실린더 내로 더 많은 공기를 공급하여 평균 유효 압력을 높임으로써 기관의 출력을 증대시키기 위함.

08 어떤 디젤기관의 행정 체적이 400cc, 연소실 체적이 25cc일 때 이 기관의 압축비는?

① 17
② 18
③ 19
④ 20

압축비 = (행정 체적 + 연소실 체적) / 연소실 체적 로 계산함.
(400cc + 25cc) / 25cc = 425cc / 25cc = 17.

09 디젤기관에서 노킹(knocking) 현상이 가장 잘 발생할 수 있는 조건은?

① 압축 압력이 높을 때
② 연료의 세탄가가 높을 때
③ 실린더 온도가 너무 낮을 때
④ 실린더 내 유입되는 흡기 온도가 높을 때

디젤기관의 노킹(knocking) 현상은 착화 지연 기간이 길어질수록 발생하기 쉬운데, 실린더 온도가 너무 낮을 때 연료의 착화 지연이 발생하여 노킹이 유발될 수 있음.

10 4행정 사이클 기관 운전 중 하나의 실린더에서 1분간 180회의 폭발이 일어났다면 이 기관의 분당 회전수(rpm)는 얼마인가?

① 90
② 180
③ 270
④ 360

4행정 기관은 크랭크축 2회전당 1회 폭발함. 따라서 1분 동안 180회의 폭발이 일어났다면 크랭크축은 180회 × 2 = 360회전(rpm).

| 정답 | 05 ② | 06 ② | 07 ② | 08 ① | 09 ③ | 10 ④ |

11 디젤기관에서 크랭크 암의 디플렉션(Deflection)을 측정하는 목적으로 옳은 것은?

① 밸브 틈새를 알기 위하여
② 연료 분사 시기를 알기 위하여
③ 실린더 윤활 상태를 알기 위하여
④ 축 중심이 어긋났는가를 알기 위하여

크랭크 암의 디플렉션(Deflection)을 측정하는 주된 목적은 크랭크축의 변형이나 휘어짐을 확인하여 축 중심이 어긋났는가를 알기 위함임.

12 디젤기관 시동에 사용되는 공기압축기를 다단식으로 하는 주된 이유가 아닌 것은?

① 압축 공기의 온도를 낮출 수 있다.
② 효율이 좋아진다.
③ 비상시 원활한 압축공기의 공급을 할 수 있다.
④ 탄화에 의한 피스톤과 피스톤 링의 고착 및 폭발의 위험이 감소한다.

디젤기관 시동용 공기압축기를 다단식으로 하는 주된 이유는 압축 과정에서 발생하는 공기의 온도를 낮춰서 안전성을 확보하고 효율을 높이기 위함.

13 디젤기관의 연료 분사 조건 중 연료유의 입자를 미세한 액체 상태로 만드는 현상은?

① 무화
② 분포
③ 분산
④ 관통력

디젤기관의 연료 분사 조건 중 연료유를 미세한 액체 입자로 만드는 현상은 무화(Atomization)임.

14 2행정 사이클 기관이 4행정 사이클보다 고속 운전이 어려운 가장 주된 이유는?

① 왕복 관성력이 크므로
② 소기 효율이 나쁘므로
③ 열응력이 크므로
④ 회전 관성력이 크므로

2행정 사이클 기관이 4행정 기관보다 고속 운전이 어려운 가장 주된 이유는 1회전당 폭발 횟수가 많아 열응력이 크기 때문임.

15 마찰에 의해 생긴 열을 외부로 발산시키고, 열 변형이나 융착이 일어나지 않도록 하는 윤활유의 작용은?

① 기밀 작용
② 냉각 작용
③ 방청 작용
④ 청정 작용

윤활유의 주요 작용 중 냉각 작용은 마찰에 의해 발생한 열을 흡수하여 외부로 발산시켜 부품의 과열 및 열 변형을 방지함.

16 다음 중 −15°C에서의 증발 잠열이 가장 큰 냉매는?

① 프레온 R-12
② 탄산가스
③ 메틸클로라이드
④ 암모니아

냉매 중 암모니아는 −15°C에서 증발 잠열이 가장 큰 냉매로 알려져 있음.

17 냉동기의 팽창 밸브를 통과한 냉매는 파이프 내에서 어떠한 상태인가?

① 포화액
② 건포화증기
③ 고온, 고압의 기체
④ 습포화증기

냉동기의 팽창 밸브를 통과한 냉매는 교축 작용에 의해 압력과 온도가 급격히 낮아지면서 일부는 증발하고 일부는 액체 상태로 남아 있는 습포화 증기 상태가 됨.

18 수관 보일러의 특징을 잘못 설명한 것은?

① 대용량의 증기 발생에 유리하다.
② 수(水) 순환이 빠르므로 급수처리를 할 필요가 없다.
③ 효율이 원통 보일러보다 높다.
④ 수관의 직경이 작으므로 고압력에 유리하다.

수관 보일러는 물의 대류가 활발하여 급격한 부하 변동에 대응하기 쉽고 효율이 높지만, 급수 처리는 매우 중요하며, 불순물이 포함된 급수는 스케일이나 부식의 원인이 될 수 있음.

19 원심 펌프와 비교했을 때 왕복 펌프의 특징으로 옳지 않은 것은?

① 흡입 성능이 양호하다.
② 높은 양정을 얻기가 쉽다.
③ 큰 유량을 얻는 데 유리하다.
④ 운전 조건이 광범위하게 변해도 효율 변화가 적다.

왕복 펌프는 원심 펌프에 비해 흡입 성능이 양호하고, 높은 양정을 얻기 쉬우며, 운전 조건 변화에 따른 효율 변화가 적음. 반면 큰 유량을 얻는 데는 원심 펌프가 더 유리함.

20 유압을 기계적인 일로 바꾸는 역할을 하는 유압기구의 구성요소는?

① 유압펌프
② 유압밸브
③ 액추에이터
④ 유압탱크

유압 장치에서 액추에이터(Actuator)는 유압 에너지를 기계적인 일(운동)로 바꾸는 역할을 하는 구성요소임.

21 보일러 운전 중 비상 정지시켜야 할 경우가 아닌 것은?

① 보일러수의 소모량이 적을 경우
② 수면계에 수위가 보이지 않는 경우
③ 보일러 본체의 과열 및 변형이 생긴 경우
④ 급수 계통에 이상이 생겨서 더 이상 급수를 할 수 없는 경우

보일러 운전 중 보일러수의 소모량이 적을 경우는 일반적으로 비상 정지 상황으로 보지 않음. 수면계에 수위가 보이지 않거나, 본체 과열/변형, 급수 계통 이상 등은 비상 정지 사유임.

22 냉동 장치에서 냉매 부족 시 나타나는 현상으로 옳은 것은?

① 응축 압력이 낮아진다.
② 압축기가 과열한다.
③ 압축 압력이 높아진다.
④ 흡입 압력이 높아진다.

냉동 장치에서 냉매가 부족하면 증발기에서 충분한 열 흡수가 이루어지지 않아 응축 압력이 낮아지는 현상이 나타남.

|정답| 17 ④ 18 ② 19 ③ 20 ③ 21 ① 22 ①

23 증기 터빈을 증기의 작동 방식에 따라 분류할 때 해당되지 않는 것은?

① 충동 터빈
② 배압 터빈
③ 반동 터빈
④ 혼식 터빈

증기 터빈은 증기의 작동 방식에 따라 충동 터빈, 반동 터빈, 혼식 터빈으로 분류됨.

24 복수기(Condenser)의 주된 기능은?

① 증기를 가열하여 과열 증기를 만든다.
② 증기를 응축하여 물로 바꾸고 진공을 유지한다.
③ 급수를 예열하여 보일러 효율을 높인다.
④ 윤활유를 냉각하여 온도를 낮춘다.

복수기(Condenser)는 증기 터빈에서 배출된 저압의 증기를 냉각수를 이용하여 응축시켜 물로 만들고, 터빈 출구의 진공도를 유지함으로써 터빈의 효율을 높이는 역할을 함.

25 원심 펌프에서 캐비테이션(cavitation) 발생 시 펌프 성능에 미치는 영향으로 옳지 않은 것은?

① 펌프 효율 저하
② 심한 소음 및 진동 발생
③ 펌프 양정 증가
④ 임펠러 표면의 손상

캐비테이션(cavitation)이 발생하면 펌프 효율 저하, 심한 소음 및 진동, 임펠러 표면 손상 등이 나타나며, 펌프 양정은 오히려 감소하는 경향을 보임.

26 보일러에서 급수를 예열하여 보일러 효율을 높이는 장치는?

① 과열기
② 절탄기
③ 공기 예열기
④ 재열기

절탄기(Economizer)는 보일러에서 배출되는 고온의 배기가스 열을 이용하여 급수를 예열함으로써 보일러의 전체 열효율을 높이는 장치임.

27 0°C의 순수한 물 1톤을 24시간에 걸쳐서 0°C의 얼음으로 바꾸는 냉동 능력을 나타내는 단위는?

① 1냉동톤
② 1제빙톤
③ 1얼음톤
④ 1응축톤

1냉동톤(Refrigeration Ton, RT)은 0°C의 순수한 물 1톤(1000kg)을 24시간에 걸쳐서 0°C의 얼음으로 바꾸는 냉동 능력을 나타내는 단위임.

28 다음 중 디젤기관의 전기 시동용 전동기로 많이 사용되는 형식은?

① 동기전동기
② 유도전동기
③ 직권전동기
④ 교류전동기

디젤기관의 전기 시동용 전동기로는 직권 전동기가 많이 사용됨. 이는 기동 토크가 크고 구조가 간단하여 시동용으로 적합하기 때문임.

|정|답| 23 ② 24 ② 25 ③ 26 ② 27 ① 28 ③

29 용량이 120Ah인 납축전지에서 매시간 6A의 크기로 방전시키면 사용할 수 있는 시간은 몇 시간인가?

① 15　　② 20
③ 25　　④ 30

사용 시간(h) = 용량(Ah) / 전류(A)임. 120Ah / 6A = 20시간임.

30 다음 중 트랜지스터의 기능이 아닌 것은?

① 증폭 작용
② 발진 작용
③ 스위칭 작용
④ 발열 작용

트랜지스터는 증폭, 발진, 스위칭 등의 기능을 수행하는 반도체 소자임.

31 변압기의 손실 중 변압기의 철심에 발생하는 손실을 무엇이라 하는가?

① 구리손　　② 부하손
③ 철손　　　④ 표유 부하손

변압기의 손실 중 철심에서 발생하는 손실을 철손이라 함.

32 직류 발전기의 구조 중 교류 기전력을 직류로 바꾸는 역할을 하는 것은?

① 계자　　② 정류자
③ 전기자　④ 브러시

직류 발전기에서 전기자에 유도되는 교류 기전력을 외부 회로에 직류로 공급하기 위해 정류자가 사용됨.

33 3상 교류에서 각 상의 위상차는?

① 60°
② 120°
③ 180°
④ 360°

3상 교류 전원에서는 각 상의 전압 또는 전류가 서로 120°의 위상차를 가짐.

34 납 축전지의 방전 여부를 알아보는 가장 좋은 방법은?

① 직렬 연결 시험
② 병렬 연결 시험
③ 비중, 전압 측정
④ 점도 측정

납 축전지의 방전 여부를 알아보는 가장 좋은 방법은 전해액의 비중과 전압을 측정하는 것. 방전될수록 비중과 전압이 낮아짐.

35 전위차에 의하여 전위가 높은 곳에서 낮은 곳으로 전기가 이동하는 것을 무엇이라 하고, 그 양을 측정하는 단위를 옳게 짝지은 것은?

① 전압, 볼트(V)
② 저항, 옴(Ω)
③ 전류, 암페어(A)
④ 전력, 와트(W)

전압은 전위차에 의하여 전위가 높은 곳에서 낮은 곳으로 전기가 이동하는 현상을 말하며, 그 양을 측정하는 단위는 볼트(V)임.

|정|답| 29 ②　30 ④　31 ③　32 ②　33 ②　34 ③　35 ①

36 직류 전동기 중 기동 토크가 가장 크고 전차, 크레인 등 큰 기동력을 필요로 하는 곳에 주로 사용되는 것은?

① 직권 전동기
② 분권 전동기
③ 복권 전동기
④ 영구 자석 전동기

직권 전동기는 계자 권선과 전기자 권선이 직렬로 연결되어 있어 기동 토크가 매우 크므로, 전차, 크레인 등 큰 기동력이 필요한 곳에 주로 사용됨.

37 선수의 형상 중 선수파의 파형을 조정하여 선박의 조파 저항을 감소시킬 목적으로 개발된 것은?

① 램형
② 경사형
③ 구상형
④ 클리퍼형

구상 선수는 선수 수선 아래 부분에 공 모양의 돌출부를 두어, 선수파의 파형을 조정하여 조파 저항을 감소시킬 목적으로 개발된 선수 형상임.

38 다음 중 선박의 적재 가능한 화물의 최대 중량을 나타내는 것은?

① 배수량
② 총톤수
③ 순톤수
④ 재화중량

선박의 재화중량톤수는 선박이 적재할 수 있는 화물의 최대 중량을 나타내는 것으로, 만재배수톤수에서 경하배수톤수를 뺀 값임.

39 배가 진행할 때 선미에서 배의 진행방향으로 물의 흐름이 생기는데 이를 무엇이라 하는가?

① 반류
② 슬립
③ 공동현상
④ 피치

배가 진행할 때 선미에서 배의 진행 방향으로 물의 흐름이 생기는데 이를 반류라고 함.

40 유조선에서 중앙기관선보다 선미기관선을 주로 채택하는 이유로 틀린 것은?

① 화재의 위험이 적다.
② 선수 트림을 조정하기 쉽다.
③ 축로를 아주 짧게 단축할 수 있다.
④ 중앙부의 장소를 유효하게 화물창으로 쓸 수 있다.

유조선은 인화성 액체를 운반하므로 화재 위험성이 높음. 선수 트림을 조정하기 쉬운 것은 유조선이 선미기관실을 채택하는 주된 이유가 아님. 화재 위험 감소, 축로 단축, 중앙부 화물창 유효 활용 등이 주된 이유임.

41 중앙 횡단면의 현측에서 상갑판보의 상면부터 기선까지 측정한 수직 거리는?

① 형깊이
② 건현
③ 형흘수
④ 건형용의 깊이

선박의 중앙 횡단면에서 현측의 상갑판보 상면부터 기선까지 측정한 수직 거리는 형깊이(Moulded Depth)라고 함.

|정|답| 36 ① 37 ③ 38 ④ 39 ① 40 ② 41 ①

42 축로의 상부보다 높게 위치하는 공간으로 프로펠러 축을 빼기에 편리하게 되어 있는 곳은?

① 선미관
② 탈출 트렁크
③ 축로 리세스
④ 스터핑 상자

축로 리세스(Shaft Tunnel Recess)는 축로의 상부보다 높게 위치하는 공간으로, 프로펠러 축을 교환 시 빼내기 편리하도록 설계된 구조물임.

43 항공기의 원리인 날개의 양력을 이용하여 수면 가까이 떠서 운항하는 선박의 명칭은?

① 활주형선
② 위그선
③ 수중익선
④ 공기부양선

위그선(WIG, Wing-In-Ground effect ship)은 항공기의 날개 양력 원리를 이용하여 수면 가까이 떠서 운항하는 선박임.

44 선박의 이중저(double bottom) 상면을 덮는 부재는?

① 갑판
② 마진판
③ 내저판
④ 정판

선체 이중저(double bottom)의 상면을 덮는 부재는 내저판임.

45 B급 화재로 분류되는 화재는?

① 유류 화재
② 전기 화재
③ 목재 화재
④ 금속 화재

B급 화재는 유류, 가스 등 인화성 액체 및 기체에 의한 화재를 분류함.

46 선내 작업 시 휴대용 전기드릴을 사용하는 경우 감전 사고 방지를 위해 반드시 조치해야 할 사항은?

① 작업 중 보안경 착용
② 접지선을 선체에 접속
③ 불꽃이 튀지 않도록 주의
④ 전원 플러그를 꽉 끼움

휴대용 전기드릴과 같은 전기기구를 선내에서 사용할 때는 감전 사고 방지를 위해 반드시 접지선을 선체에 접속해야 함.

47 어떤 선박이 10노트(knot)의 속력으로 예인되고 있을 때 예인에 필요한 유효마력은? (단, 예인 로프에 걸린 수평장력은 14.6 tonf 이다.)

① 1,000PS
② 1,333PS
③ 1,460PS
④ 1,947PS

유효마력(PS) = (예인 장력(tonf) × 속력(knot) × 1852m/knot) / (75kgf·m/s × 3600s/h) 1노트 = 1852m/h, 1PS = 75kgf·m/s. 예인 장력 14.6tonf = 14600kgf. 속력 10knot. 유효마력 = (14600kgf × 10 × 1852m/h) / (75kgf·m/s × 3600s/h) ≈ 1,000PS.

| 정 | 답 | 42 ③ 43 ② 44 ③ 45 ① 46 ② 47 ①

48 선박의 위치 측정 장치로 인공위성을 이용한 장비는?

① GPS
② 자기 나침의
③ 레이더
④ 도플러 로그

GPS(Global Positioning System)는 인공위성을 이용하여 선박의 현재 위치를 정확하게 측정하는 장비임.

49 선박의 마찰 저항 크기에 영향을 미치는 요소가 아닌 것은?

① 침수 표면적
② 파고
③ 유체의 밀도
④ 유체의 점성계수

선박의 마찰 저항 크기에 영향을 미치는 요소는 침수 표면적, 유체의 밀도, 유체의 점성 계수 등임. 파고는 주로 조파 저항에 영향을 미침.

50 이중저 선체구조로 할 경우의 특징 설명으로 틀린 것은?

① 구조가 경량화 된다.
② 선저 손상 시 화물창을 보호한다.
③ 밸러스트탱크 확보가 용이하다.
④ 연료유탱크 확보가 용이하다.

이중저 선체구조는 선체의 종강도 증대, 선저 파손 시 선내 침수 방지, 밸러스트 탱크 등으로 활용 가능 등의 장점이 있음.

51 총톤수에서 기관실, 선원실, 밸러스트 탱크 등에 사용되는 장소를 공제한 톤수, 즉 화물을 적재하여 직접 수익을 얻는 데 사용되는 장소의 용적 톤수는?

① 경하배수톤수
② 순톤수
③ 수정 총톤수
④ 만재배수톤수

순톤수(Net Tonnage)는 총톤수에서 기관실, 선원실, 밸러스트 탱크 등 선박 운항에 직접적으로 필요한 공간을 공제한 톤수로, 화물을 적재하여 직접 수익을 얻는 데 사용되는 장소의 용적 톤수를 나타냄.

52 피치가 2mm인 2줄 나사를 180° 회전시키면 몇 mm 이동하는가?

① 1   ② 2
③ 3   ④ 4

나사의 리드(Lead) = 피치(Pitch) × 줄 수(Number of Starts)임. 피치가 2mm이고 2줄 나사이므로 리드는 2mm × 2 = 4mm.
180° 회전은 1회전(360°)의 절반이므로, 이동 거리는 리드의 절반인 4mm / 2 = 2mm

53 TIG 용접에서 아크를 발생시키기 위해 사용하는 전극 재료는?

① 텅스텐
② 탄소
③ 알루미늄
④ 주철

TIG 용접(Tungsten Inert Gas welding)은 텅스텐 전극을 사용하여 아크를 발생시키고, 불활성 가스(아르곤 등)로 보호하면서 용접하는 방식임.

|정|답| 48 ① 49 ② 50 ① 51 ② 52 ② 53 ①

54 배관 제도 방법에 대한 설명으로 틀린 것은?

① 관은 1줄의 실선으로 표시한다.
② 계기는 종류에 따라 O안에 문자 기호를 넣어 표시한다.
③ 관의 굵기는 배관을 표현한 곳 옆에 굵기에 따라 여러 줄의 가는 실선을 이용하여 표시한다.
④ 배관이 접속하면서 교차할 경우 교차지점에 굵은 점으로 표시한다.

배관 제도에서 관의 굵기는 배관을 표현한 곳 옆에 치수(예: ∅50)로 직접 표시하며, 여러 줄의 가는 실선을 이용하여 표시한다는 설명은 틀림.

55 아크용접이나 가스용접 시 발생하는 강한 빛으로부터 눈을 보호하기 위한 안경은?

① 방진안경
② 방사안경
③ 일반안경
④ 차광용안경

아크용접이나 가스용접 시 발생하는 강한 빛으로부터 눈을 보호하기 위해 차광용 안경을 사용함.

56 실린더 헤드의 볼트나 메인 베어링의 스터드 볼트를 규정된 힘으로 정확하게 죌 때 사용하는 공구는?

① 토크 렌치
② 래칫 렌치
③ 복스 렌치
④ 육각 렌치

실린더 헤드 볼트나 메인 베어링 볼트를 규정된 힘(토크)으로 정확하게 조일 때 사용하는 공구는 토크 렌치임.

57 미터 표준 나사의 나사산 각도는 몇 도인가?

① 30°
② 60°
③ 90°
④ 120°

미터 표준 나사의 나사산 각도는 60°.

58 강의 기계는 19mm를 20등분한 M형 버니어 캘리퍼스에서 측정 가능한 최소값은 몇 mm인가?

① 1/5
② 1/10
③ 1/15
④ 1/20

59 아크 용접 작업 시의 안전 보호장구와 관계가 없는 것은?

① 앞치마
② 용접홀더
③ 용접장갑
④ 발 커버

용접홀더는 용접봉을 고정하고 용접 전류를 전달하는 공구이지, 아크 용접 시 작업자의 눈이나 신체를 보호하는 안전 보호장구는 아님.

60 어미자 눈금이 1mm이며 아들자의 눈금은 19mm를 20등분한 M형 버니어 캘리퍼스에서 측정 가능한 최소값은 몇 mm인가?

① 1/5
② 1/10
③ 1/15
④ 1/20

M형 버니어 캘리퍼스에서 최소 측정값은 어미자 1눈금과 아들자 1눈금의 차이임. 어미자 1눈금 = 1mm 아들자 20눈금이 어미자 19mm와 일치하므로, 아들자 1눈금 = 19/20mm = 0.95mm.
최소 측정값 = 1mm − 0.95mm = 0.05mm = 1/20mm.

| 정답 | 54 ③ 55 ④ 56 ① 57 ② 58 ② 59 ② 60 ④

선박기관정비기능사 및 국가기술자격 시험 예상 문제 모의고사

제10회 모의고사

01 4행정 디젤기관에서 크랭크축 2회전 동안 캠축은 몇 회전하는가?

① 0.5회전　② 1회전
③ 2회전　　④ 4회전

4행정 디젤기관은 크랭크축 2회전 동안 흡입, 압축, 폭발, 배기의 4행정이 완료됨. 따라서 크랭크축 2회전 동안 캠축은 1회전함.

02 디젤기관의 작동 시 실린더 내에서 상하 왕복 운동을 하는 부품은?

① 피스톤　② 크랭크축
③ 실린더　④ 플라이휠

디젤기관의 작동 시 실린더 내에서 상하 왕복 운동을 하는 부품은 피스톤임.

03 디젤기관의 연소실 형식 중 연소실 모양이 간단하고, 시동이 용이하며, 열효율도 높은 형식은?

① 직접분사실　② 공기실식
③ 와류실식　　④ 예연소실식

직접분사실 연소실은 구조가 간단하고, 시동이 용이하며, 열효율도 높은 형식으로 대형기관에 많이 사용됨.

04 디젤기관의 피스톤 링이 갖추어야 할 조건으로 옳지 않은 것은?

① 고온에서 탄성 변화가 적을 것
② 운동면에 대한 접촉성이 좋을 것
③ 링의 절구부 압력이 가장 낮을 것
④ 운전 중 절손되지 않을 것

피스톤 링은 실린더 벽에 균일하게 밀착하여 기밀을 유지해야 하며, 링의 전 둘레에 걸쳐 압력이 가장 높게 분포되어야 블로우 바이를 효과적으로 방지할 수 있음.

05 피스톤 엔진의 열효율은 압축비와 어떤 관계를 가지는가?

① 압축비가 클수록 감소한다.
② 압축비가 클수록 증가한다.
③ 압축비가 적을수록 증가한다.
④ 압축비에는 관계없다.

피스톤 엔진의 열효율은 일반적으로 압축비가 클수록 증가함. 압축비가 높을수록 연소 효율이 향상되기 때문임.

| 정답 | 01 ② 02 ① 03 ① 04 ③ 05 ②

06 어떤 디젤기관의 행정 체적이 350cc, 연소실 체적이 25cc일 때 이 기관의 압축비는?

① 13　　② 14
③ 15　　④ 16

압축비 = (행정 체적 + 연소실 체적) / 연소실 체적으로 계산함.
(350cc + 25cc) / 25cc = 375cc / 25cc = 15.

07 디젤기관과 관계 있는 부품은?

① 배전기
② 기화기
③ 점화 플러그
④ 연료 분사 노즐

디젤기관은 연료를 직접 실린더 내에 분사하여 압축 착화하는 방식이므로, 연료 분사를 담당하는 연료 분사 노즐이 필수적인 부품임.

08 디젤기관에서 노크를 방지하는 데 효과적인 연료 분사 노즐은?

① 단공노즐
② 핀틀노즐
③ 다공노즐
④ 스로틀노즐

다공형 노즐은 여러 개의 미세한 분사 구멍을 통해 연료를 무화 및 분산시켜 노크를 효과적으로 방지하는 데 좋음.

09 디젤기관의 윤활유 주유 방법으로 가장 일반적으로 사용되는 것은?

① 비산식 주유법
② 적하식 주유법
③ 강압식 주유법
④ 원심식 주유법

디젤기관의 윤활유 주유 방법으로는 강제 순환식(압력식)이 가장 일반적으로 사용되며, 이 방식은 베어링 냉각 및 큰 하중을 받는 베어링에 적합함.

10 선박 주기관의 호칭 출력은?

① 제동마력　　② 도시마력
③ 정격출력　　④ 연속최대출력

선박 주기관의 호칭 출력은 해당 기관의 연속최대출력으로 표시됨.

11 4행정 디젤기관에서 흡입행정 시 흡기밸브는 열리고 피스톤은 어디로 이동하는가?

① 상사점에서 하사점으로
② 하사점에서 상사점으로
③ 중간에서 상사점으로
④ 중간에서 하사점으로

흡입 행정은 피스톤이 상사점에서 하사점으로 이동하면서 흡기 밸브가 열려 외부 공기를 실린더 내로 흡입하는 과정임.

12 디젤기관에서 평균 유효 압력을 높이는 방법으로 옳지 않은 것은?

① 압축비를 높인다.
② 과급을 한다.
③ 연료 분사 시기를 늦춘다.
④ 연소 효율을 높인다.

디젤기관에서 평균 유효 압력을 높이는 방법으로는 압축비 증가, 과급, 연소 효율 증대 등이 있음.

| 정 답 | 06 ③　07 ④　08 ③　09 ③　10 ④　11 ①　12 ③

13 디젤기관의 크랭크축이 부러지는 원인으로 거리가 먼 것은?

① 노킹의 반복 발생
② 각 실린더의 출력이 균일하지 않아 비틀림 응력이 작용할 때
③ 크랭크암의 개폐 작용이 과도할 때
④ 연료유 여과기의 막힘

디젤기관의 크랭크축이 부러지는 원인으로는 노킹의 반복, 각 실린더 출력 불균일로 인한 비틀림 응력, 크랭크암의 과도한 개폐 작용 등이 있음.

14 디젤기관의 피스톤 핀 재료로 가장 적합한 것은?

① 주철
② 주강
③ 표면경화강
④ 알루미늄 합금

디젤기관의 피스톤 핀은 고하중과 고온에 견뎌야 하므로, 일반적으로 표면경화강으로 된 중공봉(中空棒) 형태가 사용됨.

15 실린더 라이너의 마모량을 측정하고자 할 때 1개의 실린더에서 측정하는 표준 지점의 수는?

① 1
② 2
③ 4
④ 6

실린더 라이너의 마모량을 측정할 때는 정확한 진단과 수리 계획을 위해 일반적으로 6곳을 측정함.

16 보일러 운전 중 비상 정지시켜야 할 경우가 아닌 것은?

① 보일러수의 소모량이 적을 경우
② 수면계에 수위가 보이지 않는 경우
③ 보일러 본체의 과열 및 변형이 생긴 경우
④ 급수 계통에 이상이 생겨서 더 이상 급수를 할 수 없는 경우

보일러 운전 중 보일러수의 소모량이 적을 경우는 일반적으로 비상 정지 상황으로 보지 않음.

17 현재 가장 널리 사용되는 냉동 장치의 형식은?

① 가스 압축식
② 흡수식
③ 증기 분사식
④ 열전식

현재 가장 널리 사용되는 냉동 장치의 형식은 효율성과 적용성이 우수한 가스 압축식임.

18 냉동 장치에서 냉매 부족 시 나타나는 현상으로 옳은 것은?

① 응축 압력이 낮아진다.
② 압축기가 과열한다.
③ 압축 압력이 높아진다.
④ 흡입 압력이 높아진다.

냉매가 부족하면 증발기에서 충분한 열 흡수가 이루어지지 않아 응축 압력이 낮아지고 흡입 압력도 낮아지는 현상이 나타남.

|정답| 13 ④ 14 ③ 15 ④ 16 ① 17 ① 18 ①

19 원심 펌프가 진동하거나 비정상적인 소리가 발생하는 경우 그 원인으로 옳은 것은?

① 흡입 양정이 높다.
② 흡입 측에 공기가 유입되었다.
③ 유체의 온도가 높다.
④ 축의 중심이 어긋나 있다.

> 원심 펌프가 진동하거나 비정상적인 소리가 발생하는 주요 원인 중 하나는 축의 중심이 어긋나 있을 때임.

20 냉동기의 증발기에 부착한 서리를 제거해야 하는 주된 이유는?

① 증발 코일이 부식하므로
② 증발 코일이 중량이 커져서 파괴되므로
③ 냉동물을 손상시키므로
④ 증발 코일의 전열이 나쁘게 되므로

> 냉동기의 증발기에 서리나 성에가 부착하면 열 전달을 방해하여 냉동 능력이 저하되므로 이를 주기적으로 제거해야 함.

21 선박에서 기관의 종류에 관계없이 반드시 설치되는 펌프는?

① 주 순환수 펌프
② 주 복수 펌프
③ 빌지 펌프
④ 주 냉각수 펌프

> 빌지 펌프는 선박의 기관실을 포함하여 모든 구획에서 선저에 고인 물(빌지)을 배출하는 펌프로, 기관 종류와 관계없이 모든 선박에 반드시 설치됨.

22 원심식 유청정기에서 댐 링의 역할은?

① 수분층과 고형분의 분리
② 수분층과 기름층의 분리
③ 회전통의 회전속도 가속
④ 슬러지를 자동적으로 제거하는 압력수의 공급

> 원심식 유청정기에서 댐 링(Dam ring)의 역할은 비중 차이를 이용하여 수분층과 기름층을 분리하는 것임.

23 선박용 대형 디젤기관의 윤활유 급유 방식으로 주로 사용되며, 급유량이 많아 베어링 냉각에 효과적이고 큰 하중을 받는 베어링에도 적합한 방식은?

① 비산식
② 중력식
③ 압력식
④ 강제 순환식

> 유압 장치에서 유압 펌프는 유압 에너지를 생성하기 위해 유체의 압력을 높이는 역할을 함.

24 보일러의 급수 펌프가 급수를 공급하지 못하는 원인으로 옳지 않은 것은?

① 흡입 밸브가 제대로 열리지 않을 때
② 펌프 내부의 에어록(air lock) 현상
③ 펌프의 회전 속도가 너무 높을 때
④ 흡입 배관이 막혔을 때

> 보일러의 급수 펌프가 급수를 공급하지 못하는 원인으로는 흡입 밸브의 문제, 에어록 현상, 흡입 배관 막힘 등이 있으며, 펌프의 회전 속도가 너무 높을 때는 오히려 송출 능력이 과도하게 되어 다른 문제를 일으킬 수 있지만, 급수를 공급하지 못하는 직접적인 원인은 아님.

| 정답 | 19 ④ | 20 ④ | 21 ③ | 22 ② | 23 ③ | 24 ③ |

25 왕복 펌프의 공기실(Air chamber) 설치 목적으로 옳은 것은?

① 펌프의 효율 감소
② 송출 유량의 맥동 감소
③ 흡입 양정 증가
④ 펌프 내부 압력 증가

왕복 펌프의 공기실(Air chamber)은 송출 유량의 맥동을 감소시켜 펌프의 안정적인 운전을 돕는 역할을 함.

26 유압 장치에서 유압 펌프의 역할은?

① 유체의 흐름 방향을 제어한다.
② 유압 에너지를 기계적인 운동 에너지로 변환한다.
③ 유체의 압력을 높여 유압 에너지를 생성한다.
④ 유압 에너지를 기계적인 일로 바꾼다.

유압 장치에서 유압 펌프는 유압 에너지를 생성하기 위해 유체의 압력을 높이는 역할을 함.

27 보일러의 증기압이 상승하여 안전한계 이상이 될 때 자동으로 증기를 배출시켜 압력을 낮추는 장치는?

① 주 증기 밸브
② 안전 밸브
③ 급수 밸브
④ 블로우 다운 밸브

보일러의 안전 밸브는 증기압이 안전한계 이상으로 상승할 때 자동으로 증기를 배출시켜 압력을 낮춰 보일러의 폭발을 방지함.

28 용량이 100Ah인 납축전지에서 매시간 5A의 크기로 방전시키면 사용할 수 있는 시간은 몇 시간인가?

① 10
② 15
③ 20
④ 25

사용 시간(h) = 용량(Ah) / 전류(A)임.
100Ah / 5A = 20시간임.

29 직류 발전기의 구성 부분에 해당하지 않는 것은?

① 계자
② 전기자
③ 정류자
④ 슬립 링

직류 발전기의 구성 부분은 계자, 전기자, 정류자, 브러시 등이며, 슬립 링(Slip Ring)은 교류 발전기나 일부 직류 전동기에서 사용되는 부품으로 직류 발전기 구성 부분에는 해당하지 않음.

30 전기가 흐르는 도체의 전기 저항에 대한 설명으로 옳은 것은?

① 길이에 비례하고 단면적에 반비례한다.
② 길이와 단면적에 반비례한다.
③ 길이와 단면적에 비례한다.
④ 길이에 반비례하고 단면적에 비례한다.

도체의 전기 저항은 도체의 길이에 비례하고, 도체의 단면적에 반비례함.

| 정답 | 25 ② 26 ③ 27 ② 28 ③ 29 ④ 30 ① |

31 반도체 부품 중 다이오드의 주요 역할은?

① 증폭 작용
② 자기 작용
③ 정류 작용
④ 충전 작용

다이오드는 반도체 부품으로, 전류를 한쪽 방향으로만 흐르게 하고 반대 방향으로는 차단하는 정류 작용을 주요 역할로 함.

32 전선에 전류가 10A 흐르고, 저항이 5Ω일 때, 전압은 몇 V인가?(단, 옴의 법칙 V=IR)

① 0.5
② 2
③ 50
④ 100

전압(V) = 전류(I) × 저항(R)임.
V = 10A × 5Ω = 50V.

33 직류 발전기에서 전기자의 코일에서 발생한 교류를 직류로 바꾸는 역할을 하는 부품은?

① 계자
② 정류자
③ 브러시
④ 슬립 링

직류 발전기에서 전기자에 유도되는 교류 기전력을 외부 회로에 직류로 공급하기 위해 정류자가 사용됨.

34 어떤 전구에 220V의 전압을 가했을 때 100W의 전력이 소비되었다면, 이 전구에 흐르는 전류는 약 몇 A인가?(단, P=VI)

① 0.22
② 0.45
③ 1.0
④ 2.2

전류(I) = 전력(P) / 전압(V)임.
100W / 220V ≈ 0.45A.

35 직류 발전기의 여자 방식 중 외부 전원에서 계자 전류를 공급하는 방식은?

① 직권 여자 방식
② 분권 여자 방식
③ 복권 여자 방식
④ 타여자 방식

직류 발전기의 타여자 방식은 외부 전원에서 계자 권선에 전류를 공급하여 자기장을 형성하는 방식임.

36 12V의 배터리로 60W 전구를 켜면 흐르는 전류는 몇 A인가?(단, P=VI)

① 0.2
② 5
③ 10
④ 60

전류(I) = 전력(P) / 전압(V)임.
60W / 12V = 5A.

37 선박의 적재 가능한 화물의 최대 중량을 나타내는 것은?

① 배수량
② 총톤수
③ 순톤수
④ 재화중량

선박의 재화중량톤수는 선박이 적재할 수 있는 화물의 최대 중량을 나타내는 것으로, 만재배수톤수에서 경하배수톤수를 뺀 값.

| 정답 | 31 ③ | 32 ③ | 33 ② | 34 ② | 35 ④ | 36 ② | 37 ④ |

38 선박이 항주할 때 선미에서 배의 진행방향으로 물의 흐름이 생기는데 이를 무엇이라 하는가?

① 반류
② 슬립
③ 공동현상
④ 피치

배가 진행할 때 선미에서 배의 진행 방향으로 물의 흐름이 생기는데 이를 반류라고 함.

39 유조선에서 중앙기관선보다 선미기관선을 주로 채택하는 이유로 틀린 것은?

① 화재의 위험이 적다.
② 선수 트림을 조정하기 쉽다.
③ 축로를 아주 짧게 단축할 수 있다.
④ 중앙부의 장소를 유효하게 화물창으로 쓸 수 있다.

유조선은 인화성 액체를 운반하므로 화재 위험성이 높음. 선수 트림을 조정하기 쉬운 것은 유조선이 선미기관선을 채택하는 주된 이유가 아님.

40 선박 기관실 천창(Sky light)의 설치 목적이 아닌 것은?

① 통풍
② 채광
③ 방열
④ 관계자의 출입

선박 기관실 천창(Sky light)의 주요 목적은 통풍, 채광, 방열 등임.

41 중앙 횡단면의 현측에서 상갑판보의 상면부터 기선까지 측정한 수직 거리는?

① 형깊이
② 건현
③ 형흘수
④ 건형용의 깊이

선박의 중앙 횡단면에서 현측의 상갑판보 상면부터 기선까지 측정한 수직 거리는 형깊이(Moulded Depth)라고 함.

42 주기관이 설치되는 곳의 보강 방법으로 부적절한 것은?

① 보(Beam)를 크게 한다.
② 특설 늑골을 증설한다.
③ 늑판의 두께를 증가한다.
④ 이중저 내의 실체 늑판의 수를 증가한다.

주기관이 설치되는 기관실 바닥을 보강하는 방법으로는 특설 늑골 증설, 늑판 두께 증가, 이중저 내 실체 늑판 수 증가 등이 있음.

43 축로의 상부보다 높게 위치하는 공간으로 프로펠러 축을 빼기에 편리하게 되어 있는 곳은?

① 선미관
② 탈출 트렁크
③ 축로 리세스
④ 스터핑 상자

축로 리세스(Shaft Tunnel Recess)는 축로의 상부보다 높게 위치하는 공간으로, 프로펠러 축을 교환 시 빼내기 편리하도록 설계된 구조물임.

| 정답 | 38 ① 39 ② 40 ④ 41 ① 42 ① 43 ③

44 항공기의 원리인 날개의 양력을 이용하여 수면 가까이 떠서 운항하는 선박의 명칭은?

① 활주형선
② 위그선
③ 수중익선
④ 공기부양선

위그선(WIG, Wing-In-Ground effect ship)은 항공기의 날개 양력 원리를 이용하여 수면 가까이 떠서 운항하는 선박임.

45 선박의 건현(Freeboard)이 의미하는 것은?

① 만재 흘수선으로부터 상갑판까지의 수직 거리
② 선수 흘수와 선미 흘수의 차이
③ 선체 너비
④ 선체 깊이

선박의 건현(Freeboard)은 만재 흘수선으로부터 상갑판까지의 수직 거리를 의미함.

46 선내 작업 시 휴대용 전기드릴을 사용하는 경우 접지선을 선체에 접속하는 주 목적은?

① 화재 방지
② 감전 사고 방지
③ 단락 사고 방지
④ 추락 사고 방지

휴대용 전기드릴과 같은 전기기구를 선내에서 사용할 때는 감전 사고 방지를 위해 반드시 접지선을 선체에 접속해야 함.

47 선박의 위치 측정 장치로 인공위성을 이용한 장비는?

① GPS
② 레이더
③ 자기 나침의
④ 도플러 로그

GPS(Global Positioning System)는 인공위성을 이용하여 선박의 현재 위치를 정확하게 측정하는 장비임.

48 이중저 선체구조로 할 경우의 특징 설명으로 틀린 것은?

① 구조가 경량화 된다.
② 선저 손상 시 화물창을 보호한다.
③ 밸러스트탱크 확보가 용이하다.
④ 연료유탱크 확보가 용이하다.

이중저 선체구조는 선체의 종강도 증대, 선저 파손 시 선내 침수 방지, 밸러스트 탱크 등으로 활용 가능 등의 장점이 있음.

49 선박에서 이중저 구조의 장점이 아닌 것은?

① 선체 종강도 증대
② 선저 파손 시 선내 침수 방지
③ 밸러스트 탱크 등 각종 탱크로 이용 가능
④ 화물의 적재 공간이 넓어져 운송량 증대

이중저 구조는 선체의 종강도 증대, 선저 파손 시 선내 침수 방지, 밸러스트 탱크 등으로 활용 가능 등의 장점이 있음.

|정답| 44 ② 45 ① 46 ② 47 ① 48 ① 49 ③

50 선박의 항해 중 파도에 의해 선수와 선미가 위로 들리고 중앙부가 아래로 처지는 현상은?

① 새깅(Sagging)
② 호깅(Hogging)
③ 래킹(Racking)
④ 팬팅(Panting)

새깅(Sagging) 현상은 선박이 파도의 골에 위치하거나, 선체 중앙부에 화물이 과도하게 집중될 때, 선수와 선미가 위로 들리고 중앙부가 아래로 처지는 현상을 말함.

51 횡격벽의 역할이 아닌 것은?

① 선체의 강도에 기여한다.
② 운항 중 발생하는 래킹현상을 방지한다.
③ 여러 화물을 수송할 경우 화물의 관리 및 하역 작업을 편하게 한다.
④ 선체 손상 발생 시 해수의 유입이 한 구획에 그치도록 하여 더 큰 피해를 방지한다.

횡격벽(Transverse Bulkhead)은 선체 손상 발생 시 한 구획이 침수되더라도 인접 구획으로의 침수 확대를 막아 선박의 부양성 및 안정성을 유지하는 데 중요한 역할을 함.

52 피치가 3mm인 2줄 나사를 180° 회전시키면 몇 mm 이동하는가?

① 1.5   ② 3
③ 4.5   ④ 6

나사의 리드(Lead) = 피치(Pitch) × 줄 수(Number of Starts)임. 피치가 3mm이고 2줄 나사이므로 리드는 3mm × 2 = 6mm임. 180° 회전은 1회전(360°)의 절반이므로, 이동 거리는 리드의 절반인 6mm / 2 = 3mm.

53 TIG 용접에서 아크를 발생시키기 위해 사용하는 전극 재료는?

① 텅스텐
② 탄소
③ 알루미늄
④ 주철

TIG 용접(Tungsten Inert Gas welding)은 텅스텐 전극을 사용하여 아크를 발생시키고, 불활성 가스(아르곤 등)로 보호하면서 용접하는 방식임.

54 배관 제도 방법에 대한 설명으로 틀린 것은?

① 관은 1줄의 실선으로 표시한다.
② 계기는 종류에 따라 O안에 문자 기호를 넣어 표시한다.
③ 관의 굵기는 배관을 표현한 곳 옆에 굵기에 따라 여러 줄의 가는 실선을 이용하여 표시한다.
④ 배관이 접속하면서 교차할 경우 교차지점에 굵은 점으로 표시한다.

배관 제도에서 관의 굵기는 배관을 표현한 곳 옆에 치수(예: ∅50)로 직접 표시하며, 여러 줄의 가는 실선을 이용하여 표시한다는 설명은 틀림.

55 아크용접이나 가스용접 시 발생하는 강한 빛으로부터 눈을 보호하기 위한 안경은?

① 방진안경
② 방사안경
③ 일반안경
④ 차광용안경

아크용접이나 가스용접 시 발생하는 강한 빛으로부터 눈을 보호하기 위해 차광용 안경을 사용함.

| 정답 | 50 ① 51 ① 52 ② 53 ① 54 ③ 55 ④

56 실린더 헤드의 볼트나 메인 베어링의 스터드 볼트를 규정된 힘으로 정확하게 죌 때 사용하는 공구는?

① 토크 렌치
② 래칫 렌치
③ 복스 렌치
④ 육각 렌치

실린더 헤드 볼트나 메인 베어링 볼트를 규정된 힘(토크)으로 정확하게 조일 때 사용하는 공구는 토크 렌치임.

57 미터 표준 나사의 나사산 각도는 몇 도인가?

① 30°
② 60°
③ 90°
④ 120°

미터 표준 나사의 나사산 각도는 60°.

58 강의 기계적 성질에 가장 크게 영향을 미치는 원소는?

① 황(S)
② 탄소(C)
③ 인(P)
④ 규소(Si)

강의 기계적 성질에 가장 크게 영향을 미치는 원소는 탄소(C)임. 탄소 함량에 따라 강도, 경도, 인성 등의 성질이 크게 변함.

59 아크 용접 작업 시의 안전 보호장구와 관계가 없는 것은?

① 앞치마
② 용접홀더
③ 용접장갑
④ 발 커버

용접 홀더는 용접봉을 고정하고 용접 전류를 전달하는 공구이지, 아크 용접 시 작업자의 눈이나 신체를 보호하는 안전 보호장구는 아님.

60 어미자 눈금이 1mm이며, 아들자의 눈금은 19mm를 20등분한 M형 버니어 캘리퍼스에서 측정 가능한 최소값은 몇 mm인가?

① 1/5
② 1/10
③ 1/15
④ 1/20

M형 버니어 캘리퍼스에서 최소 측정값은 어미자 1눈금과 아들자 1눈금의 차이임. 어미자 1눈금 = 1mm 아들자 20눈금이 어미자 19mm와 일치하므로, 아들자 1눈금 = 19/20mm = 0.95mm. 최소 측정값 = 1mm − 0.95mm = 0.05mm = 1/20mm

|정답| 56 ① 57 ② 58 ② 59 ② 60 ④

선박기관정비기능사 및 국가기술자격 시험 예상 문제 모의고사

제11회 모의고사

01 강재의 성질 중 인장 시험에서 얻을 수 있는 값이 아닌 것은?

① 인장 강도 ② 항복점
③ 충격값   ④ 연신율

강재의 인장 시험에서는 인장 강도, 항복점, 연신율 등의 기계적 성질을 얻을 수 있음.

02 다음 중 길이 측정 시 비교 측정법에 해당하는 측정기는?

① 버니어 캘리퍼스
② 마이크로미터
③ 다이얼 게이지
④ 하이트 게이지

다이얼 게이지는 비교 측정법에 해당하는 측정기로, 기준면과의 상대적인 차이를 측정하여 길이를 간접적으로 파악함.

03 파이프를 서로 연결하는 방식 중 나사를 이용하여 연결하며, 비교적 소구경 파이프에 사용되는 이음 방식은?

① 플랜지 이음
② 나사 이음
③ 유니언 이음
④ 용접 이음

나사 이음은 파이프를 나사를 이용하여 연결하는 방식으로, 비교적 소구경 파이프에 주로 사용됨.

04 직류 아크 용접에서 모재를 (+)극, 용접봉을 (-)극에 연결하는 용접법은?

① 정극성 ② 역극성
③ 연극성 ④ 단락

직류 아크 용접에서 정극성은 모재를 (+)극, 용접봉을 (-)극에 연결하는 용접법을 의미함.

05 도면에서 물체의 외형을 나타내는 선의 종류는?

① 가는 실선
② 굵은 실선
③ 파선
④ 1점 쇄선

도면에서 물체의 외형은 굵은 실선으로 나타냄.

| 정답 | 01 ③ 02 ③ 03 ② 04 ① 05 ②

06 기계 제도에서 사용하는 치수 보조 기호 중, 구의 지름을 나타내는 기호는?

① ∅
② R
③ S∅
④ SR

기계 제도에서 S∅는 구의 지름을 나타내는 치수 보조 기호임.

07 다음 중 밸브 겹침(overlap) 현상이 발생하는 행정은?

① 흡입 행정과 압축 행정 사이
② 압축 행정과 폭발 행정 사이
③ 폭발 행정과 배기 행정 사이
④ 배기 행정과 흡입 행정 사이

밸브 겹침(overlap) 현상은 배기 행정 말기와 흡입 행정 초기에 배기 밸브와 흡입 밸브가 동시에 열려 있는 기간을 말함.

08 디젤기관에서 연소실 압축 가스 및 연소 가스가 피스톤 링 틈새를 통해 크랭크실로 새는 현상은?

① 베이퍼 록(Vapor lock)
② 미스파이어(Misfire)
③ 블로 바이(Blow-by)
④ 플러터(Flutter)

블로 바이(Blow-by)는 연소실의 압축가스나 연소가스가 피스톤 링과 실린더 벽 사이의 틈새를 통해 크랭크실로 새어 나가는 현상임.

09 보일러 효율을 높이기 위해 배기가스의 열로 급수를 예열하는 장치는?

① 과열기
② 절탄기(Economizer)
③ 공기 예열기
④ 재열기

절탄기(Economizer)는 보일러에서 배출되는 고온의 배기가스 열을 이용하여 급수를 예열하는 장치임.

10 다음 중 냉매로 사용되는 암모니아의 특징으로 옳지 않은 것은?

① 증발 잠열이 크다.
② 철을 부식시키지 않는다.
③ 독성과 자극성 냄새가 강하다.
④ 공기보다 가벼워 누설 시 실내 하부에 체류한다.

암모니아는 독성과 자극성 냄새가 강하지만, 공기보다 가벼워 누설 시 실내 상부에 체류함.

11 선박 주기관의 윤활유 계통 순환 순서가 옳은 것은?

① 펌프 → 기관 → 유냉각기 → 여과기
② 펌프 → 여과기 → 기관 → 유냉각기
③ 여과기 → 펌프 → 기관 → 유냉각기
④ 유냉각기 → 여과기 → 펌프 → 기관

선박 주기관의 윤활유 계통 순환은 일반적으로 펌프 → 여과기 → 기관 → 유냉각기 순으로 이루어짐.

| 정답 | 06 ③ 07 ④ 08 ③ 09 ② 10 ④ 11 ②

12 선박의 추진축에 설치되어 프로펠러의 추진력을 선체에 전달하는 주된 역할을 하는 부품은?

① 중간축 베어링
② 선미관 베어링
③ 스러스트 베어링
④ 라너 베어링

> 스러스트 베어링은 프로펠러에서 발생한 추진력(추력)을 받아 선체에 전달하는 주된 역할을 하는 부품임.

13 유압 장치에서 유압을 일정하게 유지하거나 설정된 압력 이상으로 상승하는 것을 방지하는 밸브는?

① 유량 제어 밸브
② 방향 제어 밸브
③ 압력 제어 밸브
④ 체크 밸브

> 압력 제어 밸브는 유압 시스템에서 유압을 일정하게 유지하거나 설정된 압력 이상으로 상승하는 것을 방지하는 역할을 함.

14 3상 교류에서 각 상의 위상차는 몇 도(°)인가?

① 60°
② 90°
③ 120°
④ 180°

> 3상 교류 전원에서는 각 상의 전압 또는 전류가 서로 120°의 위상차를 가짐.

15 선박의 침수 표면적이 가장 큰 영향을 미치는 저항 요소는?

① 조파 저항
② 마찰 저항
③ 조와 저항
④ 공기 저항

> 선박의 마찰 저항은 침수 표면적에 가장 큰 영향을 받음. 침수 표면적이 넓을수록 마찰 저항이 커짐.

16 선박의 횡방향 강도를 보강하는 데 가장 중요한 역할을 하는 구조 부재는?

① 용골
② 종통재
③ 늑골
④ 거더

> 늑골(Frame)은 선박의 횡방향으로 설치되어 외판을 지지하고 선체의 횡강도를 보강하는 데 가장 중요한 역할을 하는 구조 부재임.

17 선박에서 해수의 유입을 제한하여 선박의 부양성을 유지하는 데 가장 중요한 역할을 하는 것은?

① 이중저
② 횡격벽
③ 주갑판
④ 현측 외판

> 횡격벽은 선박의 구획을 나누고, 선체 손상 시 해수의 유입을 제한하여 선박의 부양성을 유지하는 데 가장 중요한 역할을 함.

| 정답 | 12 ③ 13 ③ 14 ③ 15 ② 16 ③ 17 ②

18 다음 중 비파괴 검사법이 아닌 것은?

① 자분 탐상 검사
② 초음파 탐상 검사
③ 충격 시험
④ 침투 탐상 검사

충격 시험은 금속 재료의 인성(Toughness)을 평가하는 파괴 검사법임.

19 금속 재료의 인성(Toughness)을 나타내는 시험은?

① 브리넬 경도 시험
② 로크웰 경도 시험
③ 샤르피 충격 시험
④ 비커스 경도 시험

샤르피 충격 시험은 금속 재료의 인성(Toughness)을 나타내는 대표적인 시험임. 브리넬, 로크웰, 비커스 경도 시험은 경도를 측정함.

20 기계 제도에서 부분 단면도를 나타낼 때 사용되는 선의 종류는?

① 가는 실선   ② 굵은 실선
③ 파단선   ④ 1점 쇄선

기계 제도에서 부분 단면도를 나타낼 때 파단선을 사용함.

21 어미자 1눈금이 1mm이고 아들자 19mm를 20등분한 M형 버니어 캘리퍼스의 최소 측정값은?

① 0.01mm   ② 0.02mm
③ 0.05mm   ④ 0.1mm

M형 버니어 캘리퍼스의 최소 측정값은 (어미자 1눈금 - 아들자 1눈금)으로, 어미자 1mm - (19mm/20) = 1mm - 0.95mm = 0.05mm.

22 용접 결함 중 용접 금속 내부에 가스가 갇혀서 생기는 구멍 모양의 결함은?

① 언더컷
② 오버랩
③ 기공
④ 크레이터

기공(Pore)은 용접 금속 내부에 가스가 갇혀서 생기는 구멍 모양의 결함임.

23 미터 보통 나사의 표준 나사산의 각도는 몇 도(°)인가?

① 30°   ② 60°
③ 90°   ④ 120°

미터 보통 나사의 표준 나사산 각도는 60°.

24 다음 중 축에 기어, 풀리, 커플링 등의 회전체를 고정시키고 회전을 전달시키는 기계 요소는?

① 볼트
② 너트
③ 키
④ 와셔

키(Key)는 축에 기어, 풀리, 커플링 등의 회전체를 고정시키고 회전을 전달시키는 기계 요소임.

| 정 | 답 | 18 ③   19 ③   20 ③   21 ③   22 ③   23 ②   24 ③

25 피스톤 링을 피스톤에서 제거 시 사용하는 공구는?

① 스토퍼 핀
② 링 익스팬더
③ 래핑 공구
④ 시크니스 게이지

링 익스팬더(Ring Expander)는 피스톤 링을 피스톤에서 제거하거나 끼울 때 사용하는 전용 공구임.

26 디젤기관에서 연료 분사 펌프의 유압에 의해 직접 작동되는 밸브는?

① 흡기 밸브
② 배기 밸브
③ 자동 연료 분사 밸브
④ 공기 시동 밸브

디젤기관에서 자동 연료 분사 밸브는 연료 분사 펌프의 유압에 의해 직접 작동됨.

27 냉동 장치의 응축기에서 냉매의 상태는 일반적으로 어떻게 변화하는가?

① 고온 고압의 증기가 고온 고압의 액체로
② 저온 저압의 액체가 고온 고압의 증기로
③ 고온 고압의 액체가 저온 저압의 액체로
④ 저온 저압의 증기가 저온 저압의 액체로

냉동 장치의 응축기에서는 고온 고압의 증기 냉매가 열을 방출하며 고온 고압의 액체 냉매로 변화함.

28 보일러에서 급수를 예열하여 보일러 효율을 높이는 장치는?

① 과열기
② 절탄기(Economizer)
③ 공기 예열기
④ 재열기

절탄기(Economizer)는 보일러의 배기가스 열을 이용하여 급수를 예열하여 보일러 효율을 높이는 장치임.

29 선박 기관실에서 주로 사용되는 중질 유류 이송용 펌프는?

① 원심 펌프   ② 피스톤 펌프
③ 기어 펌프   ④ 플런저 펌프

선박 기관실에서 중질 유류 이송용으로는 주로 기어 펌프가 사용됨.

30 직류 발전기에서 계자의 역할은?

① 전류를 생산한다.
② 자속을 발생시킨다.
③ 교류를 직류로 변환한다.
④ 브러시와 접촉하여 전류를 흐르게 한다.

직류 발전기에서 계자(Field)는 자속을 발생시켜 전기자에 유도 기전력을 생성하는 역할을 함.

31 4행정 6실린더 디젤기관이 1분당 1200rpm으로 회전할 때, 1분간 발생하는 총 폭발 횟수는?

① 600회   ② 1200회
③ 2400회 ④ 3600회

4행정 기관은 크랭크축 2회전당 1회 폭발함. 1분당 1200rpm으로 회전하는 6실린더 기관의 총 폭발 횟수는 (1200rpm / 2회전/폭발) × 6실린더 = 3600회임.

| 정답 | 25 ② 26 ③ 27 ① 28 ② 29 ③ 30 ② 31 ④

32 선박의 건현(Freeboard)이 의미하는 것은?

① 만재 흘수선으로부터 상갑판까지의 수직 거리
② 선수 흘수와 선미 흘수의 차이
③ 선체 너비
④ 선체 깊이

건현(Freeboard)은 만재 흘수선으로부터 상갑판까지의 수직 거리를 의미하며, 선박의 안전 운항을 위한 최소 여유 높이를 나타냄.

33 다음 중 선박의 재화중량(Deadweight tonnage)에 포함되지 않는 것은?

① 연료유의 중량
② 청수의 중량
③ 의장품의 중량
④ 화물의 중량

선박의 재화중량톤수(Deadweight Tonnage)는 선박이 적재할 수 있는 화물, 연료유, 청수 등의 총 중량을 의미함.

34 선박의 선수파 파형을 조정하여 조파 저항을 감소시킬 목적으로 개발된 선수 형상은?

① 램형 선수
② 경사형 선수
③ 구상형 선수
④ 클리퍼형 선수

구상 선수(Bulbous Bow)는 선수 수선 아래 부분에 공 모양의 돌출부를 두어, 선수파의 파형을 조정하여 조파 저항을 감소시킬 목적으로 개발된 선수 형상임.

35 화물선 중 시비(SEBEE)선이 바지를 적재하는 특수 장치는?

① 크레인
② 갠트리 크레인
③ 싱크로 리프트
④ 컨베이어 벨트

시비(SEBEE)선은 싱크로 리프트(synchro lift)라는 특수 장치를 이용하여 바지(Barge)를 수평으로 들어올려 적재하는 화물선임.

36 다음 중 조선 과정에서 블록 조립 공정에 해당되는 작업은?

① 선체 도장
② 기관 탑재
③ 강판 절단 및 가공
④ 선박 시운전

강판 절단 및 가공은 선박의 블록 조립 공정에 해당하는 작업임.

37 선박의 항해 중 파도에 의해 선수와 선미가 아래로 처지고 중앙부가 위로 들리는 현상은?

① 새깅(Sagging)
② 호깅(Hogging)
③ 래킹(Racking)
④ 팬팅(Panting)

선체 도장, 기관 탑재, 시운전은 이후 단계에 해당함.

| 정 | 답 | 32 ① 33 ③ 34 ③ 35 ③ 36 ③ 37 ②

38 기계 제도에서 물체의 보이지 않는 형상을 나타낼 때 사용되는 선은?

① 실선
② 파선
③ 일점쇄선
④ 이점쇄선

기계 제도에서 물체의 보이지 않는 형상은 파선으로 나타냄.

39 다음 중 게이지 블록이나 각종 측정자 등의 평면을 빛의 간섭 현상을 이용하여 측정하는 데 사용하는 것은?

① 직각자
② 옵티컬 플랫
③ 원통 직각자
④ 각도 게이지

옵티컬 플랫(Optical Flat)은 게이지 블록이나 각종 측정자 등의 평면도를 빛의 간섭 현상을 이용하여 측정하는 데 사용되는 정밀 측정 공구임.

40 탄소강에 니켈, 크롬 등을 다량 첨가하여 대기 중이나 수중에서 잘 부식되지 않는 합금강은?

① 침탄강
② 스테인리스강
③ 고속도강
④ 스텔라이트강

스테인리스강은 탄소강에 니켈, 크롬 등을 다량 첨가하여 대기 중이나 수중에서 잘 부식되지 않도록 만든 합금강임.

41 4행정 디젤기관에서 흡기, 압축, 폭발, 배기 행정이 차례로 일어나는 동안 크랭크축은 몇 회전하는가?

① 0.5회전
② 1회전
③ 2회전
④ 4회전

4행정 디젤기관에서 흡입, 압축, 폭발, 배기 행정이 차례로 일어나는 동안 크랭크축은 2회전함.

42 디젤기관의 피스톤 링이 고온에서도 변형이 적고, 링의 전 둘레에 걸쳐 실린더 벽에 균일하게 밀착해야 하는 주된 이유는?

① 윤활유 소모 감소
② 블로 바이(Blow-by) 현상 방지
③ 피스톤 링의 마모 감소
④ 냉각 효율 증대

피스톤 링이 실린더 벽에 균일하게 밀착해야 하는 주된 이유는 블로 바이(Blow-by) 현상을 방지하여 기밀을 유지하고 연소 가스의 누설을 막기 위함임.

43 다음 중 2행정 기관이 4행정 기관에 비해 마력당 부피와 무게가 작아 대형 선박기관에 많이 사용되는 장점과 가장 거리가 먼 것은?

① 실린더 열응력이 작다.
② 구조가 간단하다.
③ 토크 변화가 적다.
④ 흡, 배기 밸브가 없다.

2행정 기관은 4행정 기관에 비해 마력당 부피와 무게가 작고, 구조가 간단하며, 토크 변화가 적고, 흡, 배기 밸브가 없는 장점이 있음.

|정답| 38 ② 39 ② 40 ② 41 ③ 42 ② 43 ①

44 선박용 보일러가 갖추어야 할 조건으로 옳지 않은 것은?

① 검사 및 수리가 편리할 것
② 물의 대류가 용이한 구조일 것
③ 구조는 상용 압력에 충분한 강도를 가질 것
④ 노와 연소실은 모든 공기의 흐름을 차단하여 밀폐될 것

보일러의 구비 조건에는 검사 및 수리 용이성, 물의 대류 용이한 구조, 상용 압력에 대한 충분한 강도 등이 있음.

45 냉동 장치에서 냉매 부족 시 나타나는 현상으로 옳은 것은?

① 응축 압력이 낮아진다.
② 압축기가 과열한다.
③ 압축 압력이 높아진다.
④ 흡입 압력이 높아진다.

냉매가 부족하면 증발기에서 충분한 열 흡수가 이루어지지 않아 증발 압력 및 온도가 낮아지고, 결과적으로 응축 압력도 낮아지는 현상이 나타남.

46 다음 중 추력축의 칼라(collar)가 하는 주된 역할은 무엇인가?

① 진동을 방지한다.
② 축의 부식을 방지한다.
③ 윤활을 양호하게 한다.
④ 추진력을 선체에 전달한다.

추력축의 칼라(collar)는 프로펠러에서 발생한 추진력을 받아 스러스트 베어링을 통해 선체에 전달하는 주된 역할을 함.

47 원심 펌프와 비교했을 때 왕복 펌프의 특징으로 옳지 않은 것은?

① 흡입 성능이 양호하다.
② 높은 양정을 얻기가 쉽다.
③ 큰 유량을 얻는 데 유리하다.
④ 운전 조건이 광범위하게 변해도 효율 변화가 적다.

왕복 펌프는 흡입 성능이 양호하고, 높은 양정을 얻기 쉬우며, 운전 조건 변화에 따른 효율 변화가 적음.

48 피스톤 링의 종류 중 링의 고착 방지에 효과가 큰 것은?

① 키스톤형 링
② 플레인형 링
③ 테이퍼형 링
④ 인사이드 베벨형 링

키스톤형 링은 단면이 사다리꼴 모양으로, 피스톤 링 홈에 끼워지면 틈새를 유지함으로써 링의 고착 방지에 가장 큰 효과가 있음.

49 디젤기관의 배기량은 다음 중 어떤 부피를 말하는가?

① 행정 부피
② 실린더 부피
③ 압축 부피
④ 피스톤 부피

디젤기관의 배기량은 피스톤의 상사점과 하사점 사이의 직선 거리에 해당하는 부피, 즉 행정 부피를 말함.

| 정 | 답 | 44 ④ 45 ① 46 ④ 47 ③ 48 ① 49 ①

50 어떤 디젤기관의 행정 체적이 1900cm³, 압축 체적이 100cm³일 때 압축비는?

① 17
② 18
③ 19
④ 20

압축비는 (행정 체적 + 압축 체적) / 압축 체적으로 계산함. (1900cm³ + 100cm³) / 100cm³ = 2000cm³ / 100cm³ = 20

51 디젤기관에서 피스톤 링의 역할로 옳지 않은 것은?

① 냉각 작용
② 기밀 유지
③ 축압 지지
④ 유막 형성

피스톤 링은 연소실의 기밀 유지, 윤활유 소비 조절, 열전달(냉각) 작용 등의 역할을 함.

52 4행정 사이클 4실린더 디젤 기관의 크랭크축이 분당 1000번 회전한다면 이때 캠축의 분당 회전수(rpm)는 얼마인가?

① 250
② 500
③ 1000
④ 2000

4행정 기관에서 캠축은 크랭크축 회전수의 1/2로 회전함. 따라서 크랭크축이 분당 1000번 회전하면 캠축은 1000 / 2 = 500rpm으로 회전함.

53 보일러의 수위계가 정상 작동하지 않아 수위가 보이지 않을 때 가장 먼저 조치해야 할 사항은?

① 급수 펌프 가동 중지
② 연료 공급 차단
③ 증기 밸브 개방
④ 보일러 냉각수 주입

보일러의 수위계가 정상 작동하지 않아 수위가 보이지 않을 때 가장 먼저 조치해야 할 사항은 연료 공급을 차단하여 보일러의 과열 또는 폭발 위험을 방지하는 것임.

54 다음 중 냉동 장치의 증발 잠열이 가장 큰 냉매는?(단, -15°C에서의 값으로 비교한다.)

① 프레온 R-12
② 탄산가스
③ 메틸클로라이드
④ 암모니아

냉매 중 암모니아는 -15°C에서 증발 잠열이 가장 큰 냉매로 알려져 있음.

55 디젤기관의 피스톤 핀 재료로 가장 적합한 것은?

① 주철
② 주강
③ 표면경화강
④ 알루미늄 합금

디젤기관의 피스톤 핀은 고하중과 고온에 견뎌야 하므로, 일반적으로 표면경화강으로 된 중공봉(中空棒) 형태가 사용됨.

| 정답 | 50 ④ 51 ③ 52 ② 53 ② 54 ④ 55 ③

56 유압 장치에서 유압을 기계적인 운동 에너지로 변환하는 장치는?

① 유압 펌프
② 유압 밸브
③ 유압 모터
④ 유압 필터

유압 장치에서 유압 모터는 유압을 기계적인 운동 에너지(회전 운동)로 변환하는 장치임.

57 다음 중 발전기의 여자(勵磁) 방식이 아닌 것은?

① 타여자 방식
② 직권 여자 방식
③ 분권 여자 방식
④ 교류 여자 방식

발전기의 여자(勵磁) 방식에는 타여자, 직권 여자, 분권 여자, 복권 여자 방식이 있음. 교류 여자 방식은 발전기의 일반적인 여자 방식으로 분류되지 않음.

58 100Ah 용량의 납축전지에서 20A의 전류로 방전시키면 몇 시간 동안 사용할 수 있는가?

① 2시간　　② 3시간
③ 4시간　　④ 5시간

납축전지의 사용 시간(h)은 용량(Ah)을 전류(A)로 나누어 계산함. 100Ah / 20A = 5시간.

59 선박 안전 관리 시스템(SMS)의 시행 주체가 아닌 것은?

① 국제해사기구(IMO)
② 선박 소유자 또는 회사
③ 선장
④ 선원

국제해사기구(IMO)는 선박 안전 관리 시스템(SMS)에 대한 국제 규약을 제정하는 기관이지, SMS를 직접 시행하는 주체는 선박 소유자 또는 회사, 선장, 선원 등임.

60 선박의 길이 150m, 폭 20m, 흘수 8m인 직사각형 선박이 담수(비중 1.0)에 떠 있을 때의 배수량은 몇 톤인가?

① 12000ton
② 24000ton
③ 30000ton
④ 48000ton

배수량은 (길이 × 폭 × 흘수 × 해수 비중)으로 계산함. 담수(비중 1.0)에 떠 있을 경우, 150m × 20m × 8m × 1.0 = 24,000톤.

| 정답 | 56 ③　57 ④　58 ④　59 ①　60 ② |

제12회 모의고사

01 디젤기관의 연료 분사 시기가 정상보다 빠를 경우, 연소실 내부에서 발생할 수 있는 현상으로 가장 적절한 것은?

① 착화 지연 기간이 길어진다.
② 연소 소음과 진동이 감소한다.
③ 최대 연소 압력이 상승한다.
④ 배기가스 중 HC 성분이 증가한다.

디젤기관의 연료 분사 시기가 정상보다 빠를 경우, 연료가 압축 상사점 이전에 연소되기 시작하여 최대 연소 압력이 비정상적으로 상승할 수 있음. 이는 기관의 과부하 및 노크(knocking) 현상으로 이어질 수 있음.

02 4행정 디젤기관에서 흡기 행정 시 흡기 밸브는 열리고 피스톤은 어느 방향으로 이동하는가?

① 상사점에서 하사점으로
② 하사점에서 상사점으로
③ 중간에서 상사점으로
④ 중간에서 하사점으로답

흡기 행정은 피스톤이 상사점(TDC)에서 하사점(BDC)으로 이동하면서 흡기 밸브가 열려 외부 공기를 실린더 내로 흡입하는 과정임.

03 디젤기관에서 크랭크축이 1회전할 때, 캠축은 몇 회전하는가?

① 1/4회전
② 1/2회전
③ 1회전
④ 2회전

4행정 디젤기관에서 크랭크축이 2회전하는 동안 캠축은 1회전하며, 흡입, 압축, 폭발, 배기의 4행정이 완료됨. 따라서 크랭크축이 1회전할 때 캠축은 1/2회전함.

04 다음 중 기관의 배기량은 어떤 부피를 말하는가?

① 실린더 부피
② 압축 부피
③ 행정 부피
④ 연소실 부피

기관의 배기량은 피스톤이 상사점과 하사점 사이를 이동하면서 실린더 내부에서 쓸어내는 부피를 의미하며, 이를 행정 부피라고 함.

| 정답 | 01 ③ 02 ① 03 ② 04 ③

05 디젤기관에서 노킹(knocking) 현상이 가장 잘 발생할 수 있는 조건은?

① 연료의 세탄가가 높을 때
② 실린더 온도가 너무 높을 때
③ 착화 지연 기간이 짧을 때
④ 압축 압력이 너무 낮을 때

디젤기관에서 노킹(knocking) 현상은 착화 지연 기간이 길어지거나, 실린더 온도가 너무 낮을 때 연료가 한꺼번에 폭발적으로 연소되면서 발생하기 쉬움. 압축 압력이 너무 낮을 경우에도 노킹이 발생할 수 있음.

06 디젤기관의 피스톤 링이 고온에서도 변형이 적고, 실린더 벽에 균일하게 밀착해야 하는 가장 주된 이유는?

① 윤활유 소모 감소
② 블로 바이(Blow-by) 현상 방지
③ 피스톤 링의 마모 감소
④ 냉각 효율 증대

피스톤 링은 실린더 내 연소가스 및 압축가스가 크랭크실로 새어 나가는 현상인 블로 바이(Blow-by)를 방지하여 기밀을 유지하는 역할을 함.

07 디젤기관에서 메인 베어링의 발열 원인이 아닌 것은?

① 베어링 하중이 너무 클 때
② 베어링 틈새가 부적당할 때
③ 공급 윤활유 양이 적절할 때
④ 선체의 휨 및 기관대가 변형되었을 때

메인 베어링의 발열 원인으로는 베어링 하중 과대, 틈새 부적당, 선체 휨 및 기관대 변형 등이 있음.

08 디젤기관의 보슈식 연료 분사 펌프에서 연료 분사량을 조절하는 주요 방법은?

① 캠 각도 조절
② 심(shim) 두께 조절
③ 조정 래크(regulating rack) 조절
④ 롤러 간격 조절

디젤기관의 보슈식 연료 분사 펌프는 플런저의 상하 운동과 함께 플런저에 있는 경사면과 조정 래크(regulating rack)의 회전 운동을 이용하여 유효 행정을 변화시켜 연료 분사량을 조절함.

09 4행정 6실린더 디젤기관이 1분당 1200rpm으로 회전할 때, 1분간 발생하는 총 폭발 횟수는?

① 600회
② 1200회
③ 2400회
④ 3600회

4행정 기관은 크랭크축 2회전당 1회 폭발함. 6실린더 기관이 1분당 1200rpm으로 회전한다면, 크랭크축은 1200회전함. 따라서 1분간 발생하는 총 폭발 횟수는 (1200회전 / 2) × 6실린더 = 3600회.

10 디젤기관에서 피스톤 핀 재료로 가장 적합한 것은?

① 주철
② 주강
③ 표면경화강
④ 알루미늄 합금

디젤기관의 피스톤 핀은 고하중과 고온에 견뎌야 하므로, 일반적으로 표면경화강으로 된 중공봉(中空棒) 형태가 사용됨.

| 정답 | 05 ④ 06 ② 07 ③ 08 ④ 09 ② 10 ③

11 내연기관에서 B.D.C가 의미하는 것은?

① 상사점
② 응고점
③ 하사점
④ 압축부피

B.D.C는 Bottom Dead Center의 약자로, 피스톤이 실린더 내에서 가장 아래쪽에 위치한 지점을 의미하는 하사점임.

12 디젤기관에서 윤활유의 작용 중 마찰에 의해 생긴 열을 외부로 발산시켜 부품의 과열 및 변형을 방지하는 작용은?

① 기밀 작용
② 냉각 작용
③ 방청 작용
④ 청정 작용

윤활유의 작용 중 마찰에 의해 발생한 열을 외부로 발산시켜 부품의 과열 및 변형을 방지하는 작용을 냉각 작용이라 함.

13 보일러에서 급수를 예열하여 보일러 효율을 높이는 장치는?

① 과열기
② 재열기
③ 절탄기
④ 공기 예열기

절탄기(Economizer)는 보일러에서 배출되는 고온의 연소가스 열을 이용하여 급수를 예열하는 장치임.

14 증기 터빈에서 증기의 유동 방향을 정하며 증기의 열에너지를 운동 에너지로 변환하는 역할을 하는 장치는?

① 로터(Rotor)
② 케이싱(Casing)
③ 날개(Blade)
④ 노즐(Nozzle)

증기 터빈에서 노즐은 증기의 유동 방향을 정하고, 증기의 압력 에너지를 운동 에너지로 변환하는 역할을 함.

15 원심 펌프에서 캐비테이션(cavitation) 발생 시 나타나는 현상으로 옳지 않은 것은?

① 펌프 효율 저하
② 심한 소음 및 진동 발생
③ 펌프 양정 증가
④ 임펠러 표면의 손상

원심 펌프에서 캐비테이션(cavitation) 발생 시에는 펌프 효율 저하, 심한 소음 및 진동 발생, 임펠러 표면 손상 등이 나타남.

16 냉동 장치에서 고압의 액체 냉매를 저압의 액체 및 기체 상태로 팽창시키는 장치는?

① 압축기
② 응축기
③ 증발기
④ 팽창 밸브

팽창 밸브는 냉동 사이클에서 응축기를 통과한 고압 액체 냉매를 교축 작용을 통해 저압의 액체 및 기체 상태로 팽창시켜 증발기로 보내는 역할을 함.

| 정답 | 11 ③ 12 ② 13 ③ 14 ④ 15 ② 16 ④ |

17 유압 시스템에서 유체의 압력 변동을 완화하고, 유체의 맥동을 줄이는 역할을 하는 장치는?

① 유압 펌프
② 유압 실린더
③ 어큐뮬레이터(축압기)
④ 유압 모터

어큐뮬레이터(축압기)는 유압 시스템에서 유체의 압력 변동을 완화하고, 유체의 맥동을 줄여 시스템의 안정적인 작동을 돕는 역할을 함.

18 보일러의 수위계가 정상 작동하지 않아 수위가 보이지 않을 때 가장 먼저 조치해야 할 사항은?

① 급수 펌프 가동 중지
② 연료 공급 차단
③ 증기 밸브 개방
④ 보일러 냉각수 주입

보일러 운전 중 수위계가 정상 작동하지 않아 수위가 보이지 않을 때는 보일러 본체의 과열 및 파손 위험이 있으므로, 가장 먼저 연료 공급을 차단하여 연소를 중지해야 함.

19 냉동 장치에서 응축기를 통과한 냉매의 상태는 일반적으로 어떻게 변화하는가?

① 고온 고압의 증기가 고온 고압의 액체로
② 저온 저압의 액체가 고온 고압의 증기로
③ 고온 고압의 액체가 저온 저압의 액체로
④ 저온 저압의 증기가 저온 저압의 액체로

응축기에서는 고온 고압의 증기 냉매가 냉각되어 고온 고압의 액체 냉매로 상변화함.

20 왕복 펌프의 공기실(Air chamber) 설치 목적으로 옳은 것은?

① 펌프의 효율 감소
② 송출 유량의 맥동 감소
③ 흡입 양정 증가
④ 펌프 내부 압력 증가

왕복 펌프에 공기실(Air chamber)을 설치하는 주된 목적은 송출 유량의 맥동을 감소시켜 유체의 흐름을 고르게 하고, 펌프의 효율을 높이는 데 있음.

21 3상 교류에서 각 상의 위상차는 몇 도(°)인가?

① 60°
② 90°
③ 120°
④ 180°

3상 교류 전원에서는 각 상의 전압 또는 전류가 서로 120°의 위상차를 가짐.

22 어떤 전구에 220V의 전압을 가했을 때 100W의 전력이 소비되었다면, 이 전구에 흐르는 전류는 약 몇 A인가?(단, P=VI)

① 0.22A
② 0.45A
③ 1.0A
④ 2.2A

전력(P) = 전압(V) × 전류(I) 이므로, 전류(I) = P / V 임. 100W / 220V ≈ 0.45A.

| 정 | 답 | 17 ③ 18 ② 19 ① 20 ② 21 ③ 22 ②

23 직류 발전기에서 전기자에 유도되는 기전력의 크기가 비례하지 않는 것은?

① 자속의 크기
② 도체의 길이
③ 도체의 저항
④ 도체의 속도

직류 발전기에서 전기자에 유도되는 기전력의 크기는 자속의 크기, 도체의 길이, 도체의 속도에 비례하지만, 도체의 저항에는 비례하지 않음.

24 저항이 10Ω인 회로에 20V의 전압을 가했을 때 흐르는 전류는 몇 A인가?(단, 옴의 법칙 V=IR)

① 0.5A ② 1A
③ 2A   ④ 200A

옴의 법칙 V=IR 에 따라 전류(I) = V / R임. 20V / 10Ω = 2A.

25 1kW 전열기를 1시간 30분 동안 사용할 때 소비되는 전력량은 몇 Wh인가?

① 1000Wh
② 1200Wh
③ 1500Wh
④ 1800Wh

전력량(Wh) = 전력(kW) × 시간(h)임. 1kW × 1.5h = 1500W.

26 12V의 배터리로 60W 전구를 켜면 흐르는 전류는 몇 A인가?(단, P=VI)

① 0.2A ② 5A
③ 10A   ④ 60A

전력(P) = 전압(V) × 전류(I) 이므로, 전류(I) = P / V 임. 60W / 12V = 5A.

27 직류 발전기에서 계자의 역할은?

① 전류를 생산한다.
② 자속을 발생시킨다.
③ 교류를 직류로 변환한다.
④ 브러시와 접촉하여 전류를 흐르게 한다.

직류 발전기에서 계자는 자속을 발생시키는 역할을 함.

28 두 개의 금속 도체를 일정한 간격으로 서로 마주보게 하고 그 사이에 유전체를 삽입하여 정전 용량을 가지게 한 소자를 무엇이라 하는가?

① 코일   ② 콘덴서
③ 저항기 ④ 집적회로

두 개의 금속 도체를 일정한 간격으로 서로 마주보게 하고 그 사이에 유전체를 삽입하여 정전 용량을 가지게 한 소자를 콘덴서(Capacitor)라고 함.

29 폭발성 가스 중에서 안전하게 사용할 수 있도록 고안된 전기 기구의 형식은?

① 방폭형
② 방수형
③ 수중형
④ 풍우밀형

방폭형 전기기구는 폭발성 가스나 증기가 존재하는 위험한 환경에서 안전하게 사용할 수 있도록 고안된 형식임.

|정|답| 23 ③ 24 ③ 25 ③ 26 ② 27 ② 28 ② 29 ①

30 선박의 총톤수에서 기관실, 선원실, 조타실 등 선박 운항에 필요한 공간을 공제한 톤수는?

① 경하배수톤수
② 만재배수톤수
③ 순톤수
④ 재화중량톤수

순톤수(Net Tonnage)는 총톤수에서 기관실, 선원실, 조타실 등 선박 운항에 필요한 공간을 공제한 톤수로, 화물 적재에 사용되는 수익 공간의 용적을 나타냄.

31 선박의 선수미 방향의 안정을 유지하기 위해 사용되는 것은?

① 킬(Keel)
② 빌지 킬(Bilge Keel)
③ 러더(Rudder)
④ 트림(Trim)

러더(Rudder)는 선박의 선수미 방향의 안정을 유지하고 조종하는 데 사용되는 장치임.

32 선박의 길이방향 강도를 증대시키기 위해 사용되는 구조 방식은?

① 횡식 구조
② 종식 구조
③ 혼합식 구조
④ 이중저 구조

종식 구조는 선박의 길이방향 강도를 증대시키기 위해 사용되는 구조 방식임.

33 선박의 침수 표면적이 가장 큰 영향을 미치는 저항 요소는?

① 조파 저항
② 마찰 저항
③ 조와 저항
④ 공기 저항

선박의 전 저항 중 침수 표면적에 가장 크게 비례하여 발생하는 저항은 마찰 저항임.

34 선박의 건현(Freeboard)이 의미하는 것은?

① 만재 흘수선으로부터 상갑판까지의 수직 거리
② 선수 흘수와 선미 흘수의 차이
③ 선체 너비
④ 선체 깊이

선박의 건현(Freeboard)은 만재 흘수선으로부터 상갑판까지의 수직 거리를 의미함.

35 선박이 좌초되었을 때 가장 적합한 닻의 용도는?

① 좁은 수역에서 선회 시
② 풍랑 시 표류 안정성 유지
③ 임의 수면에 정박 시
④ 좌초된 선박을 건져 올릴 때(예인 보조)

닻은 좌초된 선박을 건져 올리거나(예인 보조), 좁은 수역에서 선회 시, 풍랑 시 표류 안정성 유지, 임의 수면에 정박 시 등 다양한 용도로 사용됨.

|정 답| 30 ③ 31 ③ 32 ② 33 ② 34 ① 35 ④

36 선박 안전 관리 시스템(SMS)의 주요 목적 중 하나는?

① 선박의 항해 속도 증대
② 환경 오염 방지 및 안전 운항 확보
③ 화물 적재량 최대화
④ 연료 소비율 최소화

선박 안전 관리 시스템(SMS)의 주요 목적 중 하나는 환경 오염 방지 및 안전 운항 확보를 통해 선박 운항의 안전성을 높이는 것임.

37 길이가 100m, 폭이 20m, 흘수가 5m인 직육면체 모양의 선박이 담수(비중 1.0)에 떠 있을 때, 이 선박의 배수량은 몇 톤인가?

① 5000
② 10000
③ 15000
④ 20000

직육면체 선박의 배수량은 (길이 × 폭 × 흘수 × 해수 비중)으로 계산함. 담수 비중 1.0이므로 100m × 20m × 5m × 1.0 = 10,000톤

38 선박의 항해 중 파도에 의해 선수와 선미가 위로 들리고 중앙부가 아래로 처지는 현상은?

① 새깅(Sagging)
② 호깅(Hogging)
③ 래킹(Racking)
④ 팬팅(Panting)

새깅(Sagging)은 선박이 항해 중 파도에 의해 선수와 선미가 위로 들리고 중앙부가 아래로 처지는 현상으로, 종방향 굽힘 변형의 일종임.

39 선박에 설치되는 개인용 구명 설비가 아닌 것은?

① 구명 부환
② 구명 동의
③ 구명 뗏목
④ 구명정

구명정은 여러 명이 탑승하는 구명 설비이며, 구명 부환, 구명 동의, 구명 뗏목은 개인 또는 소수 인원을 위한 구명 설비임.

40 선체 강도를 증가시키고 침수 시 피해를 줄이는 목적으로 설치되는 횡방향 구조 부재는?

① 종통재
② 거더
③ 늑골
④ 킬(Keel)

늑골(Frame)은 선체 강도를 증가시키고 침수 시 피해를 줄이는 목적으로 설치되는 횡방향 구조 부재임.

41 탄소강에 니켈, 크롬 등을 다량 첨가하여 대기 중이나 수중에서 잘 부식되지 않는 합금강은?

① 침탄강
② 스테인리스강
③ 고속도강
④ 스텔라이트강

스테인리스강은 탄소강에 니켈, 크롬 등을 다량 첨가한 합금강으로, 대기 중이나 수중에서 잘 부식되지 않는 특성을 가짐.

| 정답 | 36 ② 37 ② 38 ① 39 ④ 40 ③ 41 ② |

42 금속 재료의 인성(Toughness)을 나타내는 시험은?

① 브리넬 경도 시험
② 로크웰 경도 시험
③ 샤르피 충격 시험
④ 비커스 경도 시험

금속 재료의 인성(Toughness)을 나타내는 시험은 샤르피 충격 시험(Charpy Impact Test)임.

43 미터 보통 나사에서 지름 20mm, 피치 2.5mm의 나사를 제도할 때, 나사산의 골 지름을 나타내는 선의 종류는?

① 굵은 실선
② 가는 실선
③ 가는 1점 쇄선
④ 굵은 2점 쇄선

미터 보통 나사를 제도할 때, 나사산의 골지름(screw root diameter)은 가는 실선으로 표현함.

44 피치가 3mm인 3줄 나사를 360° 회전시킬 때 이동하는 거리는 몇 mm인가?(단, 리드 = 피치 × 줄 수)

① 3
② 6
③ 9
④ 12

리드(lead) = 피치 × 줄 수이므로, 피치가 3mm이고 3줄 나사이므로 리드는 3mm × 3 = 9mm. 360° 회전 시 나사는 리드만큼 이동하므로, 9mm 이동함.

45 용접 결함 중 용접 금속 내부에 가스가 갇혀서 생기는 구멍 모양의 결함은?

① 언더컷
② 오버랩
③ 기공
④ 크레이터

기공(Porosity)은 용접 결함 중 용접 금속 내부에 가스가 갇혀서 생기는 구멍 모양의 결함임.

46 어미자 1눈금이 1mm이고 아들자 20눈금이 어미자 19눈금과 일치할 때, 이 버니어 캘리퍼스의 최소 측정값은?

① 0.01mm
② 0.02mm
③ 0.05mm
④ 0.1mm

M형 버니어 캘리퍼스에서 최소 측정값은 어미자 1눈금과 아들자 1눈금의 차이임. 어미자 1눈금 = 1mm, 아들자 20눈금이 어미자 19눈금과 일치하므로 아들자 1눈금 = 19/20mm = 0.95mm. 따라서 최소 측정값 = 1mm − 0.95mm = 0.05mm.

47 TIG 용접에서 아크를 발생시키기 위해 사용되는 불활성 가스는?

① 질소
② 산소
③ 아르곤
④ 헬륨

TIG 용접에서 아크를 발생시키고 용융 금속을 보호하기 위해 아르곤(Ar)과 같은 불활성 가스를 사용함.

|정답| 42 ③ 43 ② 44 ③ 45 ③ 46 ③ 47 ③

48 용접 작업 시 발생하는 유해 광선으로부터 눈을 보호하기 위한 장비는?

① 보안경
② 방진 마스크
③ 차광 보안경
④ 안전모

용접 작업 시 발생하는 유해 광선(아크 광선)으로부터 눈을 보호하기 위해서는 차광 보안경 또는 차광 보안면을 착용해야 함.

49 기계 제도에서 사용하는 치수 보조 기호 중, 구의 지름을 나타내는 기호는?

① ∅
② R
③ S∅
④ SR

기계 제도에서 구의 지름은 "S∅" 기호로 나타내며, 단순 지름은 "∅"로, 반지름은 "R"로 표시함.

50 표준 마이크로미터에서 스핀들의 피치가 0.5mm, 딤블의 원주 눈금이 50등분되어 있을 때 최소 측정값은?

① 0.01mm
② 0.005mm
③ 0.02mm
④ 0.001mm

표준 마이크로미터의 최소 측정값은 (스핀들 피치 / 딤블 원주 눈금 수)임. 0.5mm / 50 = 0.01mm.

51 다음 중 마이크로미터로 측정할 수 없는 것은?

① 외경
② 내경
③ 깊이
④ 표면 거칠기

마이크로미터는 외경, 내경(깊이 측정용은 별도), 깊이 등을 직접 측정할 수 있으나, 표면 거칠기는 측정할 수 없음.

52 KS 분류 코드에서 기계 분야의 기호는?

① KSC
② KSE
③ KSB
④ KSA

KS 분류 코드에서 기계 분야의 기호는 KSB임. (KSC는 전기, KSE는 전자, KSA는 일반).

53 다음 중 한쪽 방향으로만 큰 힘을 전달하는 경우에 적합한 나사는?

① 삼각 나사
② 톱니 나사
③ 둥근 나사
④ 사다리꼴 나사

톱니 나사는 한쪽 방향으로만 큰 힘을 전달하는 경우에 특히 적합한 나사로, 프레스나 바이스 등에 사용됨.

54 잇수가 60개이고 모듈이 3인 평기어의 이끝원 지름(외경)은 몇 mm인가?(단, 이끝원 지름 = 모듈 × (잇수 + 2))

① 180mm
② 183mm
③ 186mm
④ 192mm

이끝원 지름 (외경) = 모듈 × (잇수 + 2) 이므로, 3 × (60 + 2) = 3 × 62 = 186mm.

| 정답 | 48 ③ 49 ③ 50 ① 51 ④ 52 ③ 53 ② 54 ③

55 기계 제도에서 숨은선(Hidden line)을 나타내는 선의 종류는?

① 굵은 실선
② 가는 실선
③ 가는 파선
④ 가는 1점 쇄선

숨은선(Hidden line)은 물체의 보이지 않는 형상을 나타낼 때 사용하며, 가는 파선으로 표시함.

56 용접 작업 중 아크열로부터 용접공의 얼굴과 눈을 보호하는 보호구는?

① 보안경
② 차광 보안면
③ 방진 마스크
④ 안전모

차광 보안면은 아크 용접 작업 중 발생하는 강한 아크열과 유해 광선으로부터 용접공의 얼굴과 눈을 보호하는 보호구임.

57 다음 중 게이지 블록이나 각종 측정자 등의 평면을 빛의 간섭 현상을 이용하여 측정하는 데 사용하는 것은?

① 직각자
② 옵티컬 플랫
③ 원통 직각자
④ 각도 게이지

옵티컬 플랫은 한 면을 고도의 평면으로 래핑 가공한 유리 또는 수정으로 만든 원판으로, 빛의 간섭 현상을 이용하여 게이지 블록이나 각종 측정자 등의 평면을 측정하는 데 사용됨.

58 파이프를 서로 연결하는 방식 중 나사를 이용하여 연결하며, 비교적 소구경 파이프에 사용되는 이음 방식은?

① 플랜지 이음
② 나사 이음
③ 유니언 이음
④ 용접 이음

나사 이음은 나사를 이용하여 파이프를 연결하는 방식으로, 비교적 소구경 파이프에 주로 사용되며 분해 및 조립이 비교적 용이함.

59 도면에서 물체의 중심을 나타내거나 피치원을 나타낼 때 사용되는 선은?

① 굵은 실선
② 가는 파선
③ 가는 1점 쇄선
④ 굵은 2점 쇄선

도면에서 물체의 중심을 나타내거나 피치원을 나타낼 때 사용되는 선은 가는 1점 쇄선임.

60 다음 중 용접 작업 시 발생할 수 있는 결함이 아닌 것은?

① 언더컷(undercut)
② 오버랩(overlap)
③ 용착 부족(lack of fusion)
④ 경화(hardening)

경화(hardening)는 용접 작업 자체에서 발생하는 결함이라기보다는 재료의 열처리 과정에서 발생하는 현상 또는 용접 열영향부에서 나타날 수 있는 조직 변화임.

| 정답 | 55 ③ 56 ② 57 ② 58 ② 59 ③ 60 ④

제13회 모의고사

01 디젤기관에서 폭발 행정 시 피스톤은 어느 방향으로 이동하는가?

① 상사점에서 하사점으로
② 하사점에서 상사점으로
③ 중간 지점에서 상사점으로
④ 중간 지점에서 하사점으로

디젤기관의 폭발 행정은 피스톤이 압축 상사점에서 연료가 연소하여 팽창력을 받아 하사점으로 이동하는 행정임.

02 4행정 디젤기관에서 흡기 행정이 진행되는 동안 크랭크축은 몇 회전하는가?

① 1/4회전   ② 1/2회전
③ 1회전   ④ 2회전

4행정 디젤기관은 크랭크축이 2회전하는 동안 흡입, 압축, 폭발, 배기의 4가지 행정을 완료함.

03 디젤기관의 연료유 성질 중 착화성을 나타내는 주요 지표는 무엇인가?

① 비중   ② 인화점
③ 세탄가   ④ 동점도

연료의 착화성은 세탄가로 나타냄.

04 기관의 연소실 부피와 행정 부피의 합을 연소실 부피로 나눈 값을 무엇이라 하는가?

① 행정 부피
② 배기량
③ 압축비
④ 실린더 용적

압축비는 연소실 부피와 행정 부피의 합을 연소실 부피로 나눈 값으로, 엔진의 효율을 결정하는 중요한 요소임.

05 디젤기관의 피스톤에 작용하는 폭발력을 크랭크축에 전달하는 주요 부품은?

① 캠축
② 커넥팅 로드
③ 푸시 로드
④ 로커 암

커넥팅 로드는 피스톤의 왕복 운동력을 크랭크축의 회전 운동으로 변환하여 전달하는 역할을 하는 부품임.

|정|답| 01 ① 02 ② 03 ③ 04 ③ 05 ②

06 디젤기관에서 플라이휠의 주요 역할은?

① 밸브 개폐 조절
② 윤활유 순환 촉진
③ 회전력의 불균일 완화
④ 연료 분사량 조절

플라이휠은 기관의 회전 속도를 균일하게 유지하고, 각 실린더의 폭발 행정 간에 발생하는 토크 변화를 완화하는 역할을 함.

07 4행정 디젤기관에서 흡기 밸브와 배기 밸브가 동시에 열려있는 기간을 무엇이라 하는가?

① 밸브 타이밍
② 밸브 겹침
③ 밸브 간극
④ 밸브 플러터

밸브 겹침(Valve Overlap)은 4행정 기관에서 흡기 밸브가 열리기 시작하는 시점과 배기 밸브가 완전히 닫히는 시점이 일시적으로 겹쳐 두 밸브가 동시에 열려있는 기간을 뜻함.

08 디젤기관에 저질 중유를 사용했을 때 실린더 라이너 내면을 부식시키는 주원인 물질은?

① 질소 산화물
② 탄화수소
③ 이산화탄소
④ 아황산가스

디젤기관에 저질 중유를 사용했을 때, 연료 중의 황(S) 성분이 연소 시 산화되어 발생하는 아황산가스가 실린더 라이너 내면을 부식시키는 주원인이 됨.

09 디젤기관에서 냉각수 온도가 너무 낮을 때 발생하기 쉬운 현상은?

① 출력 증가
② 연료 완전 연소
③ 노킹
④ 배기가스 온도 상승

디젤기관에서 냉각수 온도가 너무 낮으면 연료의 착화 지연 기간이 길어져 노킹(Knocking) 현상이 발생하기 쉬움.

10 디젤기관의 윤활유가 가져야 할 주요 작용이 아닌 것은?

① 마찰 감소 작용
② 냉각 작용
③ 기밀 유지 작용
④ 연료 공급 작용

윤활유의 주요 작용으로는 마찰 감소(윤활 작용), 냉각 작용, 기밀 유지 작용, 방청 작용, 청정 작용 등이 있음.

11 디젤기관에서 연소실 내 압축 가스 및 연소 가스가 크랭크실로 새는 현상은?

① 베이퍼록
② 블로 바이
③ 바이패스
④ 미스파이어

블로 바이(Blow-by)는 내연기관에서 연소실의 압축 가스 및 연소 가스가 피스톤 링과 실린더 벽 사이의 틈새를 통해 크랭크실로 새어 나가는 현상을 말함.

| 정답 | 06 ③ 07 ② 08 ④ 09 ③ 10 ④ 11 ② |

12 고속 디젤기관에서 주로 사용되는 피스톤 핀의 재료와 형상으로 가장 적합한 것은?

① 표면경화강으로 된 중공봉
② 주강으로 된 중실봉
③ 고속도강으로 된 중공봉
④ 주철로 된 중실봉

디젤기관의 피스톤 핀은 고온 및 고하중에 견뎌야 하므로, 일반적으로 강도가 높고 내마모성이 우수한 표면경화강으로 된 중공봉(中空棒) 형태가 사용됨.

13 4행정 8실린더 디젤기관이 1분당 900rpm으로 회전할 때, 1분간 발생하는 총 폭발 횟수는?

① 1800회
② 2700회
③ 3600회
④ 4500회

4행정 기관은 크랭크축 2회전당 1회 폭발함. 8실린더 기관이 1분당 900rpm으로 회전한다면, 1분간 발생하는 총 폭발 횟수는 (900rpm / 2) × 8실린더 = 3600회.

14 디젤기관의 연료 분사 시기가 정상보다 너무 늦을 경우, 기관 성능에 미치는 영향으로 가장 적절한 것은?

① 연소 소음 증가
② 후연소 발생으로 출력 감소
③ 최대 연소 압력 상승
④ 착화 지연 기간 단축

연료 분사 시기가 너무 늦으면 연소가 압축 행정 말기나 팽창 행정 초기가 아닌 팽창 행정 중에 주로 발생하게 되어 후연소가 일어나고, 이는 기관의 출력 감소 및 연료 소비율 증가로 이어짐.

15 과급식 디젤기관에서 터보차저를 통해 압축된 흡입 공기의 온도를 낮추어 충진 효율을 높이는 장치는?

① 공기 필터
② 배기 매니폴드
③ 과급기
④ 인터쿨러

인터쿨러(Intercooler)는 과급식 디젤기관에서 터보차저(Turbocharger)를 통해 압축된 흡입 공기의 온도를 냉각시켜 밀도를 높이고, 실린더로 더 많은 공기를 공급하여 충진 효율을 증대시키는 장치임.

16 냉동 장치에서 냉매의 압력을 높이는 역할을 하는 핵심 장치는?

① 압축기
② 응축기
③ 증발기
④ 팽창 밸브

압축기는 냉동 장치에서 증발기에서 증발한 저온 저압의 냉매 가스를 고온 고압의 가스로 압축하여 응축기로 보내는 역할을 함.

17 보일러에서 급수를 예열하여 보일러의 열효율을 높이는 장치는?

① 과열기
② 절탄기
③ 공기 예열기
④ 재열기

절탄기(Economizer)는 보일러에서 배출되는 고온의 연소가스 열을 이용하여 급수를 예열함으로써 보일러의 열효율을 높이는 장치임.

| 정답 | 12 ① 13 ③ 14 ② 15 ④ 16 ① 17 ②

18 유압 시스템에서 유압 에너지를 기계적인 선형 또는 회전 운동으로 변환하는 장치는?

① 유압 펌프
② 유압 밸브
③ 유압 필터
④ 액추에이터

액추에이터(Actuator)는 유압 시스템에서 유압 에너지를 기계적인 선형 운동(실린더) 또는 회전 운동(모터)으로 변환하여 일을 수행하는 장치임.

19 원심 펌프의 양수 불능 원인 중 가장 일반적인 것은?

① 펌프 회전 속도 과대
② 송출 밸브가 완전히 닫혀 있을 때
③ 흡입 측에 공기가 유입되었을 때
④ 유체의 점도가 너무 높을 때

원심 펌프에서 흡입 측에 공기가 유입되면 펌프 내부에서 에어록(Air Lock) 현상이 발생하여 양수 불능의 주된 원인됨.

20 냉동 사이클에서 냉동 효과를 얻기 위해 냉매가 열을 흡수하여 액체에서 증기로 상태 변화하는 과정이 일어나는 장치는?

① 압축기
② 응축기
③ 증발기
④ 팽창 밸브

냉동 사이클에서 증발기는 냉매가 주변으로부터 열을 흡수하여 액체 상태에서 증기 상태로 변화하며 냉동 효과를 발생시키는 장치임.

21 왕복 펌프의 송출 유량 맥동을 줄여 유체의 흐름을 고르게 하는 목적으로 설치되는 장치는?

① 안전 밸브
② 공기실
③ 역류 방지 밸브
④ 바이패스 밸브

왕복 펌프에 공기실(Air Chamber)을 설치하는 목적은 송출 유량의 맥동을 흡수하여 유체의 흐름을 고르게 하고, 펌프의 안정적인 운전을 돕는 것임.

22 보일러의 수위계가 정상 작동하지 않아 수위가 보이지 않을 때 가장 먼저 조치해야 할 사항은?

① 연료 공급 차단
② 급수 펌프 가동 중지
③ 증기 밸브 개방
④ 보일러 냉각수 주입

보일러 운전 중 수위계가 정상 작동하지 않아 수위가 보이지 않을 때는 보일러 본체의 과열 및 파손의 위험이 있으므로, 가장 먼저 연료 공급을 차단하여 연소를 중지해야 함.

23 유압 시스템에서 유체의 압력 변동을 완화하고, 유체의 맥동(pulsation)을 줄여 시스템의 안정성을 높이는 장치는?

① 유압 펌프
② 유압 실린더
③ 어큐뮬레이터
④ 유압 모터

어큐뮬레이터(Accumulator)는 유압 시스템에서 유체의 압력 변동을 완화하고, 유체의 맥동(pulsation)을 줄여 시스템의 안정적인 작동을 돕는 장치임.

| 정 | 답 | 18 ④　19 ③　20 ③　21 ②　22 ①　23 ③

24 증기 터빈에서 증기의 압력 에너지를 속도 에너지로 변환하여 터빈 날개에 공급하는 역할을 하는 부품은?

① 로터
② 케이싱
③ 날개
④ 노즐

노즐은 증기 터빈에서 증기의 압력 에너지를 속도 에너지로 변환하여 터빈의 날개에 고속으로 분사함으로써 동력을 발생시키는 역할을 함.

25 냉동 장치에서 냉매 부족 시 나타나는 현상으로 옳은 것은?

① 흡입 압력이 낮아진다.
② 응축 압력이 높아진다.
③ 압축기가 과열되지 않는다.
④ 냉동 능력이 증가한다.

냉동 장치에서 냉매가 부족할 경우, 증발기에서 냉매의 충분한 증발이 이루어지지 않아 흡입 압력이 낮아지게 됨.

26 보일러 사용 중 전열면에 붙어있는 그을음이나 재를 증기나 공기로 불어내어 청소하는 장치는?

① 공기 예열기
② 절탄기
③ 슈트 블로어
④ 과열기

슈트 블로어(Soot Blower)는 보일러의 연관이나 전열면에 부착된 그을음이나 재를 증기 또는 압축 공기를 분사하여 제거하는 장치로, 열효율 저하를 방지함.

27 이상적인 열기관 사이클인 카르노 사이클에서 고열원의 온도가 500K, 저열원의 온도가 300K일 때 이 사이클의 열효율은 약 몇 %인가?

① 30%
② 40%
③ 50%
④ 60%

카르노 사이클의 열효율(n)은 1 − (저열원 온도 / 고열원 온도)로 계산함. (단, 절대 온도 기준)
n = 1 − (300K / 500K) = 1 − 0.6 = 0.4 = 40%

28 전압 12V, 저항 4Ω인 직류 회로에 흐르는 전류는 몇 A인가?

① 1A
② 2A
③ 3A
④ 4A

옴의 법칙(V=IR)에 따라 전류(I) = 전압(V) / 저항(R).
12V / 4Ω = 3A.

29 전력 120W, 전압 24V인 직류 전구에 흐르는 전류는 몇 A인가?

① 2A
② 3A
③ 4A
④ 5A

전력(P) = 전압(V) × 전류(I) 에 따라 전류(I) = 전력(P) / 전압(V). 120W / 24V = 5A임. 옴의 법칙(V=IR)에 따라 전류(I) = 전압(V) / 저항(R)임. 12V / 4Ω = 3A.

|정답| 24 ④ 25 ① 26 ③ 27 ② 28 ③ 29 ④

30 3상 교류 전원 시스템에서 각 상의 전압 또는 전류는 서로 몇 도(°)의 위상차를 가지는가?

① 90°
② 120°
③ 180°
④ 360°

3상 교류 전원에서는 각 상의 전압 또는 전류가 서로 120°의 위상차를 가짐.

31 직류 발전기에서 전기자 코일에 유도된 교류 기전력을 외부 회로에 직류로 공급하기 위해 사용되는 부품은?

① 정류자
② 계자
③ 브러시
④ 슬립 링

직류 발전기에서 정류자는 전기자 코일에서 발생한 교류 기전력을 외부 회로에 직류로 공급하기 위해 교류를 직류로 변환하는 역할을 하는 부품임.

32 1kW 전열기를 2시간 30분 동안 사용할 때 소비되는 총 전력량은 몇 Wh인가?

① 1000Wh
② 1500Wh
③ 2000Wh
④ 2500Wh

전력량(Wh) = 전력(kW) × 시간(h)임. 1kW × 2.5h = 2.5kWh = 2500Wh.

33 폭발성 가스 또는 증기가 존재하는 위험한 환경에서 안전하게 사용할 수 있도록 특수하게 설계된 전기 기구의 형식은?

① 방수형
② 수중형
③ 방폭형
④ 풍우밀형

방폭형 전기기구는 폭발성 가스나 증기가 존재하는 위험한 환경에서 안전하게 사용할 수 있도록 고안된 형식임.

34 용량이 120Ah인 납축전지에서 4A의 전류로 방전시키면 최대로 몇 시간 동안 사용할 수 있는가?

① 10시간
② 20시간
③ 30시간
④ 40시간

사용 가능한 시간(h) = 용량(Ah) / 전류(A). 120Ah / 4A = 30시간.

35 도체가 전하를 수용할 수 있는 능력을 나타내는 전기적 성질을 무엇이라 하며, 그 단위는 무엇인가?

① 전압, 볼트(V)
② 전류, 암페어(A)
③ 정전 용량, 패럿(F)
④ 저항, 옴(Ω)

도체가 전하를 수용할 수 있는 능력을 정전 용량(Capacitance)이라고 하며, 그 단위는 패럿(Farad, F)임.

| 정답 | 30 ② | 31 ① | 32 ④ | 33 ③ | 34 ③ | 35 ③ |

36 직류 전동기 중 기동 토크가 매우 커서 크레인, 전차 등 큰 시동력이 필요한 곳에 주로 사용되는 형식은?

① 분권 전동기
② 복권 전동기
③ 타여자 전동기
④ 직권 전동기

직권 전동기는 계자 권선과 전기자 권선이 직렬로 연결되어 있어 기동 토크가 매우 크므로, 크레인, 전차 등 큰 시동력이 필요한 곳에 주로 사용됨.

37 선박이 물에 떠 있을 때 배제하는 물의 전체 중량을 나타내는 용어는?

① 재화중량　② 배수량
③ 총톤수　　④ 순톤수

배수량은 선박이 물에 떠 있을 때 선박의 침수된 부분의 부피에 해당하는 물의 중량을 나타냄.

38 선박의 만재 흘수선으로부터 상갑판까지의 수직 거리를 의미하는 것은?

① 건현
② 형깊이
③ 흘수
④ 선체 깊이

건현(Freeboard)은 선박의 만재 흘수선으로부터 상갑판까지의 수직 거리를 의미함.

39 선박의 선수미 방향의 안정을 유지하고 원하는 방향으로 조종하는 데 사용되는 장치는?

① 킬(Keel)
② 빌지 킬(Bilge Keel)
③ 러더(Rudder)
④ 트림(Trim)

러더(Rudder)는 선미에 설치되어 선박의 선수미 방향의 안정을 유지하고 원하는 방향으로 조종하는 데 사용되는 장치임.

40 선박의 총톤수에서 기관실, 선원실, 조타실 등 선박 운항에 필요한 공간을 공제한 톤수는?

① 경하배수톤수
② 만재배수톤수
③ 순톤수
④ 재화중량톤수

순톤수(Net Tonnage)는 총톤수에서 기관실, 선원실, 조타실 등 선박 운항에 필요한 공간을 공제한 톤수임. 이는 화물 적재에 사용되는 수익 공간의 용적을 나타냄.

41 유조선과 같이 인화성 액체 화물을 운반하는 선박에서 중앙 기관실보다 선미 기관실을 주로 채택하는 주된 이유는?

① 선수 트림을 조정하기 쉬움
② 화재 위험성 감소 및 화물창 공간 확보
③ 축로의 길이가 길어 안정성 증대
④ 기관실 소음 및 진동 감소

유조선은 인화성 액체 화물을 운반하므로 화재 위험성이 높음. 선미에 기관실을 배치함으로써 화재 발생 시 화물창과의 분리 거리를 확보하여 위험성을 줄이고, 선체 중앙부의 공간을 화물창으로 유효하게 활용할 수 있음.

|정|답| 36 ④　37 ②　38 ①　39 ③　40 ③　41 ②

42 선박의 전 저항 중 침수 표면적의 크기에 가장 큰 영향을 받는 요소는?

① 마찰 저항
② 조파 저항
③ 조와 저항
④ 공기 저항

선박의 전 저항 중 침수 표면적의 크기에 가장 큰 영향을 받는 저항은 마찰 저항임.

43 선박의 안전 운항 및 해양 환경 오염 방지를 위해 국제 규약에 따라 운영되는 시스템은?

① 국제 선급 협회(IACS)
② 선박 안전 관리 시스템(SMS)
③ 선박 검사 제도(PSC)
④ 해상 수색 구조 시스템(SAR)

선박 안전 관리 시스템(SMS, Safety Management System)은 국제해사기구(IMO)의 ISM 코드에 따라 선박의 안전 운항 및 해양 환경 오염 방지를 위해 운영되는 시스템임.

44 선박이 파도의 마루에 위치하거나 선수미부에 화물이 집중되어 선수와 선미가 아래로 처지고 중앙부가 위로 들리는 현상은?

① 새깅(Sagging)
② 호깅(Hogging)
③ 래킹(Racking)
④ 팬팅(Panting)

호깅(Hogging)은 선박이 파도의 마루(crest)에 위치하거나 선수미부에 화물이 집중될 때, 선수와 선미가 아래로 처지고 중앙부가 위로 들리는 현상을 말함.

45 선박의 트림을 조절하거나 선체 균형을 유지하기 위해 청수나 밸러스트수 등을 적재하는 선수미부의 탱크는?

① 연료유 탱크
② 청수 탱크
③ 피크 탱크
④ 슬롭 탱크

피크 탱크(Peak Tank)는 선수미부에 위치하며, 주로 청수나 밸러스트수 등을 적재하여 선박의 트림을 조절하거나 선체 균형을 유지하는 데 사용됨.

46 인화성 액체 및 가스 등의 유류에 의한 화재로 분류되는 것은?

① C급 화재
② B급 화재
③ A급 화재
④ D급 화재

B급 화재는 유류, 가스, 유지 등 인화성 액체 및 기체에 의한 화재를 분류함.

47 선박의 추진축이 휘었는지 확인하고, 축 중심이 어긋났는가를 점검하기 위해 크랭크 암의 디플렉션(deflection)을 측정하는 주된 목적은?

① 윤활 상태 점검
② 연료 분사 시기 조정
③ 축 중심 정렬 확인
④ 엔진 출력 측정

크랭크 암의 디플렉션(Deflection)을 측정하는 주된 목적은 추진축이 휘었는지 확인하고, 축 중심이 어긋났는가를 점검하여 축계의 정렬 상태를 확인함.

| 정답 | 42 ① 43 ② 44 ② 45 ③ 46 ② 47 ③ |

48 선박에 설치되는 구명 설비 중 여러 명이 탑승하여 함께 피난하는 데 사용되는 것은?

① 개인용 구명 기구
② 구명 부환
③ 구명 뗏목
④ 구명 동의

구명 뗏목은 여러 명이 탑승하여 함께 피난하는 데 사용되는 구명 설비이며, 구명 부환, 구명 동의, 개인용 구명 기구 등은 개인 또는 소수 인원을 위한 구명 설비임.

49 길이가 80m, 폭이 15m, 흘수가 4m인 직육면체 모양의 선박이 해수(비중 1.025)에 떠 있을 때, 이 선박의 배수량은 몇 톤인가?

① 4800톤
② 4920톤
③ 5000톤
④ 5120톤

직육면체 선박의 배수량은 (길이 × 폭 × 흘수 × 해수 비중)으로 계산함.
80m × 15m × 4m × 1.025 = 4920톤.

50 선박의 선수 수선 아래 부분에 공 모양의 돌출부를 두어 선수파의 파형을 조정하고 조파 저항을 감소시키는 선수 형상은?

① 램형 선수
② 클리퍼형 선수
③ 구상 선수
④ 경사형 선수

구상 선수(Bulbous Bow)는 선수 수선 아래 부분에 공 모양의 돌출부를 두어 선수파의 파형을 조정하고, 선박의 조파 저항을 감소시키는 선수 형상임.

51 선체 강도를 증가시키고 침수 시 피해를 줄이는 목적으로 설치되는 횡방향 구조 부재는?

① 용골(Keel)
② 종통재(Longitudinal)
③ 늑골(Frame)
④ 거더(Girder)

늑골(Frame)은 선체에 횡방향으로 설치되어 외판을 지지하고 선체의 횡강도를 보강하며, 침수 시 피해를 줄이는 중요한 구조 부재임.

52 금속 재료의 인성(Toughness)을 나타내는 기계적 성질 시험은?

① 샤르피 충격 시험
② 로크웰 경도 시험
③ 브리넬 경도 시험
④ 비커스 경도 시험

샤르피 충격 시험은 금속 재료의 인성(Toughness)을 나타내는 시험으로, 재료의 충격 흡수 능력과 파괴에 대한 저항을 평가함.

53 미터 보통 나사에서 표준 나사산의 각도는 몇 도(°)인가?

① 30°
② 45°
③ 90°
④ 60°

미터 보통 나사의 표준 나사산 각도는 60°.

| 정 | 답 | 48 ③ 49 ② 50 ③ 51 ③ 52 ① 53 ④

54 기계 제도에서 물체의 보이지 않는 형상이나 내부 구조를 나타낼 때 사용하는 선의 종류는?

① 굵은 실선
② 가는 실선
③ 가는 1점 쇄선
④ 가는 파선

기계 제도에서 숨은선(Hidden Line)은 물체의 보이지 않는 형상이나 내부 구조를 나타낼 때 사용하며, 가는 파선으로 표시함.

55 용접 작업 시 발생하는 강한 아크열과 유해 광선으로부터 용접공의 눈과 얼굴을 보호하기 위한 장비는?

① 차광 보안면
② 보안경
③ 방진 마스크
④ 안전모

차광 보안면은 아크 용접 작업 시 발생하는 강한 아크열과 유해 광선으로부터 용접공의 눈과 얼굴을 보호하는 보호구임.

56 잇수가 50개이고 모듈이 4인 평기어의 이끝원 지름 (외경)은 몇 mm인가?(단, 이끝원 지름 = 모듈 × (잇수 + 2))

① 192mm
② 200mm
③ 204mm
④ 208mm

이끝원 지름 (외경) = 모듈 × (잇수 + 2)이므로, 4 × (50 + 2) = 4 × 52 = 208mm.

57 어미자 1눈금이 1mm이고, 아들자 20눈금이 어미자 19눈금과 일치하는 M형 버니어 캘리퍼스의 최소 측정값은 몇 mm인가?

① 0.01mm
② 0.02mm
③ 0.1mm
④ 0.05mm

M형 버니어 캘리퍼스에서 어미자 1눈금(1mm)과 아들자 1눈금의 차이가 최소 측정값임. 아들자 20눈금이 어미자 19눈금과 일치하므로, 아들자 1눈금은 19/20 = 0.95mm임.

58 TIG 용접에서 아크를 안정시키고 용융 금속을 대기 중의 산소로부터 보호하기 위해 사용되는 불활성 가스는?

① 질소
② 아르곤
③ 산소
④ 헬륨

TIG 용접에서 아크를 안정시키고 용융 금속을 대기 중의 산소로부터 보호하기 위해 아르곤(Ar)과 같은 불활성 가스를 사용함.

59 피치가 4mm인 3줄 나사를 180° 회전시킬 때 나사가 이동하는 거리는 몇 mm인가? (단, 리드 = 피치 × 줄 수)

① 6mm
② 3mm
③ 9mm
④ 12mm

리드(Lead) = 피치 × 줄 수이므로, 피치가 4mm이고 3줄 나사이므로 리드는 4mm × 3 = 12mm임. 180° 회전은 360° 회전의 절반이므로, 이동하는 거리는 리드의 절반인 12mm / 2 = 6mm임.

|정|답| 54 ④ 55 ① 56 ④ 57 ④ 58 ② 59 ①

60 한 면을 고정도의 평면으로 래핑 가공한 유리 또는 수정으로 만든 원판으로, 빛의 간섭 현상을 이용하여 게이지 블록이나 각종 측정자 등의 평면을 측정하는 데 사용하는 것은?

① 직각자
② 옵티컬 플랫
③ 원통 직각자
④ 각도 게이지

옵티컬 플랫(Optical Flat)은 한 면을 고정도의 평면으로 래핑 가공한 유리 또는 수정으로 만든 원판으로, 빛의 간섭 현상을 이용하여 게이지 블록이나 각종 측정자 등의 평면도를 측정하는 데 사용됨.

|정|답| 60 ②

선박기관정비기능사 및 국가기술자격 시험 예상 문제 모의고사

제14회 모의고사

01 4행정 디젤기관에서 압축 행정 시 피스톤은 어느 방향으로 이동하는가?

① 하사점에서 상사점으로
② 상사점에서 하사점으로
③ 중간에서 상사점으로
④ 중간에서 하사점으로

4행정 디젤기관에서 압축 행정은 피스톤이 하사점(BDC)에서 상사점(TDC)으로 이동하면서 실린더 내의 공기를 압축하는 과정임.

02 2행정 사이클 기관이 4행정 사이클 기관과 비교하여 크랭크축 1회전당 폭발 횟수는?

① 1회 적다.
② 1회 많다.
③ 동일하다.
④ 실린더 수에 따라 다르다.

2행정 사이클 기관은 크랭크축 1회전당 1회 폭발하며, 4행정 사이클 기관은 크랭크축 2회전당 1회 폭발함. 따라서 크랭크축 1회전당 2행정 기관이 4행정 기관보다 1회 더 폭발함.

03 디젤기관의 연료유가 가져야 할 성질 중, 착화 지연 기간을 단축시키는 데 가장 효과적인 것은?

① 낮은 점도
② 낮은 인화점
③ 높은 세탄가
④ 높은 비중

디젤기관에서 연료의 세탄가가 높을수록 착화성이 좋아져 착화 지연 기간이 단축되고, 연소가 원활하게 이루어짐.

04 내연기관에서 T.D.C(Top Dead Center)가 의미하는 것은?

① 피스톤이 실린더 내에서 가장 위에 위치한 지점
② 피스톤이 실린더 내에서 가장 아래에 위치한 지점
③ 크랭크축이 회전을 시작하는 지점
④ 밸브가 완전히 열리는 지점

T.D.C(Top Dead Center)는 피스톤이 실린더 내에서 가장 위에 위치한 지점인 상사점을 의미함.

| 정답 | 01 ① 02 ② 03 ③ 04 ①

05 디젤기관에서 피스톤 링과 실린더 벽 사이로 연소 가스가 크랭크실로 새어 나가는 현상을 무엇이라 하는가?

① 베이퍼록
② 미스파이어
③ 블로 바이
④ 바이패스

> 블로 바이(Blow-by)는 내연기관에서 연소실의 압축 가스 및 연소 가스가 피스톤 링과 실린더 벽 사이의 틈새를 통해 크랭크실로 새어 나가는 현상을 말함.

06 4행정 4실린더 디젤기관에서 크랭크축이 1회전할 때, 총 몇 회 폭발이 일어나는가?

① 1회
② 2회
③ 4회
④ 8회

> 4행정 기관은 크랭크축 2회전당 1회 폭발함.

07 디젤기관에서 과급(Supercharge)을 행할 때 발생하는 주요 효과로 옳지 않은 것은?

① 기관의 출력을 증대시킨다.
② 열효율을 증대시킨다.
③ 연료 소비율을 감소시킨다.
④ 기관 시동을 편리하게 한다.

> 과급(Supercharge)은 기관의 출력을 증대시키고, 열효율을 높이며, 연료 소비율을 감소시키는 등의 효과가 있음.

08 디젤기관의 메인 베어링에서 발열이 발생하는 원인 중, 윤활유 공급과 관련된 것은?

① 윤활유 공급량이 부족할 때
② 윤활유 공급량이 적정할 때
③ 윤활유 온도가 너무 낮을 때
④ 윤활유 여과기가 막혔을 때

> 디젤기관의 메인 베어링 발열 원인 중 윤활유 공급과 관련해서는 윤활유 공급량이 부족할 때 마찰이 심해져 발열이 발생할 수 있음.

09 디젤기관의 윤활유가 부품의 과열 및 열 변형을 방지하기 위해 마찰열을 외부로 발산시키는 작용은?

① 기밀 작용
② 방청 작용
③ 청정 작용
④ 냉각 작용

> 윤활유의 주요 작용 중 냉각 작용은 마찰에 의해 발생한 열을 흡수하여 외부로 발산시켜 부품의 과열 및 열 변형을 방지하는 역할을 함.

10 고속·고하중 디젤기관에서 피스톤 핀 재료로 내마모성과 강성이 우수하여 일반적으로 사용되는 것은?

① 주철
② 주강
③ 표면경화강
④ 알루미늄 합금

> 디젤기관의 피스톤 핀은 고하중과 고온에 견뎌야 하므로, 내마모성과 강성이 우수한 표면경화강으로 된 중공봉(中空棒) 형태가 일반적으로 사용됨.

|정답| 05 ③ 06 ② 07 ④ 08 ① 09 ④ 10 ③

11 4행정 기관에서 크랭크축이 2회전하는 동안 캠축은 몇 회전하는가?

① 1/2회전
② 1회전
③ 2회전
④ 4회전

4행정 기관에서 크랭크축이 2회전하는 동안 캠축은 1회전하며, 이 기간 동안 흡입, 압축, 폭발, 배기의 4가지 행정이 완료됨.

12 디젤기관에서 실린더 내 압축 공기 밀도를 높여 충진 효율과 출력을 향상시키는 장치는?

① 연료 분사 펌프
② 냉각수 펌프
③ 과급기
④ 윤활유 펌프

과급기는 실린더 내로 흡입되는 공기를 압축하여 밀도를 높임으로써, 더 많은 공기를 실린더 내로 충진시켜 연소 효율과 출력을 향상시키는 장치임.

13 어떤 디젤기관의 지시마력이 120PS이고 기계효율이 90%일 때, 이 기관의 제동마력은 몇 PS인가?

① 100 PS
② 120 PS
③ 132 PS
④ 108 PS

기계효율(η_m) = 제동마력(P_e) / 지시마력(P_i)임. 따라서 제동마력(P_e) = 지시마력(P_i) × 기계효율(η_m) = 120PS × 0.90 = 108PS.

14 디젤기관 시동용 공기압축기를 다단식으로 구성하는 주된 이유로 옳은 것은?

① 압축 공기 공급 속도를 빠르게 하기 위함
② 압축 공기의 온도를 낮춰 안전성을 확보하기 위함
③ 압축 공기의 저장 용량을 늘리기 위함
④ 압축 공기 필터 교환 주기를 늘리기 위함

디젤기관 시동용 공기압축기를 다단식으로 구성하는 주된 이유는 압축 과정에서 발생하는 공기의 온도를 낮춰 압축 효율을 높이고 안전성을 확보하기 위함.

15 4행정 디젤기관의 작동 순서를 바르게 나열한 것은?

① 흡입 → 배기 → 압축 → 폭발
② 압축 → 흡입 → 폭발 → 배기
③ 폭발 → 배기 → 흡입 → 압축
④ 흡입 → 압축 → 폭발 → 배기

4행정 디젤기관의 작동 순서는 흡입 → 압축 → 폭발(작동) → 배기의 순서로 진행됨.

16 냉동 장치에서 냉매의 압력을 낮추고, 일부를 증발시켜 증발기로 보내는 장치는?

① 압축기
② 응축기
③ 증발기
④ 팽창 밸브

팽창 밸브는 냉동 사이클에서 응축기를 통과한 고압 액체 냉매를 교축 작용을 통해 저압의 액체 및 기체 상태로 팽창시켜 증발기로 보내는 역할을 함.

|정|답| 11 ② 12 ③ 13 ④ 14 ② 15 ④ 16 ④

17 보일러에서 배출되는 연소가스의 잔열을 이용하여 급수를 예열함으로써 보일러의 전체 열효율을 높이는 장치는?

① 과열기
② 절탄기
③ 공기 예열기
④ 재연기

절탄기(Economizer)는 보일러에서 배출되는 고온의 연소가스 잔열을 이용하여 급수를 예열함으로써 보일러의 전체 열효율을 높이는 장치임.

18 원심 펌프에서 흡입측에 공기가 유입되었을 때, 펌프 운전 중 나타나는 일반적인 현상은?

① 펌프 효율 증가
② 펌프 양정 증가
③ 송출 압력 상승
④ 펌프의 양수 불능

원심 펌프에서 흡입측에 공기가 유입되면 펌프 내부에서 에어록(Air Lock) 현상이 발생하여 양수 불능의 주된 원인이 됨.

19 냉동 장치에서 냉매 부족 시 나타나는 현상으로 옳은 것은?

① 응축 압력이 높아진다.
② 냉동 능력이 증가한다.
③ 압축기가 과열되지 않는다.
④ 흡입 압력이 낮아진다.

냉동 장치에서 냉매가 부족할 경우, 증발기에서 냉매의 충분한 증발이 이루어지지 않아 흡입 압력이 낮아지게 됨.

20 유압 시스템에서 유압 에너지를 기계적인 선형 또는 회전 운동으로 변환시키는 장치는?

① 유압 펌프
② 유압 밸브
③ 유압 탱크
④ 액추에이터

액추에이터(Actuator)는 유압 시스템에서 유압 에너지를 기계적인 선형 운동(실린더) 또는 회전 운동(모터)으로 변환하여 일을 수행하는 장치임.

21 보일러 운전 중 수면계에 수위가 전혀 보이지 않을 때, 보일러의 안전을 위해 가장 먼저 해야 할 조치는?

① 급수 펌프를 가동하여 급수한다.
② 보일러 냉각수를 주입한다.
③ 연료 공급을 즉시 차단한다.
④ 증기 밸브를 열어 압력을 낮춘다.

보일러 운전 중 수면계에 수위가 전혀 보이지 않을 때는 보일러 본체의 과열 및 파손 위험이 있으므로, 가장 먼저 연료 공급을 차단하여 연소를 중지해야 함.

22 왕복 펌프의 송출 유량 맥동을 효과적으로 감소시켜 유체의 흐름을 고르게 유지하는 장치는?

① 안전 밸브
② 역류 방지 밸브
③ 바이패스 밸브
④ 공기실

왕복 펌프에 공기실(Air Chamber)을 설치하는 주된 목적은 송출 유량의 맥동을 흡수하여 유체의 흐름을 고르게 하고, 펌프의 안정적인 운전을 돕는 것임.

|정답| 17 ② 18 ④ 19 ④ 20 ④ 21 ③ 22 ④

23 냉동 사이클에서 냉동 효과를 얻기 위해 냉매가 증발하여 주변의 열을 흡수하는 장치는?

① 압축기
② 응축기
③ 팽창 밸브
④ 증발기

> 냉동 사이클에서 증발기는 냉매가 주변으로부터 열을 흡수하여 액체 상태에서 증기 상태로 변화하며 냉동 효과를 발생시키는 장치임.

24 보일러 전열면에 부착된 그을음이나 재를 증기 또는 압축 공기를 사용하여 제거하는 장치는?

① 절탄기
② 공기 예열기
③ 과열기
④ 슈트 블로어

> 슈트 블로어(Soot Blower)는 보일러의 연관이나 전열면에 부착된 그을음이나 재를 증기 또는 압축 공기를 분사하여 제거하는 장치로, 열효율 저하를 방지함.

25 증기 터빈에서 증기의 압력 에너지를 운동 에너지로 변환하여 터빈 날개에 분사하는 부품은?

① 로터
② 케이싱
③ 날개
④ 노즐

> 증기 터빈에서 노즐은 증기의 유동 방향을 정하고, 증기의 압력 에너지를 운동 에너지로 변환하여 터빈의 날개에 고속으로 분사함으로써 동력을 발생시키는 역할을 함.

26 유압 시스템에서 유압 충격을 흡수하고, 비상 시 동력을 공급하여 시스템의 안정성을 높이는 장치는?

① 유압 펌프
② 유압 밸브
③ 유압 모터
④ 어큐뮬레이터

> 어큐뮬레이터(Accumulator)는 유압 시스템에서 유체의 압력 변동을 완화하고, 유체의 맥동을 줄이며, 비상 시 동력을 공급하여 시스템의 안정적인 작동을 돕는 장치임.

27 선박에서 기관의 종류에 관계없이 반드시 설치해야 하는 펌프는?

① 주 순환수 펌프
② 주 복수 펌프
③ 주 냉각수 펌프
④ 빌지 펌프

> 빌지 펌프는 선박 내에 고인 물(빌지)을 배출하는 펌프로, 기관의 종류와 관계없이 모든 선박에 반드시 설치해야 하는 필수 펌프임.

28 저항이 5Ω인 직류 회로에 15V의 전압을 가했을 때 흐르는 전류는 몇 A인가?

① 1A
② 3A
③ 5A
④ 10A

> 옴의 법칙 V=IR에 따라 전류(I) = V / R.

|정|답| 23 ④ 24 ④ 25 ④ 26 ④ 27 ④ 28 ②

29 100W의 전력을 소비하는 20V 직류 전구에 흐르는 전류는 몇 A인가?

① 2A
② 3A
③ 5A
④ 10A

전력(P) = 전압(V) × 전류(I)에 따라 전류(I) = P / V.

30 1.5kW 전열기를 2시간 동안 사용했을 때 소비되는 전력량은 몇 Wh인가?

① 1500Wh
② 2000Wh
③ 2500Wh
④ 3000Wh

전력량(Wh) = 전력(kW) × 시간(h).
1.5kW × 2h = 3kWh = 3000W.

31 3상 교류 전원 시스템에서 각 상(相)이 가지는 전기적인 위상 차이는 몇 도(°)인가?

① 60°
② 90°
③ 120°
④ 180°

3상 교류 전원에서는 각 상의 전압 또는 전류가 서로 120°의 위상차를 가짐.

32 직류 발전기에서 전기자 코일에 유도된 교류 기전력을 외부 회로에 직류로 공급하는 역할을 하는 부품은?

① 계자
② 정류자
③ 브러시
④ 슬립 링

직류 발전기에서 전기자 코일에 유도된 교류 기전력을 외부 회로에 직류로 공급하기 위해 정류자가 사용됨.

33 용량이 150Ah인 납축전지에서 5A의 전류로 방전시킨다면 최대로 몇 시간 동안 사용할 수 있는가?

① 20시간
② 25시간
③ 30시간
④ 35시간

사용 가능한 시간(h) = 용량(Ah) / 전류(A).

34 폭발성 가스 또는 증기가 존재하는 위험한 환경에서 안전하게 사용할 수 있도록 특수하게 설계된 전기 기구의 형식은?

① 방수형
② 방폭형
③ 수중형
④ 풍우밀형

방폭형 전기기구는 폭발성 가스나 증기가 존재하는 위험한 환경에서 안전하게 사용할 수 있도록 고안된 형식임.

| 정 | 답 | 29 ③ 30 ④ 31 ③ 32 ② 33 ③ 34 ②

35 도체가 전하를 수용할 수 있는 능력을 나타내며, 그 단위는 패럿(F)인 전기적 성질은?

① 전압
② 전류
③ 정전 용량
④ 저항

도체가 전하를 수용할 수 있는 능력을 정전 용량(Capacitance)이라고 하며, 그 단위는 패럿(Farad, F)임.

36 직류 전동기 중 기동 토크가 매우 커서 전차, 크레인 등 큰 시동력이 필요한 곳에 주로 사용되는 형식은?

① 분권 전동기
② 복권 전동기
③ 타여자 전동기
④ 직권 전동기

직권 전동기는 계자 권선과 전기자 권선이 직렬로 연결되어 있어 기동 토크가 매우 크므로, 전차, 크레인 등 큰 시동력이 필요한 곳에 주로 사용됨.

37 선박이 물에 떠 있을 때 선박의 침수된 부분의 부피에 해당하는 물의 중량을 나타내는 용어는?

① 재화중량
② 배수량
③ 총톤수
④ 순톤수

배수량은 선박이 물에 떠 있을 때 선박의 침수된 부분의 부피에 해당하는 물의 중량을 나타냄.

38 선박의 만재 흘수선으로부터 상갑판까지의 수직 거리를 나타내는 용어는?

① 건현
② 형깊이
③ 흘수
④ 선체 깊이

건현(Freeboard)은 만재 흘수선으로부터 상갑판까지의 수직 거리를 의미함.

39 선미에 설치되어 선박의 선수미 방향의 안정성을 유지하고, 원하는 방향으로 조종하는 장치는?

① 킬(Keel)
② 빌지 킬(Bilge Keel)
③ 러더(Rudder)
④ 트림(Trim)

러더(Rudder)는 선미에 설치되어 선박의 선수미 방향의 안정을 유지하고 조종하는 데 사용되는 장치임.

40 선박의 총톤수에서 기관실, 선원실, 조타실 등 선박 운항에 필요한 비수익 공간을 공제한 톤수는?

① 경하배수톤수
② 만재배수톤수
③ 순톤수
④ 재화중량톤수

순톤수(Net Tonnage)는 총톤수에서 기관실, 선원실, 조타실 등 선박 운항에 필요한 공간을 공제한 톤수로, 화물 적재에 사용되는 수익 공간의 용적을 나타냄.

| 정 | 답 | 35 ③　36 ④　37 ②　38 ①　39 ③　40 ③

41 유조선에서 중앙 기관실보다 선미 기관실을 주로 채택하는 이유로 옳지 않은 것은?

① 화재의 위험이 적다.
② 선수 트림을 조정하기 쉽다.
③ 축로를 아주 짧게 단축할 수 있다.
④ 중앙부의 장소를 유효하게 화물창으로 쓸 수 있다.

유조선은 인화성 액체 화물을 운반하므로 화재 위험성이 높음. 선미에 기관실을 배치함으로써 화재 발생 시 화물창과의 분리 거리를 확보하여 위험성을 줄이고, 선체 중앙부의 공간을 화물창으로 유효하게 활용할 수 있음. 선수 트림을 조정하기 쉬운 것은 유조선이 선미 기관실을 채택하는 주된 이유가 아님.

42 선박의 전 저항 중 침수 표면적의 크기에 가장 큰 영향을 받는 요소는?

① 마찰 저항
② 조파 저항
③ 조와 저항
④ 공기 저항

선박의 전 저항 중 침수 표면적에 가장 크게 비례하여 발생하는 저항은 마찰 저항임.

43 선박의 안전 운항 및 해양 환경 오염 방지를 위해 국제 규약에 따라 운영되는 안전 관리 시스템의 약칭은?

① SOLAS
② MARPOL
③ SMS
④ ISM

선박 안전 관리 시스템(SMS)은 국제해사기구(IMO)의 ISM 코드에 따라 선박의 안전 운항 및 해양 환경 오염 방지를 위해 운영되는 시스템임.

44 선박이 파도의 골(trough)에 위치하거나 선체 중앙부에 화물이 과도하게 집중될 때, 선수와 선미가 위로 들리고 중앙부가 아래로 처지는 현상은?

① 호깅(Hogging)
② 새깅(Sagging)
③ 래킹(Racking)
④ 팬팅(Panting)

새깅(Sagging)은 선박이 파도의 골(trough)에 위치하거나 선체 중앙부에 화물이 과도하게 집중될 때, 선수와 선미가 위로 들리고 중앙부가 아래로 처지는 현상으로, 종방향 굽힘 변형의 일종임.

45 선박에 설치되는 구명 설비 중 여러 명의 인원이 탑승하여 피난하는 데 사용되는 것은?

① 구명 부환
② 구명 동의
③ 구명 뗏목
④ 개인용 구명 기구

구명 뗏목은 여러 명이 탑승하는 구명 설비이며, 구명 부환, 구명 동의, 개인용 구명 기구 등은 개인 또는 소수 인원을 위한 구명 설비임.

46 선체 강도를 보강하고 침수 발생 시 피해 확대를 줄이는 목적으로 설치되는 횡방향 구조 부재는?

① 용골(Keel)
② 종통재(Longitudinal)
③ 늑골(Frame)
④ 거더(Girder)

늑골(Frame)은 선체 강도를 증가시키고 침수 시 피해를 줄이는 목적으로 설치되는 횡방향 구조 부재임.

|정|답| 41 ② 42 ① 43 ③ 44 ② 45 ③ 46 ③

47 길이가 90m, 폭이 18m, 흘수가 6m인 직육면체 모양의 선박이 담수(비중 1.0)에 떠 있을 때, 이 선박의 배수량은 몇 톤인가?

① 9000톤
② 9720톤
③ 10800톤
④ 12000톤

직육면체 선박의 배수량은 (길이 × 폭 × 흘수 × 담수 비중)으로 계산함.

48 선박의 추진축이 휘었는지 확인하고, 축 중심이 어긋났는가를 점검하기 위해 크랭크 암의 디플렉션(deflection)을 측정하는 주된 목적은?

① 윤활 상태 점검
② 연료 분사 시기 조정
③ 축 중심 정렬 확인
④ 엔진 출력 측

크랭크 암의 디플렉션(Deflection)을 측정하는 주된 목적은 추진축이 휘었는지 확인하고, 축 중심이 어긋났는가를 점검하여 축계의 정렬 상태를 확인하는 것임.

49 유류, 가스, 유지 등 인화성 액체 및 기체에 의한 화재로 분류되는 것은?

① A급 화재
② B급 화재
③ C급 화재
④ D급 화재

B급 화재는 유류, 가스, 유지 등 인화성 액체 및 기체에 의한 화재를 분류함.

50 선박의 선수 수선 아래 부분에 공 모양의 돌출부를 두어 선수파의 파형을 조정하고 조파 저항을 감소시키는 선수 형상은?

① 램형 선수
② 클리퍼형 선수
③ 구상 선수
④ 경사형 선수

구상 선수(Bulbous Bow)는 선수 수선 아래 부분에 공 모양의 돌출부를 두어 선수파의 파형을 조정하고, 선박의 조파 저항을 감소시키는 선수 형상임.

51 선박에서 이중저 구조의 특징으로 옳지 않은 것은?

① 선체 종강도 증대에 기여한다.
② 선저 파손 시 선내 침수를 방지한다.
③ 구조가 경량화되어 건조 비용이 절감된다.
④ 밸러스트 탱크 및 연료유 탱크 등으로 활용 가능하다.

이중저 선체구조는 선체 종강도 증대, 선저 파손 시 선내 침수 방지, 밸러스트 탱크 및 연료유 탱크 등으로 활용 가능 등의 장점이 있음.

52 금속 재료의 인성(Toughness)을 나타내는 기계적 성질 시험은?

① 브리넬 경도 시험
② 로크웰 경도 시험
③ 샤르피 충격 시험
④ 비커스 경도 시험

금속 재료의 인성(Toughness)을 나타내는 시험은 샤르피 충격 시험(Charpy Impact Test)임.

|정답| 47 ② 48 ③ 49 ② 50 ③ 51 ③ 52 ③

53 미터 보통 나사에서 표준으로 정해진 나사산의 각도는 몇 도(°)인가?

① 30°
② 45°
③ 60°
④ 90°

미터 보통 나사의 표준 나사산 각도는 60°.

54 어미자 1눈금이 1mm이고, 아들자 20눈금이 어미자 19눈금과 일치할 때, 이 M형 버니어 캘리퍼스의 최소 측정값은 몇 mm인가?

① 0.01mm
② 0.02mm
③ 0.05mm
④ 0.1mm

M형 버니어 캘리퍼스에서 최소 측정값은 어미자 1눈금과 아들자 1눈금의 차이. 어미자 1눈금 = 1mm, 아들자 20눈금이 어미자 19눈금과 일치하므로 아들자 1눈금 = 19/20mm = 0.95mm. 따라서 최소 측정값 = 1mm - 0.95mm = 0.05mm임.

55 용접 작업 시 발생하는 강한 아크 광선으로부터 작업자의 눈과 얼굴을 보호하기 위한 보호구는?

① 보안경
② 방진 마스크
③ 차광 보안면
④ 안전모

용접 작업 시 발생하는 강한 아크 광선으로부터 눈과 얼굴을 보호하기 위해서는 차광 보안면을 착용해야 함.

56 피치가 3mm인 4줄 나사를 360° 회전시켰을 때, 축 방향으로 이동하는 거리는 몇 mm인가?(단, 리드 = 피치 × 줄 수)

① 6mm
② 9mm
③ 12mm
④ 15mm

리드(lead) = 피치 × 줄 수이므로, 피치가 3mm이고 4줄 나사이므로 리드는 3mm × 4 = 12mm임. 360° 회전 시 나사는 리드만큼 이동하므로, 12mm 이동함.

57 기계 제도에서 물체의 보이지 않는 형상이나 내부 구조를 나타낼 때 사용하는 선의 종류는?

① 굵은 실선
② 가는 실선
③ 가는 파선
④ 가는 1점 쇄선

숨은선(Hidden line)은 물체의 보이지 않는 형상이나 내부 구조를 나타낼 때 사용하며, 가는 파선으로 표시함.

58 잇수가 40개이고 모듈이 5인 평기어의 이끝원 지름(외경)은 몇 mm인가?(단, 이끝원 지름 = 모듈 × (잇수 + 2))

① 180mm   ② 200mm
③ 210mm   ④ 220mm

이끝원 지름 (외경) = 모듈 × (잇수 + 2)이므로, 5 × (40 + 2) = 5 × 42 = 210mm.

| 정 | 답 | 53 ③ 54 ③ 55 ③ 56 ③ 57 ③ 58 ③

59 한 면을 고정도의 평면으로 래핑 가공한 유리 또는 수정으로 만든 원판으로, 빛의 간섭 현상을 이용하여 게이지 블록 등의 평면도를 측정하는 데 사용하는 것은?

① 직각자
② 옵티컬 플랫
③ 원통 직각자
④ 각도 게이지

옵티컬 플랫은 한 면을 고정도의 평면으로 래핑 가공한 유리 또는 수정으로 만든 원판으로, 빛의 간섭 현상을 이용하여 게이지 블록이나 각종 측정자 등의 평면을 측정하는 데 사용됨.

60 TIG 용접에서 아크를 안정시키고 용융 금속을 대기 중의 산소로부터 보호하기 위해 사용되는 불활성 가스는?

① 질소
② 산소
③ 아르곤
④ 헬륨

TIG 용접에서 아크를 발생시키고 용융 금속을 보호하기 위해 아르곤(Ar)과 같은 불활성 가스를 사용함.

|정|답| 59 ② 60 ③

선박기관정비기능사 및 국가기술자격 시험 예상 문제 모의고사

제15회 모의고사

01 4행정 디젤기관에서 배기 행정 시 흡기 밸브와 배기 밸브의 상태는?

① 흡기 밸브 열림, 배기 밸브 닫힘
② 흡기 밸브 닫힘, 배기 밸브 열림
③ 흡기 밸브 열림, 배기 밸브 열림
④ 흡기 밸브 닫힘, 배기 밸브 닫힘

배기 행정은 피스톤이 하사점에서 상사점으로 이동하며 배기 밸브가 열리고 흡기 밸브가 닫힌 상태에서 연소 가스를 실린더 밖으로 배출하는 과정임.

02 2행정 디젤기관이 4행정 디젤기관에 비해 기관의 크기 대비 출력이 큰 주된 이유는?

① 연료 소비율이 낮기 때문에
② 열응력이 작기 때문에
③ 크랭크축 1회전당 폭발 횟수가 많기 때문에
④ 소기 효율이 좋기 때문에

2행정 디젤기관은 크랭크축 1회전당 1회 폭발하는 반면, 4행정 기관은 2회전당 1회 폭발함. 따라서 동일한 크기의 기관에서 2행정 기관이 크랭크축 1회전당 폭발 횟수가 많아 출력이 더 큼.

03 디젤기관의 연료 분사 노즐 중 분사 구멍이 막히기 쉽지만, 무화 및 분산이 우수하여 직접 분사식 기관에 적합한 형식은?

① 단공형 노즐
② 핀틀형 노즐
③ 다공형 노즐
④ 스로틀형 노즐

다공형 노즐은 여러 개의 미세한 분사 구멍을 가지고 있어 연료의 무화 및 분산이 우수하여 직접 분사식 기관에 사용되지만, 분사 구멍이 막히기 쉽다는 단점이 있음.

04 기관의 배기량은 다음 중 어떤 부피를 말하는가?

① 실린더 전체 부피
② 압축 공간 부피
③ 행정 부피
④ 연소실 부피

기관의 배기량은 피스톤이 상사점과 하사점 사이를 이동하면서 실린더 내부에서 쓸어내는 부피를 의미하며, 이를 행정 부피라고 함.

| 정 | 답 | 01 ② 02 ③ 03 ③ 04 ③

05 디젤기관에서 플라이휠의 주된 역할로 옳은 것은?

① 밸브 개폐 시기 조절
② 윤활유 압력 조절
③ 기관 회전력의 불균일 완화
④ 연료 분사 압력 조절

플라이휠은 기관의 회전 속도를 균일하게 유지하고, 각 실린더의 폭발 행정 간에 발생하는 토크 변화를 완화하여 회전력의 불균일을 줄이는 역할을 함.

06 4행정 8실린더 디젤기관이 1분당 1000rpm으로 회전할 때, 1분간 발생하는 총 폭발 횟수는?

① 2000회
② 4000회
③ 6000회
④ 8000회

4행정 기관은 크랭크축 2회전당 1회 폭발함.

07 디젤기관의 시동에 사용되는 공기압축기를 다단식으로 구성하는 주된 이유로 가장 적절한 것은?

① 압축 공기 저장 용량 증대
② 압축 공기 공급 속도 향상
③ 압축 과정 중 공기 온도 상승 방지
④ 압축 공기의 습기 제거

디젤기관 시동용 공기압축기를 다단식으로 구성하는 주된 이유는 압축 과정에서 발생하는 공기의 온도를 낮춰 압축 효율을 높이고 안전성을 확보하기 위함.

08 디젤기관의 메인 베어링 발열 원인으로 옳지 않은 것은?

① 베어링 하중이 과도할 때
② 베어링 틈새가 너무 넓을 때
③ 공급 윤활유의 점도가 너무 높을 때
④ 선체 휨 및 기관대 변형이 발생했을 때

메인 베어링의 발열 원인으로는 베어링 하중 과대, 틈새 부적당, 선체 휨 및 기관대 변형 등이 있음.

09 4행정 디젤기관에서 흡기 밸브가 열리기 시작하고 배기 밸브가 완전히 닫히는 시점이 겹치는 기간을 무엇이라 하는가?

① 밸브 타이밍
② 밸브 래핑
③ 밸브 오버랩
④ 캐비테이션

밸브 오버랩(Valve Overlap)은 4행정 기관에서 흡기 밸브가 열리기 시작하는 시점과 배기 밸브가 완전히 닫히는 시점이 일시적으로 겹쳐 두 밸브가 동시에 열려있는 기간을 말함.

10 디젤기관에서 윤활유의 작용 중 마찰에 의해 발생한 열을 흡수하여 외부로 방출함으로써 부품의 과열 및 변형을 방지하는 것은?

① 기밀 작용
② 방청 작용
③ 냉각 작용
④ 청정 작용

윤활유의 작용 중 냉각 작용은 마찰에 의해 발생한 열을 흡수하여 외부로 발산시켜 부품의 과열 및 열 변형을 방지하는 역할을 함.

|정|답| 05 ③ 06 ④ 07 ③ 08 ③ 09 ③ 10 ③

11 디젤기관의 피스톤 링 재료로 주철을 사용하는 주요 이유로 옳은 것은?

① 강도가 매우 높다.
② 고온에서 열팽창률이 낮다.
③ 조직 중 흑연 성분으로 윤활 작용이 좋다.
④ 가공이 매우 용이하다.

피스톤 링 재료로 주철이 사용되는 주요 이유 중 하나는 조직 중에 포함된 흑연 성분으로 인해 윤활 작용이 좋고, 운동면에 대한 접촉성이 좋기 때문임.

12 디젤기관의 크랭크축이 부러지는 원인 중, 기관의 불균일한 운전과 관련된 것은?

① 노킹의 반복적인 발생
② 윤활유 필터의 막힘
③ 냉각수 온도의 과도한 상승
④ 연료 분사 압력의 불안

디젤기관의 크랭크축이 부러지는 원인 중 하나는 노킹이 반복적으로 발생하여 크랭크축에 과도한 충격 하중과 응력을 가하기 때문임.

13 4행정 4실린더 디젤기관에서 크랭크축이 1회전할 때, 하나의 실린더에서는 몇 회 폭발이 일어나는가?

① 0.5회
② 1회
③ 2회
④ 4회

4행정 기관은 크랭크축 2회전당 1회 폭발함.

14 디젤기관에서 평균 유효 압력을 높여 기관 출력을 증대시키는 주요 방법은?

① 연료 분사 시기 지연
② 압축비 감소
③ 흡기 공기량 증대(과급)
④ 배기 가스 온도 상승

디젤기관에서 평균 유효 압력을 높여 기관 출력을 증대시키는 주요 방법 중 하나는 과급기를 이용하여 흡기 공기량을 증대시키는 것임.

15 4행정 디젤기관에서 피스톤 링 홈에 테이퍼 면과 접촉하여 틈새를 유지함으로써 링의 고착 방지에 효과적인 압축 링의 종류는?

① 플레인형 링
② 테이퍼형 링
③ 키스톤형 링
④ 인사이드 베벨형 링

키스톤형 링은 단면이 사다리꼴 모양으로, 피스톤 링 홈에 끼워지면 틈새를 유지함으로써 링의 고착 방지에 효과적임.

16 냉동 장치에서 냉매의 압력을 높이는 역할을 하는 주요 구성 요소는?

① 증발기
② 응축기
③ 압축기
④ 팽창 밸브

압축기는 냉동 장치에서 증발기에서 증발한 저온 저압의 냉매 가스를 고온 고압의 가스로 압축하여 응축기로 보내는 역할을 함.

| 정 | 답 | 11 ③ 12 ① 13 ② 14 ③ 15 ③ 16 ③

17 보일러에서 급수를 예열하여 보일러의 열효율을 높이는 장치는?

① 과열기
② 절탄기
③ 공기 예열기
④ 재열기

> 절탄기(Economizer)는 보일러에서 배출되는 고온의 연소가스 열을 이용하여 급수를 예열함으로써 보일러의 전체 열효율을 높이는 장치임.

18 원심 펌프에서 흡입측에 공기가 유입되었을 때 나타나는 현상으로 가장 적절한 것은?

① 펌프 효율 증대
② 송출 압력 상승
③ 양정 증가
④ 양수 불능

> 원심 펌프에서 흡입측에 공기가 유입되면 펌프 내부에서 에어록(Air Lock) 현상이 발생하여 양수 불능의 주된 원인임.

19 냉동 장치에서 냉매 부족 시 나타나는 일반적인 현상은?

① 흡입 압력이 낮아진다.
② 응축 압력이 높아진다.
③ 압축기 과열이 발생하지 않는다.
④ 냉동 능력이 증가한다.

> 냉동 장치에서 냉매가 부족할 경우, 증발기에서 냉매의 충분한 증발이 이루어지지 않아 흡입 압력이 낮아지게 됨.

20 유압 시스템에서 유압 에너지를 기계적인 선형 또는 회전 운동으로 변환시키는 장치는?

① 유압 펌프
② 유압 밸브
③ 액추에이터
④ 유압 탱크

> 액추에이터(Actuator)는 유압 시스템에서 유압 에너지를 기계적인 선형 운동(실린더) 또는 회전 운동(모터)으로 변환하여 일을 수행하는 장치임.

21 보일러의 비상 정지 시 가장 먼저 조치해야 할 사항은?

① 급수 펌프 가동
② 연료 공급 차단
③ 증기 밸브 개방
④ 송풍기 정지

> 보일러 운전 중 수위계가 정상 작동하지 않아 수위가 보이지 않을 때는 보일러 본체의 과열 및 파손 위험이 있음. 가장 먼저 연료 공급을 차단하여 연소를 중지해야 함.

22 왕복 펌프의 송출 유량의 맥동을 흡수하여 유체의 흐름을 고르게 하는 장치는?

① 안전 밸브
② 바이패스 밸브
③ 공기실
④ 체크 밸브

> 왕복 펌프에 공기실(Air Chamber)을 설치하는 주된 목적은 송출 유량의 맥동을 흡수하여 유체의 흐름을 고르게 하고, 펌프의 안정적인 운전을 돕는 것임.

| 정답 | 17 ② 18 ④ 19 ① 20 ③ 21 ② 22 ③

23 냉동 사이클에서 냉동 효과를 얻기 위해 냉매가 열을 흡수하여 액체에서 증기로 상태 변화하는 장치는?

① 압축기
② 응축기
③ 팽창 밸브
④ 증발기

냉동 사이클에서 증발기는 냉매가 주변으로부터 열을 흡수하여 액체 상태에서 증기 상태로 변화하며 냉동 효과를 발생시키는 장치임.

24 보일러의 전열면에 부착된 그을음이나 재를 증기 또는 압축 공기를 사용하여 제거하는 장치는?

① 절탄기
② 공기 예열기
③ 슈트 블로어
④ 과열기

슈트 블로어(Soot Blower)는 보일러의 연관이나 전열면에 부착된 그을음이나 재를 증기 또는 압축 공기를 분사하여 제거하는 장치로, 열효율 저하를 방지함.

25 증기 터빈에서 증기의 유동 방향을 정하고 증기의 압력 에너지를 운동 에너지로 변환하는 역할을 하는 부품은?

① 로터(Rotor)
② 케이싱(Casing)
③ 날개(Blade)
④ 노즐(Nozzle)

증기 터빈에서 노즐은 증기의 유동 방향을 정하고, 증기의 압력 에너지를 운동 에너지로 변환하여 터빈의 날개에 고속으로 분사함으로써 동력을 발생시키는 역할을 함.

26 10Ω의 저항에 30V의 전압을 가했을 때 흐르는 전류는 몇 A인가?

① 1A
② 2A
③ 3A
④ 4A

옴의 법칙 V=IR에 따라 전류(I) = V / R임.

27 24V의 전압으로 72W의 전력을 소비하는 직류 전구에 흐르는 전류는 몇 A인가?

① 2A
② 3A
③ 4A
④ 5A

전력(P) = 전압(V) × 전류(I)에 따라 전류(I) = P / V.

28 2kW 전열기를 1시간 45분 동안 사용했을 때 소비되는 전력량은 몇 Wh인가?

① 2000Wh
② 2500Wh
③ 3000Wh
④ 3500Wh

전력량(Wh) = 전력(kW) × 시간(h).

29 3상 교류 전원 시스템에서 각 상의 전압 또는 전류는 서로 몇 도(°)의 위상차를 가지는가?

① 60°
② 90°
③ 120°
④ 180°

3상 교류 전원에서는 각 상의 전압 또는 전류가 서로 120°의 위상차를 가짐.

|정|답| 23 ④ 24 ③ 25 ④ 26 ③ 27 ② 28 ④ 29 ③

30 직류 발전기에서 전기자에 유도된 교류 기전력을 외부 회로에 직류로 공급하기 위해 사용되는 부품은?

① 계자
② 정류자
③ 브러시
④ 슬립 링

직류 발전기에서 전기자에 유도된 교류 기전력을 외부 회로에 직류로 공급하기 위해 정류자가 사용됨.

31 용량이 180Ah인 납축전지에서 6A의 전류로 방전시키면 최대로 몇 시간 동안 사용할 수 있는가?

① 20시간
② 25시간
③ 30시간
④ 35시간

사용 가능한 시간(h) = 용량(Ah) / 전류(A).

32 폭발성 가스 또는 증기가 존재하는 위험한 환경에서 안전하게 사용할 수 있도록 특수하게 설계된 전기 기구의 형식은?

① 방수형
② 방폭형
③ 수중형
④ 풍우밀형

방폭형 전기기구는 폭발성 가스나 증기가 존재하는 위험한 환경에서 안전하게 사용할 수 있도록 고안된 형식임.

33 발전기용 정류자편 사이와 그 지지물 사이의 절연 물질로 사용되는 것은?

① 나무
② 고무
③ 마이카
④ 에보나이트

마이카(Mica)는 절연성이 우수하고 고온에 강하여 발전기의 정류자편 사이와 그 지지물 사이의 절연 물질로 많이 사용됨.

34 직류 전동기 중 기동 토크가 매우 커서 크레인, 전차 등 큰 시동력이 필요한 곳에 주로 사용되는 형식은?

① 분권 전동기
② 복권 전동기
③ 타여자 전동기
④ 직권 전동기

직권 전동기는 계자 권선과 전기자 권선이 직렬로 연결되어 있어 기동 토크가 매우 크므로, 크레인, 전차 등 큰 시동력이 필요한 곳에 주로 사용됨.

35 선박의 총톤수에서 기관실, 선원실, 조타실 등 선박 운항에 필요한 비수익 공간을 공제한 톤수는?

① 경하배수톤수
② 만재배수톤수
③ 순톤수
④ 재화중량톤수

순톤수(Net Tonnage)는 총톤수에서 기관실, 선원실, 조타실 등 선박 운항에 필요한 비수익 공간을 공제한 톤수임.

|정|답| 30 ② 31 ③ 32 ② 33 ③ 34 ④ 35 ③

36 선박의 선수미 방향의 안정을 유지하고 원하는 방향으로 조종하는 데 사용되는 장치는?

① 킬(Keel)
② 빌지 킬(Bilge Keel)
③ 러더(Rudder)
④ 트림(Trim)

러더(Rudder)는 선미에 설치되어 선박의 선수미 방향의 안정을 유지하고 원하는 방향으로 조종하는 데 사용되는 장치임.

37 선박이 물에 떠 있을 때 배제하는 물의 전체 중량을 나타내는 용어는?

① 재화중량
② 배수량
③ 총톤수
④ 순톤수

배수량은 선박이 물에 떠 있을 때 선박의 침수된 부분의 부피에 해당하는 물의 중량을 나타냄.

38 선박의 만재 흘수선으로부터 상갑판까지의 수직 거리를 의미하는 것은?

① 건현
② 형깊이
③ 흘수
④ 선체 깊이

건현(Freeboard)은 만재 흘수선으로부터 상갑판까지의 수직 거리를 의미함.

39 길이가 120m, 폭이 25m, 흘수가 6m인 직육면체 모양의 선박이 담수(비중 1.0)에 떠 있을 때, 이 선박의 배수량은 몇 톤인가?

① 15000
② 18000
③ 20000
④ 22500

직육면체 선박의 배수량은 (길이 × 폭 × 흘수 × 담수 비중)으로 계산함.

40 선박의 마찰 저항 크기에 가장 큰 영향을 미치는 요소는?

① 조파 저항
② 침수 표면적
③ 파고
④ 유체의 밀도

선박의 전 저항 중 침수 표면적에 가장 크게 비례하여 발생하는 저항은 마찰 저항임.

41 유조선과 같이 인화성 액체 화물을 운반하는 선박에서 중앙 기관실보다 선미 기관실을 주로 채택하는 주된 이유로 옳지 않은 것은?

① 화재 위험성 감소
② 선수 트림 조정이 용이
③ 축로의 길이 단축
④ 중앙부의 화물창 공간 확보

선미에 기관실을 배치함으로써 화재 발생 시 화물창과의 분리 거리를 확보하여 위험성을 줄이고, 축로 단축, 중앙부 화물창 유효 활용이 가능함.

| 정답 | 36 ③ 37 ② 38 ① 39 ③ 40 ② 41 ② |

42 선박의 항해 중 파도의 마루에 위치하거나 선수미부에 화물이 집중되어 선수와 선미가 아래로 처지고 중앙부가 위로 들리는 현상은?

① 새깅(Sagging)
② 호깅(Hogging)
③ 래킹(Racking)
④ 팬팅(Panting)

호깅(Hogging)은 선박이 파도의 마루(crest)에 위치하거나 선수미부에 화물이 집중될 때, 선수와 선미가 아래로 처지고 중앙부가 위로 들리는 현상임.

43 선박에 설치되는 구명 설비 중 여러 명이 탑승하여 함께 피난하는 데 사용되는 것은?

① 구명 부환
② 구명 동의
③ 구명 뗏목
④ 개인용 구명 기구

구명 뗏목은 여러 명이 탑승하여 함께 피난하는 데 사용되는 구명 설비이며, 구명 부환, 구명 동의, 개인용 구명 기구 등은 개인 또는 소수 인원을 위한 구명 설비임.

44 선체 강도를 증가시키고 침수 시 피해를 줄이는 목적으로 설치되는 횡방향 구조 부재는?

① 용골(Keel)
② 종통재(Longitudinal)
③ 늑골(Frame)
④ 거더(Girder)

늑골(Frame)은 선체 강도를 증가시키고 침수 시 피해를 줄이는 목적으로 설치되는 횡방향 구조 부재임.

45 선박의 선수 수선 아래 부분에 공 모양의 돌출부를 두어 선수파의 파형을 조정하고 조파 저항을 감소시키는 선수 형상은?

① 램형 선수
② 클리퍼형 선수
③ 구상 선수
④ 경사형 선수

구상 선수(Bulbous Bow)는 선수 수선 아래 부분에 공 모양의 돌출부를 두어 선수파의 파형을 조정하고, 선박의 조파 저항을 감소시키는 선수 형상임.

46 금속 재료의 인성(Toughness)을 나타내는 기계적 성질 시험은?

① 브리넬 경도 시험
② 로크웰 경도 시험
③ 샤르피 충격 시험
④ 비커스 경도 시험

금속 재료의 인성(Toughness)을 나타내는 시험은 샤르피 충격 시험(Charpy Impact Test)임.

47 미터 보통 나사에서 표준 나사산의 각도는 몇 도(°)인가?

① 30°
② 45°
③ 60°
④ 90°

미터 보통 나사의 표준 나사산 각도는 60°.

| 정답 | 42 ② 43 ③ 44 ③ 45 ③ 46 ③ 47 ③

48 기계 제도에서 물체의 보이지 않는 형상이나 내부 구조를 나타낼 때 사용하는 선의 종류는?

① 굵은 실선
② 가는 실선
③ 가는 1점 쇄선
④ 가는 파선

숨은선(Hidden line)은 물체의 보이지 않는 형상이나 내부 구조를 나타낼 때 사용하며, 가는 파선으로 표시함.

49 용접 작업 시 발생하는 강한 아크열과 유해 광선으로부터 용접공의 눈과 얼굴을 보호하기 위한 장비는?

① 보안경
② 방진 마스크
③ 차광 보안면
④ 안전모

용접 작업 시 발생하는 강한 아크열과 유해 광선으로부터 용접공의 눈과 얼굴을 보호하기 위해서는 차광 보안면을 착용해야 함.

50 잇수가 50개이고 모듈이 3인 평기어의 이끝원 지름(외경)은 몇 mm인가?(단, 이끝원 지름 = 모듈 × (잇수 + 2))

① 150mm
② 153mm
③ 156mm
④ 160mm

이끝원 지름 (외경) = 모듈 × (잇수 + 2)이므로, 3 × (50 + 2) = 3 × 52 = 156mm.

51 어미자 1눈금이 1mm이고, 아들자 19눈금이 어미자 19눈금과 일치하는 M형 버니어 캘리퍼스의 최소 측정값은 몇 mm인가?

① 0.01mm
② 0.02mm
③ 0.05mm
④ 0.1mm

M형 버니어 캘리퍼스에서 최소 측정값은 어미자 1눈금과 아들자 1눈금의 차이임.

52 TIG 용접에서 아크를 안정시키고 용융 금속을 대기 중의 산소로부터 보호하기 위해 사용되는 불활성 가스는?

① 질소
② 산소
③ 아르곤
④ 헬륨

TIG 용접에서 아크를 발생시키고 용융 금속을 보호하기 위해 아르곤(Ar)과 같은 불활성 가스를 사용함.

53 피치가 2.5mm인 2줄 나사를 360° 회전시켰을 때 나사가 이동하는 거리는 몇 mm인가?(단, 리드 = 피치 × 줄 수)

① 2.5mm
② 5mm
③ 7.5mm
④ 10mm

리드(lead) = 피치 × 줄 수이므로, 피치가 2.5mm이고 2줄 나사이므로 리드는 2.5mm × 2 = 5mm임.

| 정 | 답 | 48 ④ | 49 ③ | 50 ③ | 51 ③ | 52 ③ | 53 ② |

54 배관 제도 방법 중 관의 굵기를 표현하는 방법으로 옳은 것은?

① 관의 굵기는 배관을 표현한 곳 옆에 치수 기호로 표시한다.
② 가는 실선으로 여러 줄을 이용하여 굵기를 표시한다.
③ 관의 중심선으로만 굵기를 표시한다.
④ 굵은 실선으로만 굵기를 표시한다.

배관 제도에서 관의 굵기는 배관을 표현한 곳 옆에 치수(예: ∅50)로 직접 표시하는 것이 일반적인 방법임.

55 다음 중 [보기]와 같은 성질을 우선 고려해야 하는 재료는?

[보기]
- 담금질에 의하여 변형이나 균열이 없어야 한다.
- 시간이 지남에 따라 치수 변화가 없어야 한다.
- 팽창계수가 보통 강보다 작아야 한다.

① 내식강
② 영구 자석강
③ 기계 구조용 강
④ 게이지용 강

게이지용 강은 담금질에 의한 변형이나 균열이 없어야 하고, 시간이 지나도 치수 변화가 없으며, 팽창계수가 작아야 하는 등 정밀도 유지가 중요한 특성을 가짐.

56 한 면을 고정도의 평면으로 래핑 가공한 유리 또는 수정으로 만든 원판으로, 빛의 간섭 현상을 이용하여 게이지 블록 등의 평면을 측정하는 데 사용하는 것은?

① 직각자
② 옵티컬 플랫
③ 원통 직각자
④ 각도 게이지

옵티컬 플랫은 한 면을 고정도의 평면으로 래핑 가공한 유리 또는 수정으로 만든 원판으로, 빛의 간섭 현상을 이용하여 게이지 블록이나 각종 측정자 등의 평면을 측정하는 데 사용됨.

57 다음 중 용접의 장점에 대한 설명으로 옳은 것은?

① 품질 검사가 용이하다.
② 잔류 응력이 발생하지 않는다.
③ 용접 모재에 열 영향이 거의 없다.
④ 접합부의 기밀성, 수밀성, 유밀성이 좋다.

용접의 장점은 접합부의 기밀성, 수밀성, 유밀성이 좋고, 구조가 간단하며 재료를 절약할 수 있다는 점임.

58 아크 용접 작업 시의 안전 보호장구와 관계가 없는 것은?

① 앞치마
② 용접 홀더
③ 용접 장갑
④ 발 커버

용접 홀더는 용접봉을 고정하고 용접 전류를 전달하는 공구이지, 아크 용접 작업 시 작업자의 눈이나 신체를 보호하는 안전 보호장구는 아님.

| 정 | 답 | 54 ① 55 ④ 56 ② 57 ④ 58 ②

59 기계 제도에서 사용하는 치수 보조 기호 중, 구의 지름을 나타내는 기호는?

① ∅
② R
③ S∅
④ SR

기계 제도에서 구의 지름은 "S∅" 기호로 나타내며, 단순 지름은 "∅"로, 반지름은 "R"로 표시함.

60 다음 중 마이크로미터와 같은 직접 측정 방법의 특징으로 옳은 것은?

① 눈금을 읽는 오류가 적고 측정 시간이 짧다.
② 초보자도 정밀한 측정 기기를 쉽게 다룰 수 있다.
③ 측정 범위가 넓고 피측정물의 실제 치수를 읽을 수 있다.
④ 치수 편차의 파악이 용이하고 원격 제어에 활용할 수 있다.

마이크로미터와 같은 직접 측정 방법은 측정 범위가 넓고 피측정물의 실제 치수를 직접 읽을 수 있다는 장점이 있음.

| 정답 | 59 ③ 60 ③

선박기관정비기능사 및 국가기술자격 시험 예상 문제 모의고사

제16회 모의고사

01 4행정 디젤기관에서 흡입 행정 중 흡기 밸브의 개폐 상태와 피스톤의 이동 방향으로 옳은 것은?

① 밸브 열림, 상사점에서 하사점으로
② 밸브 열림, 하사점에서 상사점으로
③ 밸브 닫힘, 상사점에서 하사점으로
④ 밸브 닫힘, 하사점에서 상사점으로

4행정 디젤기관에서 흡입 행정은 피스톤이 상사점에서 하사점으로 이동하며 흡기 밸브가 열린 상태에서 실린더 내로 외부 공기를 흡입하는 과정임.

02 디젤기관에서 2행정 사이클 기관이 4행정 사이클 기관보다 열응력이 크고 고속 운전이 어려운 주된 이유는?

① 왕복 관성력이 작기 때문에
② 소기 효율이 좋기 때문에
③ 크랭크축 1회전당 폭발 횟수가 많기 때문에
④ 연료 소비율이 낮기 때문에

2행정 사이클 기관은 크랭크축 1회전당 1회 폭발하여, 4행정 기관보다 폭발 횟수가 많음. 이로 인해 단위 시간당 발생하는 열이 많아 열응력이 크고 고속 운전 시 부하가 증가하여 어려움.

03 디젤기관의 연료 분사 노즐 중 핀틀(pintle)형 노즐의 특징으로 옳은 것은?

① 분사 구멍이 여러 개이다.
② 직접 분사식 기관에 주로 사용된다.
③ 연료의 무화 및 분산이 우수하여 노킹 방지에 효과적이다.
④ 저부하 시 미세한 연료 분사로 착화성 개선에 유리하다.

핀틀(Pintle)형 노즐은 저부하 운전 시 소량의 연료를 미세하게 분사하여 착화성을 개선하고 연소 효율을 높이는 데 유리한 형식임.

04 어떤 디젤기관의 총 실린더 체적이 400cc이고, 압축비가 15일 때, 이 기관의 연소실 체적은 약 몇 cc인가?(단, 압축비 = (행정 부피 + 연소실 부피) / 연소실 부피)

① 20cc
② 25cc
③ 30cc
④ 35cc

압축비 = (행정 부피 + 연소실 부피) / 연소실 부피임.

|정|답| 01 ① 02 ③ 03 ④ 04 ②

05 디젤기관에서 피스톤의 왕복 운동력을 크랭크축의 회전 운동으로 변환하여 전달하는 핵심 부품은?

① 캠축
② 커넥팅 로드
③ 푸시 로드
④ 로커 암

커넥팅 로드는 피스톤의 왕복 운동력을 크랭크축의 회전 운동으로 변환하여 기관의 동력을 전달하는 핵심 부품임.

06 4행정 6실린더 디젤기관이 1분당 1500rpm으로 회전할 때, 1분간 발생하는 총 폭발 횟수는?

① 3000회
② 4500회
③ 6000회
④ 9000회

4행정 기관은 크랭크축 2회전당 1회 폭발함. 6실린더 기관이 1분당 1500rpm으로 회전한다면, 1분간 발생하는 총 폭발 횟수는 (1500회전 / 2) × 6실린더 = 4500회.

07 디젤기관의 윤활유가 갖는 여러 작용 중, 금속 부품 표면에 보호막을 형성하여 마모와 부식을 방지하는 작용은?

① 냉각 작용
② 방청 작용
③ 기밀 작용
④ 청정 작용

윤활유의 방청 작용은 금속 부품 표면에 보호막을 형성하여 산화나 부식으로부터 부품을 보호하는 역할을 함.

08 디젤기관의 메인 베어링에서 과도한 윤활유 공급이 발열의 원인이 될 수 있는 경우로 가장 적절한 것은?

① 윤활유 점도가 너무 낮을 때
② 윤활유 냉각이 불충분할 때
③ 베어링 틈새가 너무 좁을 때
④ 베어링에 이물질이 끼었을 때

메인 베어링의 발열 원인 중 윤활유 공급과 관련하여, 윤활유 냉각이 불충분할 때 마찰열을 효과적으로 제거하지 못해 발열이 발생할 수 있음.

09 4행정 기관에서 흡기 밸브와 배기 밸브가 상사점 부근에서 동시에 열려 있는 기간을 무엇이라 하는가?

① 밸브 타이밍
② 밸브 겹침
③ 밸브 간극
④ 밸브 플러터

밸브 겹침(Overlap)은 4행정 기관에서 흡기 밸브가 열리기 시작하는 시점과 배기 밸브가 완전히 닫히는 시점이 일시적으로 겹쳐 두 밸브가 동시에 열려있는 기간을 말함.

10 디젤기관의 피스톤 링 중 연소 가스의 누설을 방지하고 기밀을 유지하는 주된 역할을 하는 것은?

① 오일 링
② 압축 링
③ 스크레이퍼 링
④ 익스팬더 링

압축 링은 실린더 내 연소 가스의 누설을 방지하고 압력을 유지하여 기관의 기밀을 확보하는 주된 역할을 함.

|정|답| 05 ② 06 ④ 07 ② 08 ② 09 ② 10 ②

11 4행정 디젤기관에서 크랭크축 1회전에 대한 캠축의 회전수는?

① 1/4회전
② 1/2회전
③ 1회전
④ 2회전

4행정 기관에서 크랭크축이 2회전하는 동안 캠축은 1회전하며, 흡입, 압축, 폭발, 배기의 4가지 행정이 완료됨.

12 디젤기관의 출력 증대에 영향을 미치는 요소가 아닌 것은?

① 행정 부피 증가
② 회전 속도 증가
③ 평균 유효 압력 상승
④ 윤활유 소비량 증대

기관의 출력 증대에는 행정 부피 증가, 회전 속도 증가, 평균 유효 압력 상승, 연소 효율 증대 등이 영향을 줌.

13 어떤 디젤기관의 도시마력이 100PS, 기계효율이 85%일 때, 이 기관의 제동마력은 몇 PS인가?

① 75PS
② 80PS
③ 85PS
④ 90PS

기계효율(η_m) = 제동마력(P_e) / 도시마력(P_i)이므로, 제동마력(P_e) = 도시마력(P_i) × 기계효율(η_m) = 100PS × 0.85 = 85PS.

14 디젤기관의 시동용 공기압축기를 다단식으로 구성하는 주된 이유로 옳은 것은?

① 압축 공기 저장 용량 증대
② 압축 과정 중 공기 온도 상승 억제
③ 압축 공기 공급 속도 향상
④ 압축 공기의 습기 제거 용이

디젤기관 시동용 공기압축기를 다단식으로 구성하는 주된 이유는 압축 과정 중 발생하는 공기의 온도 상승을 억제하여 압축 효율을 높이고 안전성을 확보하기 위함임.

15 4행정 디젤기관에서 밸브 겹침(Over Lap) 현상의 주요 목적은?

① 연료 분사 효율 증대
② 기관의 압축비 조절
③ 실린더 내 잔류 가스 배출 및 신선 공기 흡입 촉진
④ 크랭크축의 회전력 안정화

밸브 겹침(Over Lap) 현상은 배기 행정 말기와 흡기 행정 초기에 발생하며, 이를 통해 실린더 내 잔류 가스를 효과적으로 배출하고 신선한 공기를 더 많이 흡입하여 소기 효율을 높이는 것이 주된 목적임.

16 냉동 장치에서 고온 고압의 증기 냉매를 냉각시켜 고온 고압의 액체 냉매로 만드는 장치는?

① 압축기
② 응축기
③ 증발기
④ 팽창 밸브

응축기는 냉동 장치에서 압축기를 거친 고온 고압의 증기 냉매를 냉각시켜 고온 고압의 액체 냉매로 상변화시키는 역할을 함.

| 정 답 | 11 ② 12 ④ 13 ③ 14 ② 15 ③ 16 ②

17 보일러에서 급수를 예열하여 보일러의 열효율을 높이는 장치는?

① 과열기
② 절탄기
③ 공기 예열기
④ 재열기

> 절탄기(Economizer)는 보일러에서 배출되는 고온의 연소가스 열을 이용하여 급수를 예열함으로써 보일러의 전체 열효율을 높이는 장치임.

18 원심 펌프에서 펌프 회전 시 축의 한쪽으로 밀리는 현상(축 추력)을 방지하는 방법으로 옳지 않은 것은?

① 균형 원판 설치
② 평형공 설치
③ 단흡입 임펠러 사용
④ 스러스트 베어링 설치

> 원심 펌프에서 축 추력을 방지하는 방법으로는 균형 원판 설치, 평형공 설치, 단흡입 임펠러 사용 등이 있음.

19 냉동 장치에서 냉매 부족 시 나타나는 현상으로 옳은 것은?

① 토출 압력이 높아진다.
② 흡입 압력이 낮아진다.
③ 압축기가 과열되지 않는다.
④ 냉동 능력이 증가한다.

> 냉동 장치에서 냉매 부족 시 증발기에서 냉매의 충분한 증발이 이루어지지 않아 흡입 압력이 낮아지게 됨.

20 유압 시스템에서 유압 에너지를 기계적인 선형 또는 회전 운동으로 변환시키는 장치는?

① 유압 펌프
② 유압 밸브
③ 액추에이터
④ 유압 탱크

> 액추에이터(Actuator)는 유압 시스템에서 유압 에너지를 기계적인 선형 운동(실린더) 또는 회전 운동(모터)으로 변환하여 일을 수행하는 장치임.

21 보일러의 비상 정지 시 가장 먼저 조치해야 할 사항은?

① 급수 펌프 가동
② 연료 공급 차단
③ 증기 밸브 개방
④ 송풍기 정지

> 보일러 운전 중 비상 정지가 필요한 경우, 보일러 본체의 과열 및 파손 위험을 방지하기 위해 가장 먼저 연료 공급을 차단하여 연소를 중지해야 함.

22 왕복 펌프의 공기실(Air Chamber) 설치 목적으로 가장 적절한 것은?

① 펌프 내부 압력 증가
② 흡입 양정 증대
③ 송출 유량의 맥동 감소
④ 펌프 효율 감소

> 왕복 펌프에 공기실(Air Chamber)을 설치하는 주된 목적은 송출 유량의 맥동을 흡수하여 유체의 흐름을 고르게 하고, 펌프의 안정적인 운전을 돕는 것임.

| 정 | 답 | 17 ② 18 ④ 19 ② 20 ③ 21 ② 22 ③

23 냉동 사이클에서 냉동 효과를 얻기 위해 냉매가 열을 흡수하여 액체에서 증기로 상태 변화하는 장치는?

① 압축기
② 응축기
③ 팽창 밸브
④ 증발기

냉동 사이클에서 증발기는 냉매가 주변으로부터 열을 흡수하여 액체 상태에서 증기 상태로 변화하며 냉동 효과를 발생시키는 장치임.

24 보일러 전열면에 부착된 그을음이나 재를 증기 또는 압축 공기를 사용하여 제거하는 장치는?

① 절탄기
② 공기 예열기
③ 슈트 블로어
④ 과열기

슈트 블로어(Soot Blower)는 보일러의 연관이나 전열면에 부착된 그을음이나 재를 증기 또는 압축 공기를 분사하여 제거하는 장치로, 열효율 저하를 방지함.

25 증기 터빈에서 증기의 유동 방향을 정하고 증기의 압력 에너지를 운동 에너지로 변환하는 역할을 하는 부품은?

① 로터(Rotor)
② 케이싱(Casing)
③ 날개(Blade)
④ 노즐(Nozzle)

증기 터빈에서 노즐은 증기의 유동 방향을 정하고, 증기의 압력 에너지를 운동 에너지로 변환하여 터빈의 날개에 고속으로 분사함으로써 동력을 발생시키는 역할함.

26 12V의 전압이 인가된 회로에 4A의 전류가 흐를 때, 이 회로의 저항은 몇 Ω인가?

① 2Ω
② 3Ω
③ 4Ω
④ 5Ω

옴의 법칙(V=IR)에 따라 저항(R) = 전압(V) / 전류(I)임.

27 220V의 전압을 가했을 때 110W의 전력을 소비하는 직류 전구에 흐르는 전류는 몇 A인가?

① 0.2A
② 0.5A
③ 1.0A
④ 2.0A

전력(P) = 전압(V) × 전류(I)에 따라 전류(I) = P / V.

28 2.5kW 전열기를 3시간 동안 사용했을 때 소비되는 총 전력량은 몇 Wh인가?

① 5000Wh
② 6000Wh
③ 7500Wh
④ 9000Wh

전력량(Wh) = 전력(kW) × 시간(h).

|정|답| 23 ④ 24 ③ 25 ④ 26 ② 27 ② 28 ③

29 3상 교류 발전기에서 각 상의 위상차는 몇 도(°)인가?

① 60°
② 90°
③ 120°
④ 180°

3상 교류 전원에서는 각 상의 전압 또는 전류가 서로 120°의 위상차를 가짐.

30 직류 발전기에서 전기자에 유도된 교류 기전력을 외부 회로에 직류로 공급하기 위해 사용되는 부품은?

① 계자
② 정류자
③ 브러시
④ 슬립 링

직류 발전기에서 전기자에 유도된 교류 기전력을 외부 회로에 직류로 공급하기 위해 정류자가 사용됨.

31 용량이 200Ah인 납축전지에서 8A의 전류로 방전시키면 최대로 몇 시간 동안 사용할 수 있는가?

① 20시간
② 25시간
③ 30시간
④ 35시간

사용 가능한 시간(h) = 용량(Ah) / 전류(A).

32 폭발성 가스 또는 증기가 존재하는 위험한 환경에서 안전하게 사용할 수 있도록 특수하게 설계된 전기 기구의 형식은?

① 방수형
② 방폭형
③ 수중형
④ 풍우밀형

방폭형 전기기구는 폭발성 가스나 증기가 존재하는 위험한 환경에서 안전하게 사용할 수 있도록 고안된 형식임.

33 발전기의 정류자편 사이와 그 지지물 사이의 절연 물질로 주로 사용되는 것은?

① 나무
② 고무
③ 마이카
④ 에보나이트

마이카(Mica)는 절연성이 우수하고 고온에 강하여 발전기의 정류자편 사이와 그 지지물 사이의 절연 물질로 많이 사용됨.

34 직류 전동기 중 기동 토크가 매우 커서 크레인, 전차 등 큰 시동력이 필요한 곳에 주로 사용되는 형식은?

① 분권 전동기
② 복권 전동기
③ 타여자 전동기
④ 직권 전동기

직권 전동기는 계자 권선과 전기자 권선이 직렬로 연결되어 있어 기동 토크가 매우 크므로, 크레인, 전차 등 큰 시동력이 필요한 곳에 주로 사용됨.

| 정 | 답 | 29 ③　30 ②　31 ②　32 ②　33 ③　34 ④

35 선박의 총톤수에서 기관실, 선원실, 조타실 등 선박 운항에 필요한 비수익 공간을 공제한 톤수는?

① 경하배수톤수
② 만재배수톤수
③ 순톤수
④ 재화중량톤수

순톤수(Net Tonnage)는 총톤수에서 기관실, 선원실, 조타실 등 선박 운항에 필요한 비수익 공간을 공제한 톤수임.

36 선박의 선수미 방향의 안정을 유지하고 원하는 방향으로 조종하는 데 사용되는 장치는?

① 킬(Keel)
② 빌지 킬(Bilge Keel)
③ 러더(Rudder)
④ 트림(Trim)

러더(Rudder)는 선미에 설치되어 선박의 선수미 방향의 안정을 유지하고 원하는 방향으로 조종하는 데 사용되는 장치임.

37 선박이 물에 떠 있을 때 배제하는 물의 전체 중량을 나타내는 용어는?

① 재화중량
② 배수량
③ 총톤수
④ 순톤수

수량은 선박이 물에 떠 있을 때 선박의 침수된 부분의 부피에 해당하는 물의 중량을 나타냄.

38 선박의 만재 흘수선으로부터 상갑판까지의 수직 거리를 의미하는 것은?

① 건현
② 형깊이
③ 흘수
④ 선체 깊이

건현(Freeboard)은 선박의 만재 흘수선으로부터 상갑판까지의 수직 거리를 의미함.

39 길이가 100m, 폭이 15m, 흘수가 4m인 직육면체 모양의 선박이 해수(비중 1.025)에 떠 있을 때, 이 선박의 배수량은 몇 톤인가?

① 6000톤
② 6150톤
③ 6300톤
④ 6450톤

직육면체 선박의 배수량은 (길이 × 폭 × 흘수 × 해수 비중)으로 계산함.

40 선박의 마찰 저항 크기에 가장 큰 영향을 미치는 요소는?

① 조파 저항
② 침수 표면적
③ 파고
④ 유체의 밀도

선박의 전 저항 중 침수 표면적의 크기에 가장 크게 비례하여 발생하는 저항은 마찰 저항임.

| 정답 | 35 ③ | 36 ③ | 37 ② | 38 ① | 39 ② | 40 ② |

41 유조선과 같이 인화성 액체 화물을 운반하는 선박에서 중앙 기관실보다 선미 기관실을 주로 채택하는 주된 이유로 옳지 않은 것은?

① 화재 위험성 감소
② 선수 트림 조정이 용이
③ 축로의 길이 단축
④ 중앙부의 화물창 공간 확보

유조선은 인화성 액체 화물을 운반하므로 화재 위험성이 높음.

42 선박의 항해 중 파도의 골(trough)에 위치하거나 선체 중앙부에 화물이 과도하게 집중될 때, 선수와 선미가 위로 들리고 중앙부가 아래로 처지는 현상은?

① 호깅(Hogging)
② 새깅(Sagging)
③ 래킹(Racking)
④ 팬팅(Panting)

새깅(Sagging)은 선박이 파도의 골(trough)에 위치하거나 선체 중앙부에 화물이 과도하게 집중될 때, 선수와 선미가 위로 들리고 중앙부가 아래로 처지는 현상임.

43 선박에 설치되는 구명 설비 중 1인용 개인 구명 설비에 해당하는 것은?

① 구명정
② 구명 뗏목
③ 구명 부환
④ 구명 동의

구명 동의(Life Jacket)는 1인용 개인 구명 설비로, 조난 시 개인이 착용하여 부유할 수 있도록 도움.

44 선체 강도를 보강하고 침수 발생 시 피해 확대를 줄이는 목적으로 설치되는 횡방향 구조 부재는?

① 용골(Keel)
② 종통재(Longitudinal)
③ 늑골(Frame)
④ 거더(Girder)

늑골(Frame)은 선체 강도를 증가시키고 침수 시 피해를 줄이는 목적으로 설치되는 횡방향 구조 부재임.

45 선박의 선수 수선 아래 부분에 공 모양의 돌출부를 두어 선수파의 파형을 조정하고 조파 저항을 감소시키는 선수 형상은?

① 램형 선수
② 클리퍼형 선수
③ 구상 선수
④ 경사형 선수

구상 선수(Bulbous Bow)는 선수 수선 아래 부분에 공 모양의 돌출부를 두어 선수파의 파형을 조정하고, 선박의 조파 저항을 감소시키는 선수 형상임.

46 금속 재료의 인성(Toughness)을 나타내는 기계적 성질 시험은?

① 브리넬 경도 시험
② 로크웰 경도 시험
③ 샤르피 충격 시험
④ 비커스 경도 시험

샤르피 충격 시험(Charpy Impact Test)은 금속 재료의 인성(Toughness)을 나타내는 시험으로, 재료의 충격 흡수 능력과 파괴에 대한 저항을 평가함.

|정답| 41 ② 42 ② 43 ④ 44 ③ 45 ③ 46 ③

47 미터 보통 나사에서 표준 나사산의 각도는 몇 도(°)인가?

① 30°
② 45°
③ 60°
④ 90°

미터 보통 나사의 표준 나사산 각도는 60°.

48 기계 제도에서 물체의 보이지 않는 형상이나 내부 구조를 나타낼 때 사용하는 선의 종류는?

① 굵은 실선
② 가는 실선
③ 가는 1점 쇄선
④ 가는 파선

숨은선(Hidden line)은 물체의 보이지 않는 형상이나 내부 구조를 나타낼 때 사용하며, 가는 파선으로 표시함.

49 용접 작업 시 발생하는 강한 아크열과 유해 광선으로부터 용접공의 눈과 얼굴을 보호하기 위한 장비는?

① 보안경
② 방진 마스크
③ 차광 보안면
④ 안전모

용접 작업 시 발생하는 강한 아크열과 유해 광선으로부터 눈과 얼굴을 보호하기 위해서는 차광 보안면을 착용해야 함.

50 잇수가 30개이고 모듈이 5인 평기어의 이끝원 지름(외경)은 몇 mm인가?(단, 이끝원 지름 = 모듈 × (잇수 + 2))

① 150mm
② 160mm
③ 170mm
④ 180mm

이끝원 지름 (외경) = 모듈 × (잇수 + 2)이므로, 5 × (30 + 2) = 5 × 32 = 160mm.

51 어미자 1눈금이 1mm이고, 아들자 20눈금이 어미자 19눈금과 일치하는 M형 버니어 캘리퍼스의 최소 측정값은 몇 mm인가?

① 0.01mm
② 0.02mm
③ 0.05mm
④ 0.1mm

M형 버니어 캘리퍼스에서 최소 측정값은 어미자 1눈금과 아들자 1눈금의 차이임. 어미자 1눈금 = 1mm, 아들자 20눈금이 어미자 19눈금과 일치하므로 아들자 1눈금 = 19/20mm = 0.95mm. 따라서 최소 측정값 = 1mm − 0.95mm = 0.05mm.

52 TIG 용접에서 아크를 안정시키고 용융 금속을 대기 중의 산소로부터 보호하기 위해 사용되는 불활성 가스는?

① 질소
② 산소
③ 아르곤
④ 헬륨

TIG 용접에서 아크를 발생시키고 용융 금속을 보호하기 위해 아르곤(Ar)과 같은 불활성 가스를 사용함.

| 정답 | 47 ③ 48 ④ 49 ③ 50 ② 51 ③ 52 ③

53 피치가 4mm인 3줄 나사를 360° 회전시켰을 때 축 방향으로 이동하는 거리는 몇 mm인가?(단, 리드 = 피치 × 줄 수)

① 4mm
② 8mm
③ 12mm
④ 16mm

리드(lead) = 피치 × 줄 수이므로, 피치가 4mm이고 3줄 나사이므로 리드는 4mm × 3 = 12mm.

54 배관 제도에서 관의 굵기를 표현하는 일반적인 방법으로 옳은 것은?

① 관의 굵기는 가는 1점 쇄선으로 표시한다.
② 관의 굵기는 배관을 표현한 곳 옆에 치수 기호로 표시한다.
③ 관의 굵기는 여러 줄의 가는 실선으로 표시한다.
④ 관의 굵기는 굵은 실선으로만 표시한다.

배관 제도에서 관의 굵기는 배관을 표현한 곳 옆에 치수(예: ∅50)로 직접 표시하는 것이 일반적인 방법임.

55 다음 중 금속 재료의 물리적 성질에 해당하는 것은?

① 강도
② 경도
③ 연성
④ 비열

비열은 물질이 열에너지를 저장하는 능력을 나타내는 물리적 성질임. 강도, 경도, 연성은 기계적 성질에 해당함.

56 한 면을 고정도의 평면으로 래핑 가공한 유리 또는 수정으로 만든 원판으로, 빛의 간섭 현상을 이용하여 게이지 블록 등의 평면을 측정하는 데 사용하는 것은?

① 직각자
② 옵티컬 플랫
③ 원통 직각자
④ 각도 게이지

옵티컬 플랫은 한 면을 고정도의 평면으로 래핑 가공한 유리 또는 수정으로 만든 원판으로, 빛의 간섭 현상을 이용하여 게이지 블록이나 각종 측정자 등의 평면을 측정하는 데 사용됨.

57 다음 중 용접의 장점에 대한 설명으로 옳은 것은?

① 품질 검사가 용이하다.
② 잔류 응력이 발생하지 않는다.
③ 용접 모재에 열 영향이 거의 없다.
④ 접합부의 기밀성, 수밀성, 유밀성이 좋다.

용접의 장점은 접합부의 기밀성, 수밀성, 유밀성이 좋고, 구조가 간단하며 재료를 절약할 수 있다는 점임.

58 아크 용접 작업 시의 안전 보호장구와 직접적인 관계가 없는 것은?

① 앞치마
② 용접 홀더
③ 용접 장갑
④ 발 커버

용접 홀더는 용접봉을 고정하고 용접 전류를 전달하는 공구이지, 아크 용접 작업 시 작업자의 눈이나 신체를 보호하는 안전 보호장구는 아님.

| 정 | 답 | 53 ③ 54 ② 55 ④ 56 ② 57 ④ 58 ②

59 기계 제도에서 사용하는 치수 보조 기호 중, 구의 지름을 나타내는 기호는?

① ∅
② R
③ S∅
④ SR

기계 제도에서 구의 지름은 "S∅" 기호로 나타내며, 단순 지름은 "∅"로, 반지름은 "R"로 표시함.

60 다음 중 마이크로미터와 같은 직접 측정 방법의 특징으로 옳은 것은?

① 눈금을 읽는 오류가 적고 측정 시간이 짧다.
② 초보자도 정밀한 측정 기기를 쉽게 다룰 수 있다.
③ 측정 범위가 넓고 피측정물의 실제 치수를 읽을 수 있다.
④ 치수 편차의 파악이 용이하고 원격 제어에 활용할 수 있다.

마이크로미터와 같은 직접 측정 방법은 측정 범위가 넓고 피측정물의 실제 치수를 직접 읽을 수 있다는 장점이 있음.

|정답| 59 ③ 60 ③

제17회 모의고사

선박기관정비기능사 및 국가기술자격 시험 예상 문제 모의고사

01 4행정 디젤기관에서 폭발 행정 시, 피스톤이 상사점에서 하사점으로 이동하는 동안 밸브의 일반적인 개폐 상태는?

① 흡기 밸브 열림, 배기 밸브 닫힘
② 흡기 밸브 닫힘, 배기 밸브 열림
③ 흡기 밸브 닫힘, 배기 밸브 닫힘
④ 흡기 밸브 열림, 배기 밸브 열림

4행정 디젤기관에서 폭발 행정(작동 행정) 시에는 연소 가스가 팽창하며 피스톤을 밀어내므로, 실린더의 기밀 유지를 위해 흡기 밸브와 배기 밸브 모두 닫혀 있음.

02 2행정 디젤기관의 소기 방식 중 실린더 헤드에 배기 밸브가 설치되고, 실린더 하부에 소기구가 있는 형식으로, 가스 흐름이 비교적 단순한 것은?

① 루프식
② 횡진식
③ 반전식
④ 유니플로식

유니플로(Uniflow)식 소기는 2행정 디젤기관에서 실린더 헤드에 배기 밸브가 설치되고, 실린더 하부에 소기구가 있는 형식으로, 가스 흐름이 한 방향으로 이루어져 비교적 단순하고 효율적임.

03 디젤기관의 연료 분사 노즐 중 다공형 노즐의 주요 특징으로 옳은 것은?

① 분사 구멍이 하나로 구조가 간단하다.
② 저부하 시 미세한 연료 분사로 착화성 개선에 유리하다.
③ 분사 구멍이 막히기 쉽다는 단점이 있다.
④ 무화 및 분산이 우수하여 직접 분사식 기관에 적합하다.

다공형 노즐은 여러 개의 미세한 분사 구멍을 가지고 있어 연료의 무화 및 분산이 우수하여 직접 분사식 기관에 사용됨.

04 어떤 디젤기관의 압축비가 18이고, 행정 부피가 340cc일 때, 이 기관의 연소실 부피는 약 몇 cc인가?(단, 압축비 = (행정 부피 + 연소실 부피) / 연소실 부피)

① 15cc
② 20cc
③ 25cc
④ 30cc

압축비 = (행정 부피 + 연소실 부피) / 연소실 부피 공식을 이용하여 연소실 부피를 계산함.

| 정답 | 01 ③ 02 ④ 03 ④ 04 ②

05 디젤기관에서 피스톤의 왕복 운동을 크랭크축의 회전 운동으로 변환시키는 핵심 부품은?

① 캠축
② 커넥팅 로드
③ 푸시 로드
④ 로커 암

커넥팅 로드는 피스톤의 왕복 운동력을 크랭크축의 회전 운동으로 변환하여 기관의 동력을 전달하는 핵심 부품임.

06 4행정 6실린더 디젤기관이 1분당 1800rpm으로 회전할 때, 1분간 발생하는 총 폭발 횟수는?

① 3600회
② 4800회
③ 5400회
④ 7200회

4행정 기관은 크랭크축 2회전당 1회 폭발함.

07 디젤기관의 윤활유가 갖는 여러 작용 중, 금속 표면에 보호막을 형성하여 녹이 스는 것을 방지하는 작용은?

① 냉각 작용
② 방청 작용
③ 기밀 작용
④ 청정 작용

윤활유의 방청 작용은 금속 부품 표면에 보호막을 형성하여 산화나 부식으로부터 부품을 보호하는 역할을 함.

08 디젤기관의 메인 베어링에서 발열이 발생하는 원인이 아닌 것은?

① 베어링 하중이 너무 클 때
② 베어링 틈새가 부적당할 때
③ 공급 윤활유 양이 적절할 때
④ 선체의 휨 및 기관대 변형이 발생했을 때

디젤기관의 메인 베어링 발열 원인으로는 베어링 하중 과대, 틈새 부적당, 선체 휨 및 기관대 변형 등이 있음.

09 4행정 기관에서 배기 밸브가 열리기 시작하는 시점과 흡기 밸브가 완전히 닫히는 시점이 겹치는 기간을 무엇이라 하는가?

① 밸브 타이밍
② 밸브 겹침
③ 밸브 간극
④ 밸브 래핑

밸브 겹침(Overlap)은 4행정 기관에서 배기 행정 말기와 흡기 행정 초기에 배기 밸브가 열려있고 흡기 밸브가 열리기 시작하여 두 밸브가 일시적으로 동시에 열려있는 기간을 뜻함.

10 디젤기관의 피스톤 링 중 연소 가스 압축 및 유류 누설 방지를 통해 실린더 내 기밀을 유지하는 주된 역할을 하는 것은?

① 오일 링
② 압축 링
③ 스크레이퍼 링
④ 익스팬더 링

압축 링은 실린더 내 연소 가스의 누설을 방지하고 압력을 유지하여 기관의 기밀을 확보하는 주된 역할을 함.

| 정 | 답 | 05 ② 06 ③ 07 ② 08 ③ 09 ② 10 ②

11 4행정 디젤기관에서 캠축 1회전 동안 크랭크축은 몇 회전하는가?

① 1/4회전
② 2회전
③ 1회전
④ 4회전

4행정 기관에서 크랭크축이 2회전하는 동안 캠축은 1회전하며, 흡입, 압축, 폭발, 배기의 4가지 행정이 완료됨.

12 디젤기관의 출력 증대에 영향을 미치는 요소가 아닌 것은?

① 행정 부피 증가
② 회전 속도 증가
③ 평균 유효 압력 상승
④ 윤활유 점도 증대

기관의 출력 증대에는 행정 부피 증가, 회전 속도 증가, 평균 유효 압력 상승, 연소 효율 증대 등이 영향을 줌.

13 어떤 디젤기관의 지시마력이 110PS, 기계효율이 90%일 때, 이 기관의 제동마력은 몇 PS인가?

① 88PS
② 92PS
③ 99PS
④ 102PS

기계효율(η_m) = 제동마력(P_e) / 지시마력(P_i)

14 밸브 겹침(Over Lap) 현상이 발생하는 주된 목적은?

① 연료 분사 효율 증대
② 기관의 압축비 조절
③ 실린더 내 잔류 가스 배출 및 신선 공기 흡입 촉진
④ 크랭크축의 회전력 안정화

밸브 겹침(Over Lap) 현상은 배기 행정 말기와 흡기 행정 초기에 발생하며, 이를 통해 실린더 내 잔류 가스를 효과적으로 배출하고 신선한 공기를 더 많이 흡입하여 소기 효율을 높이는 것이 주된 목적임.

15 디젤기관에서 연소실 내 압축 가스 및 연소 가스가 피스톤 링 사이로 새어 나가는 현상은?

① 베이퍼록
② 블로 바이
③ 바이패스
④ 미스파이어

블로 바이(Blow-by)는 내연기관에서 연소실의 압축 가스 및 연소 가스가 피스톤 링과 실린더 벽 사이의 틈새를 통해 크랭크실로 새어 나가는 현상임.

16 냉동 장치에서 증발기에서 증발한 저온 저압의 냉매 가스를 고온 고압의 가스로 압축하는 장치는?

① 증발기
② 응축기
③ 압축기
④ 팽창 밸브

압축기는 냉동 장치에서 증발기에서 증발한 저온 저압의 냉매 가스를 고온 고압의 가스로 압축하여 응축기로 보내는 역할을 함.

|정답| 11 ② 12 ④ 13 ③ 14 ③ 15 ② 16 ③

17 보일러에서 급수를 예열하여 연료 소비를 절감하고 열효율을 높이는 장치는?

① 과열기
② 절탄기
③ 공기 예열기
④ 재열기

절탄기(Economizer)는 보일러에서 배출되는 고온의 연소가스 열을 이용하여 급수를 예열함으로써 보일러의 열효율을 높이고 연료 소비를 절감하는 장치임.

18 원심 펌프에서 펌프 운전 중 진동이나 비정상적인 소리가 발생하는 원인으로 가장 적절한 것은?

① 펌프 회전 속도 과대
② 유체의 점도가 너무 높을 때
③ 흡입 양정이 너무 낮을 때
④ 축의 중심이 어긋나 있을 때

원심 펌프에서 펌프 운전 중 진동이나 비정상적인 소리가 발생하는 주요 원인 중 하나는 축의 중심이 어긋나 있을 때임.

19 냉동 장치에서 냉매 부족 시 나타나는 현상으로 옳은 것은?

① 토출 압력이 높아진다.
② 흡입 압력이 낮아진다.
③ 압축기가 과열되지 않는다.
④ 냉동 능력이 증가한다.

냉동 장치에서 냉매가 부족할 경우, 증발기에서 냉매의 충분한 증발이 이루어지지 않아 흡입 압력이 낮아지게 됨.

20 유압 시스템에서 유압 에너지를 기계적인 일로 변환하는 구성 요소는?

① 유압 펌프
② 유압 밸브
③ 액추에이터
④ 유압 탱크

액추에이터(Actuator)는 유압 시스템에서 유압 에너지를 기계적인 선형 운동(실린더) 또는 회전 운동(모터)으로 변환하여 일을 수행하는 장치임.

21 보일러의 수위계가 고장나 수위가 보이지 않을 때, 보일러의 안전을 위해 가장 먼저 취해야 할 비상 조치는?

① 급수 펌프 가동
② 연료 공급 차단
③ 증기 밸브 개방
④ 송풍기 정지

보일러 운전 중 수면계에 수위가 전혀 보이지 않을 때는 보일러 본체의 과열, 파손 위험이 있으므로, 가장 먼저 연료 공급을 차단하여 연소를 중지해야 함.

22 왕복 펌프의 송출 유량 맥동을 효과적으로 감소시켜 유체 흐름을 고르게 하는 장치는?

① 안전 밸브
② 역류 방지 밸브
③ 공기실
④ 바이패스 밸브

왕복 펌프에 공기실(Air Chamber)을 설치하는 주된 목적은 송출 유량의 맥동을 흡수하여 유체의 흐름을 고르게 하고, 펌프의 안정적인 운전을 돕는 것임.

| 정 | 답 | 17 ② 18 ④ 19 ② 20 ③ 21 ② 22 ③

23 냉동 사이클에서 냉동 효과를 얻기 위해 냉매가 주변으로부터 열을 흡수하여 액체에서 증기로 상태 변화하는 장치는?

① 압축기
② 응축기
③ 팽창 밸브
④ 증발기

냉동 사이클에서 증발기는 냉매가 주변으로부터 열을 흡수하여 액체 상태에서 증기 상태로 변화하며 냉동 효과를 발생시키는 장치임.

24 보일러의 연관이나 전열면에 부착된 그을음이나 재를 증기 또는 압축 공기를 사용하여 제거하여 열효율 저하를 방지하는 장치는?

① 절탄기
② 공기 예열기
③ 슈트 블로어
④ 과열기

슈트 블로어(Soot Blower)는 보일러의 연관이나 전열면에 부착된 그을음이나 재를 증기 또는 압축 공기를 분사하여 제거하는 장치로, 열효율 저하를 방지함.

25 증기 터빈에서 증기의 유동 방향을 정하고 압력 에너지를 운동 에너지로 변환하여 터빈 날개에 공급하는 부품은?

① 로터(Rotor)
② 케이싱(Casing)
③ 날개(Blade)
④ 노즐(Nozzle)

증기 터빈에서 노즐은 증기의 유동 방향을 정하고, 증기의 압력 에너지를 운동 에너지로 변환하여 터빈의 날개에 고속으로 분사함으로써 동력을 발생시키는 역할을 함.

26 냉동 장치에서 간접 냉매로 사용되며, 염화칼슘($CaCl_2$) 또는 염화나트륨($NaCl$) 수용액으로 구성되는 것은?

① 프레온
② 브라인
③ 암모니아
④ 메틸클로라이드

브라인(Brine)은 염화칼슘($CaCl_2$) 또는 염화나트륨($NaCl$) 수용액으로, 냉동 장치에서 간접 냉매로 사용됨.

27 보일러 설비에서 공기 이젝터는 주로 어디에 설치되어 복수기의 진공 유지에 기여하는가?

① 복수기
② 급수 가열기
③ 공기 예열기
④ 절탄기

보일러 설비에서 공기 이젝터는 복수기에 설치되어 응축되지 않은 증기 및 공기를 제거하여 복수기의 진공을 유지하고 효율을 높이는 역할을 함.

28 저항이 8Ω인 회로에 24V의 전압을 가했을 때 흐르는 전류는 몇 A인가?

① 2A
② 3A
③ 4A
④ 5A

옴의 법칙(V=IR)에 따라 전류(I) = 전압(V) / 저항(R).

| 정 | 답 | 23 ④ 24 ③ 25 ④ 26 ② 27 ① 28 ②

29 120W의 전력을 소비하는 60V 직류 전구에 흐르는 전류는 몇 A인가?

① 2A
② 3A
③ 4A
④ 5A

전력(P) = 전압(V) × 전류(I)에 따라 전류(I) = 전력(P) / 전압(V).

30 3상 교류 회로에서 각 상의 전압 또는 전류는 서로 몇 도(°)의 위상차를 가지는가?

① 60°
② 120°
③ 180°
④ 360°

3상 교류 전원에서는 각 상의 전압 또는 전류가 서로 120°의 위상차를 가짐.

31 직류 발전기에서 전기자에 유도된 교류 기전력을 외부 회로에 직류로 변환하여 공급하는 부품은?

① 계자
② 정류자
③ 브러시
④ 슬립 링

직류 발전기에서 전기자에 유도된 교류 기전력을 외부 회로에 직류로 공급하기 위해 정류자가 사용됨.

32 용량이 160Ah인 납축전지에서 4A의 전류로 방전시키면 최대로 몇 시간 동안 사용할 수 있는가?

① 30시간
② 35시간
③ 40시간
④ 45시간

사용 가능한 시간(h) = 용량(Ah) / 전류(A).

33 폭발성 가스나 증기가 존재하는 위험한 환경에서 안전하게 사용할 수 있도록 특수하게 설계된 전기 기구의 형식은?

① 방수형
② 방폭형
③ 수중형
④ 풍우밀형

방폭형 전기기구는 폭발성 가스나 증기가 존재하는 위험한 환경에서 안전하게 사용할 수 있도록 고안된 형식임.

34 발전기의 정류자편 사이와 그 지지물 사이의 절연 물질로 주로 사용되며, 절연성이 우수하고 고온에 강한 것은?

① 나무
② 고무
③ 마이카
④ 에보나이트

마이카(Mica)는 절연성이 우수하고 고온에 강하여 발전기의 정류자편 사이와 그 지지물 사이의 절연 물질로 많이 사용됨.

| 정 답 | 29 ① 30 ② 31 ② 32 ③ 33 ② 34 ③ |

35 직류 전동기 중 기동 토크가 매우 커서 크레인, 전차 등 큰 시동력이 필요한 곳에 주로 사용되는 형식은?

① 분권 전동기
② 복권 전동기
③ 타여자 전동기
④ 직권 전동기

직권 전동기는 계자 권선과 전기자 권선이 직렬로 연결되어 있어 기동 토크가 매우 크므로, 크레인, 전차 등 큰 시동력이 필요한 곳에 주로 사용됨.

36 납 축전지의 방전 여부를 판단하는 가장 좋은 방법은?

① 전압만 측정한다.
② 전류만 측정한다.
③ 비중과 전압을 함께 측정한다.
④ 온도만 측정한다.

납 축전지의 방전 여부를 판단하는 가장 좋은 방법은 전해액의 비중과 전압을 함께 측정하는 것임. 방전될수록 비중과 전압이 낮아짐.

37 선박이 물에 떠 있을 때 배제하는 물의 전체 중량을 나타내는 용어는?

① 재화중량
② 배수량
③ 총톤수
④ 순톤수

배수량은 선박이 물에 떠 있을 때 선박의 침수된 부분의 부피에 해당하는 물의 중량을 나타냄.

38 선박의 만재 흘수선으로부터 상갑판까지의 수직 거리를 의미하는 것은?

① 건현
② 형깊이
③ 흘수
④ 선체 깊이

건현(Freeboard)은 만재 흘수선으로부터 상갑판까지의 수직 거리를 의미함.

39 선미에 설치되어 선박의 선수미 방향의 안정을 유지하고 원하는 방향으로 조종하는 데 사용되는 장치는?

① 킬(Keel)
② 빌지 킬(Bilge Keel)
③ 러더(Rudder)
④ 트림(Trim)

러더(Rudder)는 선미에 설치되어 선박의 선수미 방향의 안정을 유지하고 원하는 방향으로 조종하는 데 사용되는 장치임.

40 선박의 총톤수에서 기관실, 선원실, 조타실 등 선박 운항에 필요한 비수익 공간을 공제한 톤수는?

① 경하배수톤수
② 만재배수톤수
③ 순톤수
④ 재화중량톤수

순톤수(Net Tonnage)는 총톤수에서 기관실, 선원실, 조타실 등 선박 운항에 필요한 비수익 공간을 공제한 톤수로, 화물 적재에 사용되는 수익 공간의 용적을 나타냄.

| 정 답 | 35 ④ 36 ③ 37 ② 38 ① 39 ③ 40 ③

41 유조선과 같이 인화성 액체 화물을 운반하는 선박에서 중앙 기관실보다 선미 기관실을 주로 채택하는 주된 이유로 옳지 않은 것은?

① 화재 위험성 감소
② 선수 트림 조정이 용이
③ 축로의 길이 단축
④ 중앙부의 화물창 공간 확보

유조선은 인화성 액체 화물을 운반하므로 화재 위험성이 높음.

42 선박의 전 저항 중 침수 표면적의 크기에 가장 큰 영향을 받는 요소는?

① 조파 저항
② 마찰 저항
③ 조와 저항
④ 공기 저항

선박의 전 저항 중 침수 표면적에 가장 크게 비례하여 발생하는 저항은 마찰 저항임.

43 선박이 파도의 마루에 위치하거나 선수미부에 화물이 집중되어 선수와 선미가 아래로 처지고 중앙부가 위로 들리는 현상은?

① 새깅(Sagging)
② 호깅(Hogging)
③ 래킹(Racking)
④ 팬팅(Panting)

호깅(Hogging)은 선박이 파도의 마루(crest)에 위치하거나 선수미부에 화물이 집중될 때, 선수와 선미가 아래로 처지고 중앙부가 위로 들리는 현상임.

44 선박에 설치되는 구명 설비 중 승무원 각자가 상체에 착용하여 조난 시 부유할 수 있도록 돕는 개인용 설비는?

① 구명정
② 구명 뗏목
③ 구명 부환
④ 구명 동의

구명 동의(Life Jacket)는 1인용 개인 구명 설비로, 조난 시 개인이 착용하여 부유할 수 있도록 도움.

45 선체 강도를 보강하고 침수 발생 시 피해 확대를 줄이는 목적으로 설치되는 횡방향 구조 부재는?

① 용골(Keel)
② 종통재(Longitudinal)
③ 늑골(Frame)
④ 거더(Girder)

늑골(Frame)은 선체 강도를 증가시키고 침수 시 피해를 줄이는 목적으로 설치되는 횡방향 구조 부재임.

46 길이가 110m, 폭이 20m, 흘수가 5m인 직육면체 모양의 선박이 담수(비중 1.0)에 떠 있을 때, 이 선박의 배수량은 몇 톤인가?

① 9000톤
② 10000톤
③ 11000톤
④ 12000톤

직육면체 선박의 배수량은 (길이 × 폭 × 흘수 × 담수 비중)으로 계산함.

| 정 답 | 41 ② 42 ② 43 ② 44 ④ 45 ③ 46 ③

47 선박의 선수 수선 아래 부분에 공 모양의 돌출부를 두어 선수파의 파형을 조정하고 조파 저항을 감소시키는 선수 형상은?

① 램형 선수
② 클리퍼형 선수
③ 구상 선수
④ 경사형 선수

구상 선수(Bulbous Bow)는 선수 수선 아래 부분에 공 모양의 돌출부를 두어 선수파의 파형을 조정하고, 선박의 조파 저항을 감소시키는 선수 형상임.

48 선박 추진축의 균열 및 결함을 조사하는 비파괴 검사법 중 현미경을 이용한 조직 검사법이 아닌 것은?

① 마이크로 검사법
② 전자기 탐상 검사법
③ 초음파 탐상 검사법
④ 방사선 투과 검사법

마이크로 검사법은 현미경을 이용한 조직 검사법으로, 비파괴 검사법이 아닌 파괴 검사법에 가까움. 전자기 탐상, 초음파 탐상, 방사선 투과 검사 등은 비파괴 검사법임.

49 유류, 가스, 유지 등 인화성 액체 및 기체에 의한 화재로 분류되는 것은?

① A급 화재
② B급 화재
③ C급 화재
④ D급 화재

B급 화재는 유류, 가스, 유지 등 인화성 액체 및 기체에 의한 화재를 분류함.

50 선박의 운항 중 선체에 작용하는 종방향 굽힘 모멘트(Sagging, Hogging)를 감소시키기 위한 화물 적재 방법으로 가장 적절한 것은?

① 선수미부에 화물을 집중 적재한다.
② 선체 중앙부에 화물을 집중 적재한다.
③ 화물을 선체 전체에 고르게 분산 적재한다.
④ 한쪽 현측에 화물을 집중 적재한다.

선박의 운항 중 선체에 작용하는 종방향 굽힘 모멘트를 감소시키기 위해서는 화물을 선체 전체에 고르게 분산 적재해야 함.

51 선박에서 이중저(Double bottom) 구조의 상면을 덮는 부재는?

① 갑판
② 내저판
③ 정판
④ 마진판

이중저(Double bottom) 구조의 상면을 덮는 부재는 내저판임.

52 금속 재료의 인성(Toughness)을 나타내는 기계적 성질 시험은?

① 브리넬 경도 시험
② 로크웰 경도 시험
③ 샤르피 충격 시험
④ 비커스 경도 시험

샤르피 충격 시험(Charpy Impact Test)은 금속 재료의 인성(Toughness)을 나타내는 시험으로, 재료의 충격 흡수 능력과 파괴에 대한 저항을 평가함.

|정|답| 47 ③ 48 ① 49 ② 50 ③ 51 ② 52 ③

53 미터 보통 나사에서 표준 나사산의 각도는 몇 도(°)인가?

① 30°
② 60°
③ 90°
④ 120°

미터 보통 나사의 표준 나사산 각도는 60°임.

54 기계 제도에서 물체의 보이지 않는 형상이나 내부 구조를 나타낼 때 사용하는 선의 종류는?

① 굵은 실선
② 가는 실선
③ 가는 1점 쇄선
④ 가는 파선

숨은선(Hidden Line)은 물체의 보이지 않는 형상이나 내부 구조를 나타낼 때 사용하며, 가는 파선으로 표시함.

55 용접 작업 시 발생하는 강한 아크열과 유해 광선으로부터 용접공의 눈과 얼굴을 보호하기 위한 장비는?

① 보안경
② 방진 마스크
③ 차광 보안면
④ 안전모

용접 작업 시 발생하는 강한 아크열과 유해 광선으로부터 눈과 얼굴을 보호하기 위해서는 차광 보안면을 착용해야 함.

56 잇수가 40개이고 모듈이 4인 평기어의 이끝원 지름(외경)은 몇 mm인가?(단, 이끝원 지름 = 모듈 × (잇수 + 2))

① 160mm
② 168mm
③ 172mm
④ 176mm

4 × (40 + 2) = 4 × 42 = 168mm.

57 어미자 1눈금이 1mm이고, 아들자 20눈금이 어미자 19눈금과 일치하는 M형 버니어 캘리퍼스의 최소 측정값은 몇 mm인가?

① 0.01mm
② 0.02mm
③ 0.05mm
④ 0.1mm

어미자 1눈금 = 1mm, 아들자 20눈금이 어미자 19눈금과 일치하므로 아들자 1눈금 = 19/20mm = 0.95mm. 따라서 최소 측정값 = 1mm − 0.95mm = 0.05mm임.

58 TIG 용접에서 아크를 안정시키고 용융 금속을 대기 중의 산소로부터 보호하기 위해 사용되는 불활성 가스는?

① 질소
② 아르곤
③ 산소
④ 헬륨

TIG 용접에서 아크를 발생시키고 용융 금속을 보호하기 위해 아르곤(Ar)과 같은 불활성 가스를 사용함.

| 정 | 답 | 53 ② 54 ④ 55 ③ 56 ② 57 ③ 58 ②

59 피치가 3mm인 3줄 나사를 180° 회전시켰을 때 나사가 축 방향으로 이동하는 거리는 몇 mm인가?(단, 리드 = 피치 × 줄 수)

① 3.0mm
② 4.5mm
③ 6.0mm
④ 9.0mm

리드(lead) = 피치 × 줄 수이므로, 피치가 3mm이고 3줄 나사이므로 리드는 3mm × 3 = 9mm임.

60 한 면을 고정도의 평면으로 래핑 가공한 유리 또는 수정으로 만든 원판으로, 빛의 간섭 현상을 이용하여 게이지 블록 등의 평면을 측정하는 데 사용하는 것은?

① 직각자
② 옵티컬 플랫
③ 원통 직각자
④ 각도 게이지

옵티컬 플랫은 한 면을 고정도의 평면으로 래핑 가공한 유리 또는 수정으로 만든 원판으로, 빛의 간섭 현상을 이용하여 게이지 블록이나 각종 측정자 등의 평면을 측정하는 데 사용됨.

|정|답| 59 ② 60 ②

선박기관정비기능사 및 국가기술자격 시험 예상 문제 모의고사

제18회 모의고사

01 4행정 디젤기관에서 흡입 행정 시 피스톤의 이동 방향으로 옳은 것은?

① 상사점에서 하사점으로 이동한다.
② 하사점에서 상사점으로 이동한다.
③ 중간 지점에서 상사점으로 이동한다.
④ 중간 지점에서 하사점으로 이동한다.

4행정 디젤기관에서 흡입 행정은 흡기 밸브가 열린 상태에서 피스톤이 상사점(TDC)에서 하사점(BDC) 으로 이동하며 실린더 내로 외부 공기를 흡입하는 과정임.

02 2행정 디젤기관이 4행정 디젤기관과 비교하여 크랭크축 1회전당 폭발 횟수는?

① 1회 적다.
② 1회 많다.
③ 동일하다.
④ 실린더 수에 따라 비례한다.

2행정 사이클 기관은 크랭크축 1회전당 1회 폭발하며, 4행정 사이클 기관은 크랭크축 2회전당 1회 폭발함.

03 디젤기관의 연료유가 가져야 할 성질 중, 착화 지연 기간을 단축시키는 데 가장 효과적인 것은?

① 낮은 점도
② 낮은 인화점
③ 높은 세탄가
④ 높은 비중

디젤기관에서 연료의 세탄가가 높을수록 착화성이 좋아져 착화 지연 기간이 단축되고, 연소가 원활하게 이루어짐.

04 내연기관에서 T.D.C(Top Dead Center)가 의미하는 것은?

① 피스톤이 실린더 내에서 가장 위에 위치한 지점
② 피스톤이 실린더 내에서 가장 아래에 위치한 지점
③ 크랭크축이 회전을 시작하는 지점
④ 밸브가 완전히 열리는 지점

T.D.C(Top Dead Center)는 피스톤이 실린더 내에서 가장 위에 위치한 지점인 상사점을 의미함.

| 정답 | 01 ① 02 ② 03 ③ 04 ①

05 디젤기관에서 연소실의 압축 가스 또는 연소 가스가 피스톤 링과 실린더 벽 사이로 새어 나가는 현상은?

① 베이퍼록
② 미스파이어
③ 블로 바이
④ 바이패스

블로 바이(Blow-by)는 내연기관에서 연소실의 압축 가스 및 연소 가스가 피스톤 링과 실린더 벽 사이의 틈새를 통해 크랭크실로 새어 나가는 현상임.

06 디젤기관에서 플라이휠의 주된 역할로 옳은 것은?

① 밸브 개폐 시기 조절
② 윤활유 압력 조절
③ 기관 회전력의 불균일 완화
④ 연료 분사 압력 조절

플라이휠은 기관의 회전 속도를 균일하게 유지하고, 각 실린더의 폭발 행정 간에 발생하는 토크 변화를 완화하여 회전력의 불균일을 줄이는 역할을 함.

07 디젤기관에서 피스톤의 왕복 운동력을 크랭크축의 회전 운동으로 변환하여 전달하는 핵심 부품은?

① 캠축
② 커넥팅 로드
③ 푸시 로드
④ 로커 암

커넥팅 로드는 피스톤의 왕복 운동력을 크랭크축의 회전 운동으로 변환하여 기관의 동력을 전달하는 핵심 부품임.

08 4행정 4실린더 디젤기관에서 크랭크축이 1회전할 때, 총 몇 회 폭발이 일어나는가?

① 1회
② 2회
③ 4회
④ 8회

4행정 기관은 크랭크축 2회전당 1회 폭발함.

09 디젤기관의 윤활유가 금속 부품 표면에 보호막을 형성하여 산화나 부식으로부터 부품을 보호하는 작용은?

① 냉각 작용
② 방청 작용
③ 기밀 작용
④ 청정 작용

윤활유의 방청 작용은 금속 부품 표면에 보호막을 형성하여 산화나 부식으로부터 부품을 보호하는 역할을 함.

10 디젤기관의 메인 베어링에서 발열이 발생하는 원인으로, 윤활유 공급과 관련이 있는 것은?

① 윤활유 공급량이 부족할 때
② 윤활유 점도가 너무 높을 때
③ 윤활유 온도가 너무 낮을 때
④ 윤활유 여과기가 막혔을 때

디젤기관의 메인 베어링에서 발열이 발생하는 원인 중 윤활유 공급과 관련해서는 윤활유 공급량이 부족할 때 마찰이 심해져 발열이 발생할 수 있음.

|정|답| 05 ③ 06 ③ 07 ② 08 ② 09 ② 10 ①

11 4행정 기관에서 흡기 밸브와 배기 밸브가 상사점 부근에서 동시에 열려있는 기간을 무엇이라 하는가?

① 밸브 타이밍
② 밸브 겹침
③ 밸브 간극
④ 밸브 플러터

밸브 겹침(Overlap)은 4행정 기관에서 흡기 밸브가 열리기 시작하는 시점과 배기 밸브가 완전히 닫히는 시점이 일시적으로 겹쳐 두 밸브가 동시에 열려있는 기간을 말함.

12 디젤기관의 피스톤 링 중 실린더 내 연소 가스의 누설을 방지하고 압력을 유지하는 주된 역할을 하는 것은?

① 오일 링
② 압축 링
③ 스크레이퍼 링
④ 익스팬더 링

압축 링은 실린더 내 연소 가스의 누설을 방지하고 압력을 유지하여 기관의 기밀을 확보하는 주된 역할을 함.

13 4행정 디젤기관에서 캠축 1회전 동안 크랭크축은 몇 회전하는가?

① 1/2회전
② 1회전
③ 2회전
④ 4회전

4행정 기관에서 크랭크축이 2회전하는 동안 캠축은 1회전하며, 흡입, 압축, 폭발, 배기의 4가지 행정이 완료됨.

14 어떤 디젤기관의 지시마력이 120PS이고 제동마력이 108PS이었다면, 이 기관의 기계효율은 몇 %인가?

① 80%
② 85%
③ 90%
④ 95%

기계효율(η_m) = 제동마력(P_e) / 지시마력(P_i)이므로, 기계효율(η_m) = 108PS / 120PS × 100% = 90%.

15 디젤기관에서 과급(Supercharge)을 행하는 주된 이유는?

① 배기를 좋게 하기 위하여
② 평균유효압력을 높이기 위하여
③ 윤활유 소비를 줄이기 위하여
④ 실린더 내에 공기를 빨리 넣기 위하여

디젤기관에서 과급(Supercharge)을 행하는 주된 목적은 실린더 내로 더 많은 공기를 공급하여 평균 유효 압력을 높임으로써 기관의 출력을 증대시키기 위함.

16 냉동 장치에서 -15°C를 기준으로 했을 때, 증발 잠열이 가장 큰 냉매는?

① 프레온 R-12
② 탄산가스
③ 메틸클로라이드
④ 암모니아

냉매 중 암모니아는 -15°C에서 증발 잠열이 가장 큰 냉매로 알려져 있음.

| 정 답 | 11 ② 12 ② 13 ③ 14 ③ 15 ② 16 ④

17 냉동 장치에서 증발기에서 증발한 저온 저압의 냉매 가스를 고온 고압의 가스로 압축하는 역할을 하는 주요 구성 요소는?

① 증발기
② 응축기
③ 압축기
④ 팽창 밸브

압축기는 냉동 장치에서 증발기에서 증발한 저온 저압의 냉매 가스를 고온 고압의 가스로 압축하여 응축기로 보내는 역할을 함.

18 보일러에서 급수를 예열하여 보일러의 열효율을 높이는 장치는?

① 과열기
② 절탄기
③ 공기 예열기
④ 재열기

절탄기(Economizer)는 보일러에서 배출되는 고온의 연소가스 열을 이용하여 급수를 예열함으로써 보일러의 전체 열효율을 높이는 장치임.

19 유압 시스템에서 유압 에너지를 기계적인 선형 또는 회전 운동으로 변환시키는 장치는?

① 유압 펌프
② 유압 밸브
③ 액추에이터
④ 유압 탱크

액추에이터(Actuator)는 유압 시스템에서 유압 에너지를 기계적인 선형 운동(실린더) 또는 회전 운동(모터)으로 변환하여 일을 수행하는 장치임.

20 냉동 사이클에서 냉동 효과를 얻기 위해 냉매가 주변으로부터 열을 흡수하여 액체에서 증기로 상태 변화하는 장치는?

① 압축기
② 응축기
③ 팽창 밸브
④ 증발기

냉동 사이클에서 증발기는 냉매가 주변으로부터 열을 흡수하여 액체 상태에서 증기 상태로 변화하며 냉동 효과를 발생시키는 장치임.

21 원심 펌프에서 펌프 운전 중 진동이나 비정상적인 소리가 발생하는 원인으로 가장 적절한 것은?

① 펌프 회전 속도 과대
② 유체의 점도가 너무 높을 때
③ 흡입 양정이 너무 낮을 때
④ 축의 중심이 어긋나 있을 때

원심 펌프에서 펌프 운전 중 진동이나 비정상적인 소리가 발생하는 주요 원인 중 하나는 축의 중심이 어긋나 있을 때임.

22 냉동 장치에서 냉매 부족 시 나타나는 일반적인 현상은?

① 토출 압력이 높아진다.
② 흡입 압력이 낮아진다.
③ 압축기가 과열되지 않는다.
④ 냉동 능력이 증가한다.

냉동 장치에서 냉매가 부족할 경우, 증발기에서 냉매의 충분한 증발이 이루어지지 않아 흡입 압력이 낮아지게 됨.

23 보일러 운전 중 수면계에 수위가 보이지 않아 비상 정지해야 할 때, 가장 먼저 조치해야 할 사항은?

① 급수 펌프 가동
② 연료 공급 차단
③ 증기 밸브 개방
④ 송풍기 정지

보일러 운전 중 수면계에 수위가 전혀 보이지 않을 때는 보일러 본체의 과열 및 파손 위험이 있으므로, 가장 먼저 연료 공급을 차단하여 연소를 중지해야 함.

24 왕복 펌프의 공기실(Air Chamber) 설치 목적으로 가장 적절한 것은?

① 펌프 내부 압력 증가
② 흡입 양정 증대
③ 송출 유량의 맥동 감소
④ 펌프 효율 감소

왕복 펌프에 공기실(Air Chamber)을 설치하는 주된 목적은 송출 유량의 맥동을 흡수하여 유체의 흐름을 고르게 하고, 펌프의 안정적인 운전을 돕는 것임.

25 보일러의 연관이나 전열면에 부착된 그을음이나 재를 증기 또는 압축 공기를 사용하여 제거하는 장치는?

① 절탄기
② 공기 예열기
③ 슈트 블로어
④ 과열기

슈트 블로어(Soot Blower)는 보일러의 연관이나 전열면에 부착된 그을음이나 재를 증기 또는 압축 공기를 분사하여 제거하는 장치로, 열효율 저하를 방지함.

26 증기 터빈에서 증기의 유동 방향을 정하며 증기의 압력 에너지를 운동 에너지로 변환하는 역할을 하는 장치는?

① 로터(Rotor)
② 케이싱(Casing)
③ 날개(Blade)
④ 노즐(Nozzle)

증기 터빈에서 노즐은 증기의 유동 방향을 정하고, 증기의 압력 에너지를 운동 에너지로 변환하여 터빈의 날개에 고속으로 분사함으로써 동력을 발생시키는 역할을 함.

27 냉동기 작동 중 압축기가 과열되었다면, 그 원인으로 가장 적절한 것은?

① 응축기 압력이 너무 낮을 때
② 윤활유가 부족하거나 급유 펌프가 고장 났을 때
③ 팽창 밸브의 열림 양이 너무 많을 때
④ 증발기에 액체 냉매가 너무 많을 때

냉동기 압축기가 과열되는 원인 중 하나는 윤활유 부족이나 급유 펌프 고장으로 인해 윤활이 불충분해져 마찰열이 과도하게 발생하기 때문임.

28 저항이 6Ω인 회로에 18V의 전압을 가했을 때 흐르는 전류는 몇 A인가?

① 1A
② 2A
③ 3A
④ 4A

옴의 법칙(V=IR)에 따라 전류(I) = 전압(V) / 저항(R).

|정|답| 23 ② 24 ③ 25 ③ 26 ④ 27 ② 28 ③

29 150W의 전력을 소비하는 25V 직류 전구에 흐르는 전류는 몇 A인가?

① 4A
② 5A
③ 6A
④ 7A

전력(P) = 전압(V) × 전류(I)에 따라 전류(I) = 전력(P) / 전압(V).

30 3상 교류 전원 시스템에서 각 상의 전압 또는 전류는 서로 몇 도(°)의 위상차를 가지는가?

① 60°
② 120°
③ 180°
④ 360°

3상 교류 전원에서는 각 상의 전압 또는 전류가 서로 120°의 위상차를 가짐.

31 직류 발전기에서 전기자에 유도된 교류 기전력을 외부 회로에 직류로 공급하기 위해 사용되는 부품은?

① 계자
② 정류자
③ 브러시
④ 슬립 링

직류 발전기에서 전기자에 유도된 교류 기전력을 외부 회로에 직류로 공급하기 위해 정류자가 사용됨.

32 용량이 120Ah인 납축전지에서 6A의 전류로 방전시키면 최대로 몇 시간 동안 사용할 수 있는가?

① 15시간
② 20시간
③ 25시간
④ 30시간

사용 가능한 시간(h) = 용량(Ah) / 전류(A).

33 폭발성 가스 또는 증기가 존재하는 위험한 환경에서 안전하게 사용할 수 있도록 특수하게 설계된 전기 기구의 형식은?

① 방수형
② 방폭형
③ 수중형
④ 풍우밀형

방폭형 전기기구는 폭발성 가스나 증기가 존재하는 위험한 환경에서 안전하게 사용할 수 있도록 고안된 형식임.

34 발전기의 정류자편 사이와 그 지지물 사이의 절연 물질로 주로 사용되며, 절연성이 우수하고 고온에 강한 것은?

① 나무
② 고무
③ 마이카
④ 에보나이트

마이카(Mica)는 절연성이 우수하고 고온에 강하여 발전기의 정류자편 사이와 그 지지물 사이의 절연 물질로 많이 사용됨.

| 정 | 답 | 29 ③ 30 ② 31 ② 32 ② 33 ② 34 ③

35 직류 전동기 중 기동 토크가 매우 커서 크레인, 전차 등 큰 시동력이 필요한 곳에 주로 사용되는 형식은?

① 분권 전동기
② 복권 전동기
③ 타여자 전동기
④ 직권 전동기

직권 전동기는 계자 권선과 전기자 권선이 직렬로 연결되어 있어 기동 토크가 매우 크므로, 크레인, 전차 등 큰 시동력이 필요한 곳에 주로 사용됨.

36 납 축전지의 방전 여부를 판단하는 가장 좋은 방법은?

① 전압만 측정한다.
② 전류만 측정한다.
③ 비중과 전압을 함께 측정한다.
④ 온도만 측정한다.

납 축전지의 방전 여부를 판단하는 가장 좋은 방법은 전해액의 비중과 전압을 함께 측정하는 것임.

37 선박이 물에 떠 있을 때 배제하는 물의 전체 중량을 나타내는 용어는?

① 재화중량
② 배수량
③ 총톤수
④ 순톤수

배수량은 선박이 물에 떠 있을 때 선박의 침수된 부분의 부피에 해당하는 물의 중량을 나타냄.

38 선박의 만재 흘수선으로부터 상갑판까지의 수직 거리를 의미하는 것은?

① 건현
② 형깊이
③ 흘수
④ 선체 깊이

건현(Freeboard)은 선박의 만재 흘수선으로부터 상갑판까지의 수직 거리를 의미함.

39 선미에 설치되어 선박의 선수미 방향의 안정을 유지하고 원하는 방향으로 조종하는 데 사용되는 장치는?

① 킬(Keel)
② 빌지 킬(Bilge Keel)
③ 러더(Rudder)
④ 트림(Trim)

러더(Rudder)는 선미에 설치되어 선박의 선수미 방향의 안정을 유지하고 원하는 방향으로 조종하는 데 사용되는 장치임.

40 선박의 총톤수에서 기관실, 선원실, 조타실 등 선박 운항에 필요한 비수익 공간을 공제한 톤수는?

① 경하배수톤수
② 만재배수톤수
③ 순톤수
④ 재화중량톤수

순톤수(Net Tonnage)는 총톤수에서 기관실, 선원실, 조타실 등 선박 운항에 필요한 비수익 공간을 공제한 톤수임.

| 정 | 답 | 35 ④ 36 ③ 37 ② 38 ① 39 ③ 40 ③

41 선박의 마찰 저항 크기에 가장 큰 영향을 미치는 요소는?

① 조파 저항
② 침수 표면적
③ 파고
④ 유체의 밀도

선박의 전 저항 중 침수 표면적에 가장 크게 비례하여 발생하는 저항은 마찰 저항임.

42 길이가 100m, 폭이 15m, 흘수가 4m인 직육면체 모양의 선박이 해수(비중 1.025)에 떠 있을 때, 이 선박의 배수량은 몇 톤인가?

① 6000톤
② 6150톤
③ 6300톤
④ 6450톤

직육면체 선박의 배수량은 (길이 × 폭 × 흘수 × 해수 비중)으로 계산함.

43 유조선과 같이 인화성 액체 화물을 운반하는 선박에서 중앙 기관실보다 선미 기관실을 주로 채택하는 주된 이유로 옳지 않은 것은?

① 화재 위험성 감소
② 선수 트림 조정이 용이
③ 축로의 길이 단축
④ 중앙부의 화물창 공간 확보

유조선은 인화성 액체 화물을 운반하므로 화재 위험성이 높음.

44 선박이 항해 중 파도의 골(trough)에 위치하거나 선체 중앙부에 화물이 과도하게 집중될 때, 선수와 선미가 위로 들리고 중앙부가 아래로 처지는 현상은?

① 호깅(Hogging)
② 새깅(Sagging)
③ 래킹(Racking)
④ 팬팅(Panting)

새깅(Sagging)은 선박이 파도의 골(trough)에 위치하거나 선체 중앙부에 화물이 과도하게 집중될 때, 선수와 선미가 위로 들리고 중앙부가 아래로 처지는 현상임.

45 선박에 설치되는 구명 설비 중 승무원 각자가 상체에 착용하여 조난 시 부유할 수 있도록 돕는 개인용 설비는?

① 구명정
② 구명 뗏목
③ 구명 부환
④ 구명 동의

구명 동의(Life Jacket)는 1인용 개인 구명 설비로, 조난 시 개인이 착용하여 부유할 수 있도록 도움.

46 선체 강도를 보강하고 침수 발생 시 피해 확대를 줄이는 목적으로 설치되는 횡방향 구조 부재는?

① 용골(Keel)
② 종통재(Longitudinal)
③ 늑골(Frame)
④ 거더(Girder)

늑골(Frame)은 선체 강도를 증가시키고 침수 시 피해를 줄이는 목적으로 설치되는 횡방향 구조 부재임.

| 정답 | 41 ② 42 ② 43 ② 44 ② 45 ④ 46 ③

47 선박의 선수 수선 아래 부분에 공 모양의 돌출부를 두어 선수파의 파형을 조정하고 조파 저항을 감소시키는 선수 형상은?

① 램형 선수
② 클리퍼형 선수
③ 구상 선수
④ 경사형 선수

구상 선수(Bulbous Bow)는 선수 수선 아래 부분에 공 모양의 돌출부를 두어 선수파의 파형을 조정하고, 선박의 조파 저항을 감소시키는 선수 형상임.

48 선박 추진축의 균열 및 결함을 조사하는 비파괴 검사법이 아닌 것은?

① 마이크로 검사법
② 전자기 탐상 검사법
③ 초음파 탐상 검사법
④ 방사선 투과 검사법

마이크로 검사법은 현미경을 이용한 조직 검사법으로, 비파괴 검사법이 아닌 파괴 검사법에 가까움.

49 유류, 가스, 유지 등 인화성 액체 및 기체에 의한 화재로 분류되는 것은?

① A급 화재
② B급 화재
③ C급 화재
④ D급 화재

B급 화재는 유류, 가스, 유지 등 인화성 액체 및 기체에 의한 화재를 분류함.

50 선박의 운항 중 선체에 작용하는 종방향 굽힘 모멘트(Sagging, Hogging)를 감소시키기 위한 화물 적재 방법으로 가장 적절한 것은?

① 선수미부에 화물을 집중 적재한다.
② 선체 중앙부에 화물을 집중 적재한다.
③ 화물을 선체 전체에 고르게 분산 적재한다.
④ 한쪽 현측에 화물을 집중 적재한다.

선박의 운항 중 선체에 작용하는 종방향 굽힘 모멘트를 감소시키기 위해서는 화물을 선체 전체에 고르게 분산 적재하여 하중 집중을 피해야 함.

51 이중저(Double bottom) 선체 구조의 특징으로 옳지 않은 것은?

① 선체 종강도 증대에 기여한다.
② 선저 파손 시 선내 침수를 방지한다.
③ 구조가 경량화되어 건조 비용이 절감된다.
④ 밸러스트 탱크 및 연료유 탱크 등으로 활용 가능하다.

이중저(Double bottom) 선체 구조는 선체 종강도 증대, 선저 파손 시 선내 침수 방지, 밸러스트 탱크 및 연료유 탱크 등으로 활용 가능 등의 장점이 있음.

52 금속 재료의 인성(Toughness)을 나타내는 기계적 성질 시험은?

① 브리넬 경도 시험
② 로크웰 경도 시험
③ 샤르피 충격 시험
④ 비커스 경도 시험

샤르피 충격 시험(Charpy Impact Test)은 금속 재료의 인성(Toughness)을 나타내는 시험으로, 재료의 충격 흡수 능력과 파괴에 대한 저항을 평가함.

| 정답 | 47 ③ | 48 ① | 49 ② | 50 ③ | 51 ③ | 52 ③ |

53 미터 보통 나사에서 표준 나사산의 각도는 몇 도(°)인가?

① 30°
② 60°
③ 90°
④ 120°

미터 보통 나사의 표준 나사산 각도는 60°임.

54 기계 제도에서 물체의 보이지 않는 형상이나 내부 구조를 나타낼 때 사용하는 선의 종류는?

① 굵은 실선
② 가는 실선
③ 가는 1점 쇄선
④ 가는 파선

숨은선(Hidden Line)은 물체의 보이지 않는 형상이나 내부 구조를 나타낼 때 사용하며, 가는 파선으로 표시함.

55 용접 작업 시 발생하는 강한 아크열과 유해 광선으로부터 용접공의 눈과 얼굴을 보호하기 위한 장비는?

① 보안경
② 방진 마스크
③ 차광 보안면
④ 안전모

용접 작업 시 발생하는 강한 아크열과 유해 광선으로부터 눈과 얼굴을 보호하기 위해서는 차광 보안면을 착용해야 함.

56 잇수가 35개이고 모듈이 4인 평기어의 이 끝원 지름(외경)은 몇 mm인가?(단, 이끝원 지름 = 모듈 × (잇수 + 2))

① 140mm
② 144mm
③ 148mm
④ 152mm

이끝원 지름 (외경) = 모듈 × (잇수 + 2)이므로, 4 × (35 + 2) = 4 × 37 = 148m.

57 어미자 1눈금이 1mm이고, 아들자 20눈금이 어미자 19눈금과 일치하는 M형 버니어 캘리퍼스의 최소 측정값은 몇 mm인가?

① 0.01mm
② 0.02mm
③ 0.05mm
④ 0.1mm

어미자 1눈금 = 1mm, 아들자 20눈금이 어미자 19눈금과 일치하므로 아들자 1눈금 = 19/20mm = 0.95mm.
따라서 최소 측정값 = 1mm − 0.95mm = 0.05mm임.

58 TIG 용접에서 아크를 안정시키고 용융 금속을 대기 중의 산소로부터 보호하기 위해 사용되는 불활성 가스는?

① 질소
② 아르곤
③ 산소
④ 헬륨

TIG 용접에서 아크를 발생시키고 용융 금속을 보호하기 위해 아르곤(Ar)과 같은 불활성 가스를 사용함.

| 정답 | 53 ② | 54 ④ | 55 ③ | 56 ④ | 57 ③ | 58 ② |

59 피치가 2mm인 3줄 나사를 360° 회전시켰을 때 나사가 축 방향으로 이동하는 거리는 몇 mm인가?(단, 리드 = 피치 × 줄 수)

① 2mm
② 4mm
③ 6mm
④ 8mm

리드(lead) = 피치 × 줄 수이므로, 피치가 2mm이고 3줄 나사이므로 리드는 2mm × 3 = 6mm.

60 한 면을 고정도의 평면으로 래핑 가공한 유리 또는 수정으로 만든 원판으로, 빛의 간섭 현상을 이용하여 게이지 블록 등의 평면을 측정하는 데 사용하는 것은?

① 직각자
② 옵티컬 플랫
③ 원통 직각자
④ 각도 게이지

옵티컬 플랫은 한 면을 고정도의 평면으로 래핑 가공한 유리 또는 수정으로 만든 원판으로, 빛의 간섭 현상을 이용하여 게이지 블록이나 각종 측정자 등의 평면을 측정하는 데 사용됨.

| 정답 | 59 ③ 60 ②

선박기관정비기능사 및 국가기술자격 시험 예상 문제 모의고사

제19회 모의고사

01 4행정 디젤기관에서 흡입 행정 시 흡기 밸브는 열리고 피스톤은 어느 방향으로 이동하는가?

① 상사점에서 하사점으로
② 하사점에서 상사점으로
③ 중간에서 상사점으로
④ 중간에서 하사점으로

4행정 디젤기관에서 흡입 행정은 흡기 밸브가 열린 상태에서 피스톤이 상사점에서 하사점으로 이동하며 실린더 내로 외부 공기를 흡입하는 과정임.

02 디젤기관의 연료 분사 시기가 정상보다 너무 늦을 경우 기관 성능에 미치는 영향으로 가장 적절한 것은?

① 연소 소음 증가
② 후연소 발생으로 출력 감소
③ 최대 연소 압력 상승
④ 착화 지연 기간 단축

디젤기관의 연료 분사 시기가 너무 늦을 경우, 연소가 팽창 행정 중에 주로 발생하여 후연소가 일어나고, 이는 기관의 출력 감소 및 연료 소비율 증가로 이어짐.

03 디젤기관의 연료유 성질 중 착화성을 나타내는 주요 지표는 무엇인가?

① 비중
② 인화점
③ 세탄가
④ 동점도

연료의 착화성은 세탄가로 나타냄. 세탄가가 높을수록 착화성이 좋고 착화 지연 기간이 짧아짐.

04 4행정 기관에서 흡입, 압축, 폭발, 배기 행정이 모두 완료되는 동안 크랭크축은 몇 회전하는가?

① 1/4회전
② 1/2회전
③ 1회전
④ 2회전

4행정 기관은 흡입, 압축, 폭발, 배기 4가지 행정이 모두 완료되는 동안 크랭크축이 2회전함.

|정|답| 01 ① 02 ② 03 ③ 04 ④

05 디젤기관에서 피스톤에 작용하는 폭발력을 크랭크축에 전달하는 핵심 부품은?

① 커넥팅 로드
② 캠축
③ 푸시 로드
④ 로커 암

커넥팅 로드는 피스톤의 왕복 운동력을 크랭크축의 회전 운동으로 변환하여 기관의 동력을 전달하는 핵심 부품임.

06 디젤기관에서 노킹(knocking) 현상이 가장 잘 발생할 수 있는 조건은?

① 연료의 세탄가가 높을 때
② 실린더 온도가 너무 높을 때
③ 착화 지연 기간이 짧을 때
④ 압축 압력이 너무 낮을 때

디젤기관에서 노킹(knocking) 현상은 착화 지연 기간이 길어지거나, 실린더 온도가 너무 낮을 때, 또는 압축 압력이 너무 낮을 때 연료가 한꺼번에 폭발적으로 연소되면서 발생하기 쉬움.

07 4행정 8실린더 디젤기관이 1분당 900rpm으로 회전할 때, 1분간 발생하는 총 폭발 횟수는?

① 1800회
② 2700회
③ 3600회
④ 4500회

4행정 기관은 크랭크축 2회전당 1회 폭발함.

08 디젤기관의 윤활유의 작용 중 금속 부품 표면에 보호막을 형성하여 녹이 스는 것을 방지하는 작용은?

① 방청 작용
② 냉각 작용
③ 기밀 작용
④ 청정 작용

윤활유의 방청 작용은 금속 부품 표면에 보호막을 형성하여 산화나 부식으로부터 부품을 보호하는 역할을 함.

09 디젤기관에서 메인 베어링의 발열 원인이 아닌 것은?

① 베어링 하중이 너무 클 때
② 베어링 틈새가 부적당할 때
③ 공급 윤활유 양이 적절할 때
④ 선체의 휨 및 기관대가 변형되었을 때

메인 베어링의 발열 원인으로는 베어링 하중 과대, 틈새 부적당, 선체 휨 및 기관대 변형 등이 있음.

10 4행정 디젤기관에서 흡기 행정 말기와 배기 행정 초기에 밸브 겹침(Overlap)이 발생하는 주된 목적은?

① 연료 분사 효율 증대
② 기관의 압축비 조절
③ 윤활유 소비 감소
④ 실린더 내 잔류 가스 배출 및 신선 공기 흡입 촉진

밸브 겹침(Overlap)은 배기 행정 말기와 흡기 행정 초기에 발생하며, 이를 통해 실린더 내 잔류 가스를 효과적으로 배출하고 신선한 공기를 더 많이 흡입하여 소기 효율을 높이는 것이 주된 목적임.

| 정답 | 05 ① 06 ④ 07 ③ 08 ① 09 ③ 10 ④ |

11 디젤기관에서 실린더 라이너의 마모량을 측정하고자 할 때, 1개의 실린더에서 일반적으로 몇 곳을 측정하는가?

① 2곳
② 4곳
③ 6곳
④ 8곳

디젤기관에서 실린더 라이너의 마모량을 측정할 때는 정확한 진단과 수리 계획을 위해 일반적으로 6곳을 측정함.

12 디젤기관의 피스톤 링이 고온에서도 변형이 적고, 실린더 벽에 균일하게 밀착해야 하는 가장 주된 이유는?

① 윤활유 소모 감소
② 블로 바이 현상 방지
③ 피스톤 링의 마모 감소
④ 냉각 효율 증대

피스톤 링은 실린더 내 연소가스 및 압축가스가 크랭크실로 새어 나가는 현상인 블로 바이(Blow-by)를 방지하여 기밀을 유지하는 역할을 함.

13 디젤기관에서 크랭크 암의 개폐작용 과대를 확인하여 축 중심 정렬 상태를 점검하는 측정은?

① 크랭크 암 디플렉션 측정
② 피스톤 링 마모 측정
③ 밸브 간극 측정
④ 윤활유 압력 측정

크랭크 암의 디플렉션(deflection)을 측정하는 주된 목적은 추진축이 휘었는지 확인하고, 축 중심이 어긋났는가를 점검하여 축계의 정렬 상태를 확인하는 것임.

14 2행정 디젤기관이 4행정 디젤기관과 비교하여 크랭크축 1회전당 폭발 횟수는?

① 1회 적다.
② 1회 많다.
③ 동일하다.
④ 실린더 수에 따라 비례한다.

2행정 사이클 기관은 크랭크축 1회전당 1회 폭발하며, 4행정 사이클 기관은 크랭크축 2회전당 1회 폭발함.

15 디젤기관의 열효율이 다른 기관에 비해 높은 주된 이유는?

① 압축비가 크기 때문이다.
② 양질유를 사용하기 때문이다.
③ 큰 플라이휠을 사용하기 때문이다.
④ RPM(1분간 회전수)이 높기 때문이다.

디젤기관이 다른 기관에 비해 열효율이 높은 가장 주된 이유는 압축비가 크기 때문임.

16 냉동 장치에서 냉매의 압력을 높이는 역할을 하는 핵심 장치는?

① 압축기
② 응축기
③ 증발기
④ 팽창 밸브

압축기는 냉동 장치에서 증발기에서 증발한 저온 저압의 냉매 가스를 고온 고압의 가스로 압축하여 응축기로 보내는 역할을 함.

|정답| 11 ③ 12 ② 13 ① 14 ② 15 ① 16 ①

17 보일러에서 발생한 증기 중에 포함된 수분을 제거하는 장치는?

① 슈트 불로워
② 과열 저감기
③ 스팀 헤드
④ 기수 분리기

기수 분리기는 보일러에서 발생한 증기 중에 포함된 수분을 제거하여 건조한 증기를 공급하는 장치임.

18 원심 펌프 운전 중 진동이나 비정상적인 소리가 발생하는 원인으로 가장 적절한 것은?

① 펌프 회전 속도 과대
② 유체의 점도가 너무 높을 때
③ 흡입 양정이 너무 낮을 때
④ 축의 중심이 어긋나 있을 때

원심 펌프 운전 중 진동이나 비정상적인 소리가 발생하는 주요 원인 중 하나는 축의 중심이 어긋나 있을 때임.

19 유압 시스템에서 유압 에너지를 기계적인 선형 또는 회전 운동으로 변환시키는 장치는?

① 유압 펌프
② 유압 밸브
③ 액추에이터
④ 유압 탱크

액추에이터(Actuator)는 유압 시스템에서 유압 에너지를 기계적인 선형 운동(실린더) 또는 회전 운동(모터)으로 변환하여 일을 수행하는 장치임.

20 냉동 사이클에서 냉동 효과를 얻기 위해 냉매가 열을 흡수하여 액체에서 증기로 상태 변화하는 과정이 일어나는 장치는?

① 압축기
② 응축기
③ 증발기
④ 팽창 밸브

증발기는 냉동 사이클에서 냉매가 주변으로부터 열을 흡수하여 액체 상태에서 증기 상태로 변화하며 냉동 효과를 발생시키는 장치임.

21 보일러의 수위계가 정상 작동하지 않아 수위가 보이지 않을 때 가장 먼저 조치해야 할 사항은?

① 급수 펌프 가동 중지
② 연료 공급 차단
③ 증기 밸브 개방
④ 보일러 냉각수 주입

보일러 운전 중 수위계가 정상 작동하지 않아 수위가 보이지 않을 때는 보일러 본체의 과열 및 파손 위험이 있으므로, 가장 먼저 연료 공급을 차단하여 연소를 중지해야 함.

22 왕복 펌프의 공기실(Air chamber) 설치 목적으로 옳은 것은?

① 펌프의 효율 감소
② 송출 유량의 맥동 감소
③ 흡입 양정 증가
④ 펌프 내부 압력 증가

왕복 펌프에 공기실(Air Chamber)을 설치하는 주된 목적은 송출 유량의 맥동을 흡수하여 유체의 흐름을 고르게 하고, 펌프의 안정적인 운전을 돕는 것임.

| 정 | 답 | 17 ④ 18 ④ 19 ③ 20 ③ 21 ② 22 ②

23 냉동 장치에서 냉매 부족 시 나타나는 현상으로 옳은 것은?

① 흡입 압력이 낮아진다.
② 응축 압력이 높아진다.
③ 압축기가 과열되지 않는다.
④ 냉동 능력이 증가한다.

냉동 장치에서 냉매 부족 시, 증발기에서 냉매의 충분한 증발이 이루어지지 않아 흡입 압력이 낮아지게 됨.

24 보일러 전열면에 부착된 그을음이나 재를 증기나 공기로 불어내어 청소하는 장치는?

① 공기 예열기
② 절탄기
③ 슈트 블로어
④ 과열기

슈트 블로어(Soot Blower)는 보일러의 연관이나 전열면에 부착된 그을음이나 재를 증기 또는 압축 공기를 분사하여 제거하는 장치로, 열효율 저하를 방지함.

25 증기 터빈에서 증기의 유동 방향을 정하며 증기의 압력 에너지를 운동 에너지로 변환하는 역할을 하는 장치는?

① 로터(Rotor)
② 케이싱(Casing)
③ 날개(Blade)
④ 노즐(Nozzle)

증기 터빈에서 노즐은 증기의 유동 방향을 정하고, 증기의 압력 에너지를 운동 에너지로 변환하여 터빈 날개에 고속으로 분사함으로써 동력을 발생시키는 역할을 함.

26 0°C의 순수한 물 1톤을 24시간에 걸쳐서 0°C의 얼음으로 바꾸는 냉동 능력은?

① 1냉동톤
② 1제빙톤
③ 1얼음톤
④ 1응축톤

1 냉동톤은 0°C의 순수한 물 1톤(1000kg)을 24시간에 걸쳐서 0°C의 얼음으로 바꾸는 데 필요한 냉동 능력을 나타내는 단위임.

27 냉동기 작동 중 압축기가 과열되는 원인으로 가장 적절한 것은?

① 응축기 압력이 너무 낮을 때
② 윤활유가 부족하거나 급유 펌프가 고장 났을 때
③ 팽창 밸브의 열림 양이 너무 많을 때
④ 증발기에 액체 냉매가 너무 많을 때

냉동기 압축기가 과열되는 원인 중 하나는 윤활유 부족이나 급유 펌프 고장으로 인해 윤활이 불충분해져 마찰열이 과도하게 발생하기 때문임.

28 저항이 5Ω인 직류 회로에 15V의 전압을 가했을 때 흐르는 전류는 몇 A인가?

① 1A
② 3A
③ 5A
④ 10A

옴의 법칙 V=IR에 따라 전류(I) = V / R.

29 어떤 전구에 220V의 전압을 가했을 때 220W의 전력이 소비되었다면, 이 전구에 흐르는 전류는 몇 A인가?

① 1.0A
② 0.45A
③ 2.0A
④ 2.2A

전력(P) = 전압(V) × 전류(I)에 따라 전류(I) = P / V.

30 3상 교류에서 각 상의 위상차는 몇 도(°)인가?

① 60°   ② 90°
③ 120°   ④ 180°

3상 교류 전원에서는 각 상의 전압 또는 전류가 서로 120°의 위상차를 가짐.

31 직류 발전기의 구성 부분에 해당하지 않는 것은?

① 계자   ② 전기자
③ 정류자   ④ 슬립 링

슬립 링(Slip Ring)은 교류 발전기나 일부 직류 전동기에서 사용되는 부품으로, 직류 발전기 구성 부분에는 해당하지 않음.

32 1.5kW 전열기를 2시간 동안 사용했을 때 소비되는 전력량은 몇 Wh인가?

① 1500Wh   ② 2000Wh
③ 2500Wh   ④ 3000Wh

전력량(Wh) = 전력(kW) × 시간(h).

33 폭발성 가스 중에서 안전하게 사용할 수 있도록 고안된 전기 기구의 형식은?

① 방폭형
② 방수형
③ 수중형
④ 풍우밀형

방폭형 전기기구는 폭발성 가스나 증기가 존재하는 위험한 환경에서 안전하게 사용할 수 있도록 고안된 형식임.

34 용량이 100Ah인 납축전지에서 5A의 전류로 방전시키면 최대로 몇 시간 동안 사용할 수 있는가?

① 10시간   ② 20시간
③ 30시간   ④ 40시간

사용 가능한 시간(h) = 용량(Ah) / 전류(A).

35 직류 전동기 중 기동 토크가 매우 커서 크레인, 전차 등 큰 시동력이 필요한 곳에 주로 사용되는 형식은?

① 분권 전동기
② 복권 전동기
③ 타여자 전동기
④ 직권 전동기

직권 전동기는 계자 권선과 전기자 권선이 직렬로 연결되어 있어 기동 토크가 매우 크므로, 크레인, 전차 등 큰 시동력이 필요한 곳에 주로 사용됨.

| 정 | 답 | 29 ① 30 ③ 31 ④ 32 ④ 33 ① 34 ② 35 ④

36 납 축전지의 방전 여부를 알아보는 가장 좋은 방법은?

① 직렬 연결 시험
② 병렬 연결 시험
③ 비중, 전압 측정
④ 점도 측정

납 축전지의 방전 여부를 판단하는 가장 좋은 방법은 전해액의 비중과 전압을 함께 측정하는 것임.

37 선박의 총톤수에서 기관실, 선원실, 조타실 등 선박 운항에 필요한 공간을 공제한 후, 화물 적재 수익 공간만을 나타내는 톤수는?

① 경하배수톤수
② 만재배수톤수
③ 재화중량톤수
④ 순톤수

순톤수(Net Tonnage)는 총톤수에서 기관실, 선원실, 조타실 등 선박 운항에 필요한 비수익 공간을 공제한 후, 화물 적재 수익 공간만을 나타내는 톤수임.

38 선박의 방향 전환 및 조종을 담당하는 주된 장치는?

① 킬(Keel)
② 빌지 킬(Bilge Keel)
③ 트림(Trim)
④ 러더(Rudder)

러더(Rudder)는 선미에 설치되어 선박의 선수미 방향의 안정을 유지하고 원하는 방향으로 조종하는 데 사용되는 장치임.

39 선박이 물에 떠 있을 때 배제하는 물의 전체 중량을 나타내는 용어는?

① 재화중량
② 배수량
③ 총톤수
④ 순톤수

배수량은 선박이 물에 떠 있을 때 선박의 침수된 부분의 부피에 해당하는 물의 중량을 나타내는 용어임.

40 선박의 만재 흘수선으로부터 상갑판까지의 수직 거리를 의미하는 것은?

① 형깊이
② 흘수
③ 선체 깊이
④ 건현

선박의 건현(Freeboard)은 만재 흘수선으로부터 상갑판까지의 수직 거리를 의미함.

41 선박의 전 저항 중 선체의 침수 표면적에 가장 크게 영향을 받는 저항은?

① 조파 저항
② 마찰 저항
③ 조와 저항
④ 공기 저항

선박의 전 저항 중 선체의 침수 표면적에 가장 크게 비례하여 발생하는 저항은 마찰 저항임.

42 선박 안전 관리 시스템(SMS)의 주요 목적 중 하나는?

① 선박의 항해 속도 증대
② 환경 오염 방지 및 안전 운항 확보
③ 화물 적재량 최대화
④ 연료 소비율 최소화

선박 안전 관리 시스템(SMS)의 주요 목적 중 하나는 환경 오염 방지 및 안전 운항 확보를 통해 선박 운항의 안전성을 높이는 것임.

43 길이가 100m, 폭이 10m, 흘수가 5m인 직육면체 모양의 선박이 담수(비중 1.0)에 떠있을 때, 이 선박의 배수량은 몇 톤인가?

① 5000톤
② 10000톤
③ 15000톤
④ 20000톤

직육면체 선박의 배수량은 (길이 × 폭 × 흘수 × 담수 비중)으로 계산함.

44 선박의 항해 중 파도의 골(trough)에 위치하거나 선체 중앙부에 화물이 과도하게 집중될 때, 선수와 선미가 위로 들리고 중앙부가 아래로 처지는 현상은?

① 호깅(Hogging)
② 새깅(Sagging)
③ 래킹(Racking)
④ 팬팅(Panting)

새깅(Sagging)은 선박이 파도의 골(trough)에 위치하거나 선체 중앙부에 화물이 과도하게 집중될 때, 선수와 선미가 위로 들리고 중앙부가 아래로 처지는 현상으로, 종방향 굽힘 변형의 일종임.

45 선박에 설치되는 개인용 구명 기구에 해당하지 않는 것은?

① 구명 부환
② 구명 동의
③ 구명 뗏목
④ 구명 로켓

구명 뗏목은 여러 명이 탑승하는 구명 설비이며, 개인용 구명 기구에 해당하지 않음.

46 선박의 선체 강도를 보강하고 침수 시 피해 확대를 줄이는 데 가장 중요한 횡방향 구조 부재는?

① 용골(Keel)
② 종통재(Longitudinal)
③ 늑골(Frame)
④ 횡격벽(Transverse Bulkhead)

횡격벽(Transverse Bulkhead)은 선체 강도를 보강하고, 침수 발생 시 피해 확대를 줄이는 목적으로 설치되는 횡방향 구조 부재임.

47 유조선에서 중앙 기관실보다 선미 기관실을 주로 채택하는 주된 이유로 가장 적절한 것은?

① 선수 트림 조정이 용이
② 화재 위험성 감소
③ 축로의 길이가 길어 안정성 증대
④ 중앙부의 화물창 공간 확보

유조선은 인화성 액체 화물을 운반하므로 화재 위험성이 높음.

| 정 | 답 | 42 ② 43 ① 44 ② 45 ③ 46 ④ 47 ②

48 선박 추진축의 균열 및 결함을 조사하는 비파괴 검사법이 아닌 것은?

① 마이크로 검사법
② 전자기 탐상 검사법
③ 초음파 탐상 검사법
④ 방사선 투과 검사법

마이크로 검사법은 현미경을 이용한 조직 검사법으로, 비파괴 검사법이 아닌 파괴 검사법에 가까움.

49 유류, 가스, 유지 등 인화성 액체 및 기체에 의한 화재로 분류되는 것은?

① B급 화재
② A급 화재
③ C급 화재
④ D급 화재

B급 화재는 유류, 가스, 유지 등 인화성 액체 및 기체에 의한 화재를 분류함.

50 선박의 종방향 굽힘 모멘트를 효과적으로 감소시키기 위한 화물 적재 원칙은?

① 선수미부에 화물을 집중한다.
② 선체 중앙부에 화물을 집중한다.
③ 화물을 선체 전체에 최대한 고르게 분산하여 적재한다.
④ 특정 구획에 편중하여 적재한다.

선박의 운항 중 선체에 작용하는 종방향 굽힘 모멘트를 감소시키기 위해서는 화물을 선체 전체에 고르게 분산 적재하여 하중 집중을 피해야 함.

51 이중저 선체 구조의 상면을 덮는 부재는?

① 갑판
② 마진판
③ 내저판
④ 정판

이중저(Double bottom) 선체 구조의 상면을 덮는 부재는 내저판임.

52 다음 중 금속 재료의 물리적 성질에 해당하는 것은?

① 강도
② 경도
③ 연성
④ 비열

비열은 물질이 열에너지를 저장하는 능력을 나타내는 물리적 성질임.

53 다음 중 한쪽 방향으로만 큰 힘을 전달하는 경우에 적합한 나사는?

① 삼각 나사
② 톱니 나사
③ 둥근 나사
④ 사다리꼴 나사

톱니 나사는 나사산의 한쪽 면이 수직에 가까운 형태로, 한쪽 방향으로만 큰 힘을 전달하는 경우에 특히 적합함.

|정|답| 48 ① 49 ① 50 ③ 51 ③ 52 ④ 53 ②

54 도면에서 외형선을 나타내는 선의 종류는?

① 굵은 실선
② 가는 실선
③ 가는 파선
④ 가는 1점 쇄선

도면에서 외형선은 굵은 실선으로 표시함.

55 용접 작업 시 발생하는 강한 아크열과 유해 광선으로부터 용접공의 눈과 얼굴을 보호하기 위한 장비는?

① 보안경
② 방진 마스크
③ 차광 보안면
④ 안전모

용접 작업 시 발생하는 강한 아크열과 유해 광선으로부터 용접공의 눈과 얼굴을 보호하기 위해서는 차광 보안면을 착용해야 함.

56 잇수가 60개이고 모듈이 3인 평기어의 이끝원 지름(외경)은 몇 mm인가?(단, 이끝원 지름 = 모듈 × (잇수 + 2))

① 180mm
② 183mm
③ 186mm
④ 192mm

이끝원 지름 (외경) = 모듈 × (잇수 + 2).

57 어미자 1눈금이 1mm이고 아들자 20눈금이 어미자 19눈금과 일치하는 M형 버니어 캘리퍼스의 최소 측정값은 몇 mm인가?

① 0.01mm
② 0.02mm
③ 0.05mm
④ 0.1mm

어미자 1눈금 = 1mm, 아들자 20눈금이 어미자 19 눈금과 일치하므로 아들자 1눈금 = 19/20mm = 0.95mm. 따라서 최소 측정값 = 1mm − 0.95mm = 0.05mm.

58 TIG 용접에서 아크를 안정시키고 용융 금속을 대기 중의 산소로부터 보호하기 위해 사용되는 불활성 가스는?

① 질소
② 아르곤
③ 산소
④ 헬륨

TIG 용접에서 아크를 발생시키고 용융 금속을 대기 중의 산소로부터 보호하기 위해 아르곤(Ar)과 같은 불활성 가스를 사용함.

59 피치가 3mm인 3줄 나사를 360° 회전시켰을 때 축 방향으로 이동하는 거리는 몇 mm인가?(단, 리드 = 피치 × 줄 수)

① 3mm
② 6mm
③ 9mm
④ 12mm

리드(lead) = 피치 × 줄 수이므로, 피치가 3mm이고 3줄 나사이므로 리드는 3mm × 3 = 9mm.

| 정 | 답 | 54 ① 55 ③ 56 ③ 57 ③ 58 ② 59 ③

60 한 면을 고정도의 평면으로 래핑 가공한 유리 또는 수정으로 만든 원판으로, 빛의 간섭 현상을 이용하여 게이지 블록 등의 평면을 측정하는 데 사용하는 것은?

① 직각자
② 옵티컬 플랫
③ 원통 직각자
④ 각도 게이지

옵티컬 플랫(Optical Flat)은 한 면을 고정도의 평면으로 래핑 가공한 유리 또는 수정으로 만든 원판으로, 빛의 간섭 현상을 이용하여 게이지 블록이나 각종 측정자 등의 평면을 측정하는 데 사용됨.

|정|답| 60 ②

제20회 모의고사

선박기관정비기능사 및 국가기술자격 시험 예상 문제 모의고사

01 4행정 디젤기관에서 압축 행정 시 흡기 밸브와 배기 밸브의 일반적인 개폐 상태는?

① 흡기 밸브 열림, 배기 밸브 닫힘
② 흡기 밸브 닫힘, 배기 밸브 열림
③ 흡기 밸브 닫힘, 배기 밸브 닫힘
④ 흡기 밸브 열림, 배기 밸브 열림

4행정 디젤기관에서 압축 행정 시에는 실린더의 기밀 유지를 위해 흡기 밸브와 배기 밸브 모두 닫혀 있는 상태에서 피스톤이 하사점에서 상사점으로 이동하며 공기를 압축함.

02 2행정 디젤기관이 4행정 디젤기관에 비해 기관의 크기 대비 출력이 큰 주된 이유는?

① 연료 소비율이 낮기 때문에
② 열응력이 작기 때문에
③ 크랭크축 1회전당 폭발 횟수가 많기 때문에
④ 소기 효율이 좋기 때문에

2행정 디젤기관은 크랭크축 1회전당 1회 폭발하는 반면, 4행정 기관은 2회전당 1회 폭발. 따라서 동일한 크기의 기관에서 2행정 기관이 크랭크축 1회전당 폭발 횟수가 많아 출력이 더 큼.

03 디젤기관의 연료유 성질 중 착화 지연 기간을 단축시키는 데 가장 효과적인 것은?

① 낮은 점도
② 낮은 인화점
③ 높은 세탄가
④ 높은 비중

디젤기관에서 연료의 착화성은 세탄가로 나타냄.

04 내연기관에서 B.D.C가 의미하는 것은?

① 피스톤이 실린더 내에서 가장 위에 위치한 지점
② 피스톤이 실린더 내에서 가장 아래에 위치한 지점
③ 크랭크축이 회전을 시작하는 지점
④ 밸브가 완전히 열리는 지점

B.D.C(Bottom Dead Center)는 피스톤이 실린더 내에서 가장 아래쪽에 위치한 지점인 하사점을 의미함.

| 정 | 답 | 01 ③   02 ③   03 ③   04 ②

05 디젤기관에서 연소실 내 압축 가스 및 연소 가스가 피스톤 링과 실린더 벽 사이로 새어 나가는 현상은?

① 베이퍼록
② 미스파이어
③ 블로 바이
④ 바이패스

블로 바이(Blow-by)는 내연기관에서 연소실의 압축 가스 및 연소 가스가 피스톤 링과 실린더 벽 사이의 틈새를 통해 크랭크실로 새어 나가는 현상을 뜻함.

06 4행정 6실린더 디젤기관이 1분당 1200rpm으로 회전할 때, 1분간 발생하는 총 폭발 횟수는?

① 600회
② 1200회
③ 2400회
④ 3600회

행정 기관은 크랭크축 2회전당 1회 폭발함.

07 디젤기관의 윤활유가 갖는 여러 작용 중, 금속 부품 표면에 보호막을 형성하여 마모와 부식을 방지하는 작용은?

① 냉각 작용
② 방청 작용
③ 기밀 작용
④ 청정 작용

윤활유의 방청 작용은 금속 부품 표면에 보호막을 형성하여 산화나 부식으로부터 부품을 보호하는 역할을 함.

08 디젤기관의 메인 베어링에서 발열이 발생하는 원인 중, 윤활유 공급과 관련된 것은?

① 윤활유 공급량이 부족할 때
② 윤활유 점도가 너무 높을 때
③ 윤활유 온도가 너무 낮을 때
④ 윤활유 여과기가 막혔을 때

디젤기관의 메인 베어링 발열 원인 중 윤활유 공급과 관련해서는 윤활유 공급량이 부족할 때 마찰이 심해져 발열이 발생할 수 있음.

09 4행정 기관에서 배기 행정 말기와 흡기 행정 초기에 밸브가 동시에 열려있는 기간을 무엇이라 하는가?

① 밸브 타이밍
② 밸브 겹침
③ 밸브 간극
④ 밸브 플러터

밸브 겹침(Overlap)은 4행정 기관에서 배기 행정 말기와 흡기 행정 초기에 배기 밸브가 열려있고 흡기 밸브가 열리기 시작하여 두 밸브가 일시적으로 동시에 열려있는 기간을 말함.

10 디젤기관의 피스톤 링 중 연소 가스의 누설을 방지하고 기밀을 유지하는 주된 역할을 하는 것은?

① 오일 링
② 압축 링
③ 스크레이퍼 링
④ 익스팬더 링

압축 링은 실린더 내 연소 가스의 누설을 방지하고 압력을 유지하여 기관의 기밀을 확보하는 주된 역할을 함.

| 정답 | 05 ③ 06 ④ 07 ② 08 ① 09 ② 10 ②

11 4행정 디젤기관에서 크랭크축이 2회전하는 동안 캠축은 몇 회전하는가?

① 1/2회전
② 1회전
③ 2회전
④ 4회전

4행정 기관은 흡입, 압축, 폭발, 배기의 4가지 행정이 완료되는 동안 크랭크축이 2회전하며, 이 기간 동안 캠축은 1회전함.

12 디젤기관에서 과급(Supercharge)을 행하는 주된 이유는?

① 배기를 좋게 하기 위하여
② 평균유효압력을 높이기 위하여
③ 윤활유 소비를 줄이기 위하여
④ 실린더 내에 공기를 빨리 넣기 위하여

디젤기관에서 과급(Supercharge)을 행하는 주된 목적은 실린더 내로 더 많은 공기를 공급하여 평균 유효 압력을 높임으로써 기관의 출력을 증대시키기 위함.

13 어떤 디젤기관의 지시마력이 150PS이고 제동마력이 135PS이었다면, 이 기관의 기계 효율은 몇 %인가?

① 80%
② 85%
③ 90%
④ 95%

기계효율(η_m) = 제동마력(P_e) / 지시마력(P_i).

14 디젤기관 시동용 공기압축기를 다단식으로 구성하는 주된 이유로 옳은 것은?

① 압축 공기 저장 용량 증대
② 압축 과정 중 공기 온도 상승 억제
③ 압축 공기 공급 속도 향상
④ 압축 공기의 습기 제거 용이

디젤기관 시동용 공기압축기를 다단식으로 구성하는 주된 이유는 압축 과정 중 발생하는 공기의 온도 상승을 억제하여 압축 효율을 높이고 안전성을 확보하기 위함.

15 디젤기관의 열효율이 다른 기관에 비해 높은 주된 이유는?

① 압축비가 크기 때문이다.
② 양질유를 사용하기 때문이다.
③ 큰 플라이휠을 사용하기 때문이다.
④ RPM(1분간 회전수)이 높기 때문이다.

디젤기관이 다른 기관에 비해 열효율이 높은 가장 주된 이유는 압축비가 크기 때문임.

16 냉동 장치에서 증발기에서 증발한 저온 저압의 냉매 가스를 고온 고압의 가스로 압축하는 역할을 하는 주요 구성 요소는?

① 증발기
② 응축기
③ 압축기
④ 팽창 밸브

압축기는 냉동 장치에서 증발기에서 증발한 저온 저압의 냉매 가스를 고온 고압의 가스로 압축하여 응축기로 보내는 역할을 함.

| 정답 | 11 ② 12 ② 13 ③ 14 ② 15 ① 16 ③

17 보일러에서 급수를 예열하여 보일러의 열효율을 높이는 장치는?

① 과열기
② 절탄기
③ 공기 예열기
④ 재열기

절탄기(Economizer)는 보일러에서 배출되는 고온의 연소가스 열을 이용하여 급수를 예열함으로써 보일러의 전체 열효율을 높이는 장치임.

18 원심 펌프에서 캐비테이션(cavitation) 발생 시 나타나는 현상으로 옳지 않은 것은?

① 펌프 효율 저하
② 심한 소음 및 진동 발생
③ 펌프 양정 증가
④ 임펠러 표면의 손상

원심 펌프에서 캐비테이션(cavitation) 발생 시에는 펌프 효율 저하, 심한 소음 및 진동 발생, 임펠러 표면 손상 등이 나타남.

19 유압 시스템에서 유압 에너지를 기계적인 선형 또는 회전 운동으로 변환시키는 장치는?

① 유압 펌프
② 유압 밸브
③ 액추에이터
④ 유압 탱크

액추에이터(Actuator)는 유압 시스템에서 유압 에너지를 기계적인 선형 운동(실린더) 또는 회전 운동(모터)으로 변환하여 일을 수행하는 장치임.

20 냉동 사이클에서 냉동 효과를 얻기 위해 냉매가 열을 흡수하여 액체에서 증기로 상태 변화하는 장치는?

① 압축기
② 응축기
③ 증발기
④ 팽창 밸브

증발기는 냉동 사이클에서 냉매가 주변으로부터 열을 흡수하여 액체 상태에서 증기 상태로 변화하며 냉동 효과를 발생시키는 장치임.

21 보일러 운전 중 수면계에 수위가 전혀 보이지 않아 비상 정지해야 할 때, 가장 먼저 조치해야 할 사항은?

① 급수 펌프 가동
② 연료 공급 차단
③ 증기 밸브 개방
④ 송풍기 정지

보일러 운전 중 수면계에 수위가 전혀 보이지 않을 때는 보일러 본체의 과열 및 파손 위험이 있으므로, 가장 먼저 연료 공급을 차단하여 연소를 중지해야 함.

22 왕복 펌프의 공기실(Air Chamber) 설치 목적으로 가장 적절한 것은?

① 펌프 내부 압력 증가
② 흡입 양정 증대
③ 송출 유량의 맥동 감소
④ 펌프 효율 감소

왕복 펌프에 공기실(Air Chamber)을 설치하는 주된 목적은 송출 유량의 맥동을 흡수하여 유체의 흐름을 고르게 하고, 펌프의 안정적인 운전을 돕는 것임.

|정답| 17 ② 18 ③ 19 ③ 20 ③ 21 ② 22 ③

23 냉동 장치에서 냉매 부족 시 나타나는 일반적인 현상은?

① 토출 압력이 높아진다.
② 흡입 압력이 낮아진다.
③ 압축기가 과열되지 않는다.
④ 냉동 능력이 증가한다.

냉동 장치에서 냉매 부족 시, 증발기에서 냉매의 충분한 증발이 이루어지지 않아 흡입 압력이 낮아지게 됨.

24 보일러의 연관이나 전열면에 부착된 그을음이나 재를 증기 또는 압축 공기를 사용하여 제거하는 장치는?

① 절탄기
② 공기 예열기
③ 슈트 블로어
④ 과열기

슈트 블로어(Soot Blower)는 보일러의 연관이나 전열면에 부착된 그을음이나 재를 증기 또는 압축 공기를 분사하여 제거하는 장치로, 열효율 저하를 방지함.

25 증기 터빈에서 증기의 유동 방향을 정하며 증기의 압력 에너지를 운동 에너지로 변환하는 역할을 하는 장치는?

① 로터(Rotor)
② 케이싱(Casing)
③ 날개(Blade)
④ 노즐(Nozzle)

증기 터빈에서 노즐은 증기의 유동 방향을 정하고, 증기의 압력 에너지를 운동 에너지로 변환하여 터빈의 날개에 고속으로 분사함으로써 동력을 발생시키는 역할을 함.

26 0°C의 순수한 물 1톤을 24시간에 걸쳐서 0°C의 얼음으로 바꾸는 냉동 능력을 나타내는 단위는?

① 1냉동톤
② 1제빙톤
③ 1얼음톤
④ 1응축톤

1냉동톤(Refrigeration Ton, RT)은 0°C의 순수한 물 1톤(1000kg)을 24시간에 걸쳐서 0°C의 얼음으로 바꾸는 냉동 능력을 나타내는 단위임.

27 냉동기 작동 중 압축기가 과열되는 원인으로 가장 적절한 것은?

① 응축기 압력이 너무 낮을 때
② 윤활유가 부족하거나 급유 펌프가 고장 났을 때
③ 팽창 밸브의 열림 양이 너무 많을 때
④ 증발기에 액체 냉매가 너무 많을 때

냉동기 압축기가 과열되는 원인 중 하나는 윤활유 부족이나 급유 펌프 고장으로 인해 윤활이 불충분해져 마찰열이 과도하게 발생하기 때문임.

28 저항이 10Ω인 직류 회로에 30V의 전압을 가했을 때 흐르는 전류는 몇 A인가?

① 1A
② 2A
③ 3A
④ 4A

옴의 법칙 V=IR에 따라 전류(I) = V / R.

| 정 | 답 | 23 ② 24 ③ 25 ④ 26 ① 27 ② 28 ③

29 180W의 전력을 소비하는 30V 직류 전구에 흐르는 전류는 몇 A인가?

① 4A
② 5A
③ 6A
④ 7A

전력(P) = 전압(V) × 전류(I)에 따라 전류(I) = P / V.

30 3상 교류 전원 시스템에서 각 상의 전압 또는 전류는 서로 몇 도(°)의 위상차를 가지는가?

① 60°
② 120°
③ 180°
④ 360°

3상 교류 전원에서는 각 상의 전압 또는 전류가 서로 120°의 위상차를 가짐.

31 직류 발전기의 구성 부분에 해당하지 않는 것은?

① 계자
② 전기자
③ 정류자
④ 슬립 링

슬립 링(Slip Ring)은 교류 발전기나 일부 직류 전동기에서 사용되는 부품으로, 직류 발전기 구성 부분에는 해당하지 않음.

32 용량이 150Ah인 납축전지에서 5A의 전류로 방전시키면 최대로 몇 시간 동안 사용할 수 있는가?

① 10시간
② 20시간
③ 30시간
④ 40시간

사용 가능한 시간(h) = 용량(Ah) / 전류(A).

33 폭발성 가스 또는 증기가 존재하는 위험한 환경에서 안전하게 사용할 수 있도록 특수하게 설계된 전기 기구의 형식은?

① 방수형
② 방폭형
③ 수중형
④ 풍우밀형

방폭형 전기기구는 폭발성 가스나 증기가 존재하는 위험한 환경에서 안전하게 사용할 수 있도록 고안된 형식임.

34 발전기의 정류자편 사이와 그 지지물 사이의 절연 물질로 주로 사용되며, 절연성이 우수하고 고온에 강한 것은?

① 나무
② 고무
③ 마이카
④ 에보나이트

마이카(Mica)는 절연성이 우수하고 고온에 강하여 발전기의 정류자편 사이와 그 지지물 사이의 절연 물질로 많이 사용됨.

| 정답 | 29 ③ 30 ② 31 ④ 32 ③ 33 ② 34 ③

35 직류 전동기 중 기동 토크가 매우 커서 크레인, 전차 등 큰 시동력이 필요한 곳에 주로 사용되는 형식은?

① 분권 전동기
② 복권 전동기
③ 타여자 전동기
④ 직권 전동기

직권 전동기는 계자 권선과 전기자 권선이 직렬로 연결되어 있어 기동 토크가 매우 크므로, 크레인, 전차 등 큰 시동력이 필요한 곳에 주로 사용됨.

36 납 축전지의 방전 여부를 판단하는 가장 좋은 방법은?

① 전압만 측정한다.
② 전류만 측정한다.
③ 비중과 전압을 함께 측정한다.
④ 온도만 측정한다.

납 축전지의 방전 여부를 판단하는 가장 좋은 방법은 전해액의 비중과 전압을 함께 측정하는 것임.

37 선박이 물에 떠 있을 때 배제하는 물의 전체 중량을 나타내는 용어는?

① 재화중량
② 배수량
③ 총톤수
④ 순톤수

배수량은 선박이 물에 떠 있을 때 선박의 침수된 부분의 부피에 해당하는 물의 중량을 나타내는 용어임.

38 선박의 만재 흘수선으로부터 상갑판까지의 수직 거리를 의미하는 것은?

① 건현
② 형깊이
③ 흘수
④ 선체 깊이

선박의 건현(Freeboard)은 만재 흘수선으로부터 상갑판까지의 수직 거리를 의미함.

39 선미에 설치되어 선박의 선수미 방향의 안정을 유지하고 원하는 방향으로 조종하는 데 사용되는 장치는?

① 킬(Keel)
② 빌지 킬(Bilge Keel)
③ 러더(Rudder)
④ 트림(Trim)

러더(Rudder)는 선미에 설치되어 선박의 선수미 방향의 안정을 유지하고 원하는 방향으로 조종하는 데 사용되는 장치임.

40 선박의 총톤수에서 기관실, 선원실, 조타실 등 선박 운항에 필요한 비수익 공간을 공제한 톤수는?

① 경하배수톤수
② 만재배수톤수
③ 순톤수
④ 재화중량톤수

순톤수(Net Tonnage)는 총톤수에서 기관실, 선원실, 조타실 등 선박 운항에 필요한 비수익 공간을 공제한 톤수로, 화물 적재에 사용되는 수익 공간의 용적을 나타냄.

| 정 | 답 | 35 ④ 36 ③ 37 ② 38 ① 39 ③ 40 ③

41 선박의 마찰 저항 크기에 가장 큰 영향을 미치는 요소는?

① 조파 저항
② 침수 표면적
③ 파고
④ 유체의 밀도

> 선박의 전 저항 중 선체의 침수 표면적에 가장 크게 비례하여 발생하는 저항은 마찰 저항임.

42 길이가 110m, 폭이 20m, 흘수가 5m인 직육면체 모양의 선박이 해수(비중 1.025)에 떠 있을 때, 이 선박의 배수량은 몇 톤인가?

① 10000톤
② 10250톤
③ 11000톤
④ 11275톤

> 직육면체 선박의 배수량은 (길이 × 폭 × 흘수 × 해수 비중)으로 계산함.

43 유조선과 같이 인화성 액체 화물을 운반하는 선박에서 중앙 기관실보다 선미 기관실을 주로 채택하는 주된 이유로 옳지 않은 것은?

① 화재 위험성 감소
② 선수 트림 조정이 용이
③ 축로의 길이 단축
④ 중앙부의 화물창 공간 확보

> 선수 트림 조정이 용이한 것은 유조선이 선미 기관실을 채택하는 주된 이유가 아님. 화재 위험 감소, 축로 단축, 중앙부 화물창 유효 활용 등이 주된 이유임.

44 선박이 항해 중 파도의 마루에 위치하거나 선수미부에 화물이 집중되어 선수와 선미가 아래로 처지고 중앙부가 위로 들리는 현상은?

① 새깅(Sagging)
② 호깅(Hogging)
③ 래킹(Racking)
④ 팬팅(Panting)

> 호깅(Hogging)은 선박이 파도의 마루(crest)에 위치하거나 선수미부에 화물이 집중될 때, 선수와 선미가 아래로 처지고 중앙부가 위로 들리는 현상을 뜻함.

45 선박에 설치되는 개인용 구명 기구에 해당하지 않는 것은?

① 구명 부환
② 구명 동의
③ 구명 뗏목
④ 구명줄

> 구명 뗏목은 여러 명이 탑승하는 구명 설비이며, 개인용 구명 기구에 해당하지 않음.

46 선체 강도를 보강하고 침수 발생 시 피해 확대를 줄이는 목적으로 설치되는 횡방향 구조 부재는?

① 용골(Keel)
② 종통재(Longitudinal)
③ 늑골(Frame)
④ 거더(Girder)

> 늑골(Frame)은 선체 강도를 증가시키고 침수 시 피해를 줄이는 목적으로 설치되는 횡방향 구조 부재임.

|정|답| 41 ② 42 ② 43 ② 44 ② 45 ③ 46 ③

47 선박의 선수 수선 아래 부분에 공 모양의 돌출부를 두어 선수파의 파형을 조정하고 조파 저항을 감소시키는 선수 형상은?

① 램형 선수
② 클리퍼형 선수
③ 구상 선수
④ 경사형 선수

구상 선수(Bulbous Bow)는 선수 수선 아래 부분에 공 모양의 돌출부를 두어 선수파의 파형을 조정하고, 선박의 조파 저항을 감소시키는 선수 형상임.

48 선박 추진축의 균열 및 결함을 조사하는 비파괴 검사법이 아닌 것은?

① 마이크로 검사법
② 전자기 탐상 검사법
③ 초음파 탐상 검사법
④ 방사선 투과 검사법

마이크로 검사법은 현미경을 이용한 조직 검사법으로, 비파괴 검사법이 아닌 파괴 검사법에 가까움.

49 인화성 액체 및 기체에 의한 화재로 분류되는 것은?

① A급 화재
② B급 화재
③ C급 화재
④ D급 화재

B급 화재는 유류, 가스, 유지 등 인화성 액체 및 기체에 의한 화재를 분류함.

50 선박의 운항 중 선체에 작용하는 종방향 굽힘 모멘트(Sagging, Hogging)를 감소시키기 위한 화물 적재 방법으로 가장 적절한 것은?

① 선수미부에 화물을 집중 적재한다.
② 선체 중앙부에 화물을 집중 적재한다.
③ 화물을 선체 전체에 고르게 분산 적재한다.
④ 한쪽 현측에 화물을 집중 적재한다.

선박의 운항 중 선체에 작용하는 종방향 굽힘 모멘트를 감소시키기 위해서는 화물을 선체 전체에 고르게 분산 적재하여 하중 집중을 피해야 함.

51 이중저(Double bottom) 선체 구조의 특징으로 옳지 않은 것은?

① 선체 종강도 증대에 기여한다.
② 선저 파손 시 선내 침수 방지
③ 구조가 경량화되어 건조 비용이 절감된다.
④ 밸러스트 탱크 및 연료유 탱크 등으로 활용 가능하다.

이중저(Double bottom) 선체 구조는 선체 종강도 증대, 선저 파손 시 선내 침수 방지, 밸러스트 탱크 및 연료유 탱크 등으로 활용 가능 등의 장점이 있음.

52 금속 재료의 인성(Toughness)을 나타내는 기계적 성질 시험은?

① 브리넬 경도 시험
② 로크웰 경도 시험
③ 샤르피 충격 시험
④ 비커스 경도 시험

샤르피 충격 시험(Charpy Impact Test)은 금속 재료의 인성(Toughness)을 나타내는 시험으로, 재료의 충격 흡수 능력과 파괴에 대한 저항을 평가함.

|정|답| 47 ③ 48 ① 49 ② 50 ③ 51 ③ 52 ③

53 미터 보통 나사에서 표준 나사산의 각도는 몇 도(°)인가?

① 30°
② 60°
③ 90°
④ 120°

미터 보통 나사의 표준 나사산 각도는 60°임.

54 기계 제도에서 물체의 보이지 않는 형상이나 내부 구조를 나타낼 때 사용하는 선의 종류는?

① 굵은 실선
② 가는 실선
③ 가는 1점 쇄선
④ 가는 파선

숨은선(Hidden Line)은 물체의 보이지 않는 형상이나 내부 구조를 나타낼 때 사용하며, 가는 파선으로 표시함.

55 용접 작업 시 발생하는 강한 아크열과 유해 광선으로부터 용접공의 눈과 얼굴을 보호하기 위한 장비는?

① 보안경
② 방진 마스크
③ 차광 보안면
④ 안전모

용접 작업 시 발생하는 강한 아크열과 유해 광선으로부터 눈과 얼굴을 보호하기 위해서는 차광 보안면을 착용해야 함.

56 잇수가 40개이고 모듈이 3인 평기어의 이끝원 지름(외경)은 몇 mm인가?(단, 이끝원 지름 = 모듈 × (잇수 + 2))

① 120mm
② 126mm
③ 136mm
④ 146mm

이끝원 지름 (외경) = 모듈 × (잇수 + 2).

57 어미자 1눈금이 1mm이고, 아들자 20눈금이 어미자 19눈금과 일치하는 M형 버니어 캘리퍼스의 최소 측정값은 몇 mm인가?

① 0.01mm
② 0.02mm
③ 0.05mm
④ 0.1mm

어미자 1눈금 = 1mm, 아들자 20눈금이 어미자 19 눈금과 일치하므로 아들자 1눈금 = 19/20mm = 0.95mm. 따라서 최소 측정값 = 1mm − 0.95mm = 0.05mm.

58 TIG 용접에서 아크를 안정시키고 용융 금속을 대기 중의 산소로부터 보호하기 위해 사용되는 불활성 가스는?

① 질소
② 아르곤
③ 산소
④ 헬륨

TIG 용접에서 아크를 발생시키고 용융 금속을 대기 중의 산소로부터 보호하기 위해 아르곤(Ar)과 같은 불활성 가스를 사용함.

| 정답 | 53 ② 54 ④ 55 ③ 56 ③ 57 ③ 58 ②

59 피치가 2mm인 2줄 나사를 180° 회전시켰을 때 나사가 축 방향으로 이동하는 거리는 몇 mm인가?(단, 리드 = 피치 × 줄 수)

① 1mm
② 2mm
③ 3mm
④ 4mm

리드(lead) = 피치 × 줄 수이므로, 피치가 2mm이고 2줄 나사이므로 리드는 2mm × 2 = 4mm.

60 한 면을 고정도의 평면으로 래핑 가공한 유리 또는 수정으로 만든 원판으로, 빛의 간섭 현상을 이용하여 게이지 블록 등의 평면을 측정하는 데 사용하는 것은?

① 직각자
② 옵티컬 플랫
③ 원통 직각자
④ 각도 게이지

옵티컬 플랫(Optical Flat)은 한 면을 고정도의 평면으로 래핑 가공한 유리 또는 수정으로 만든 원판으로, 빛의 간섭 현상을 이용하여 게이지 블록이나 각종 측정자 등의 평면을 측정하는 데 사용됨.

| 정 답 | 59 ② 60 ②

선박기관정비기능사 및 국가기술자격 시험 기출문제

기출문제(2003년)

01 디젤기관의 연소실 형식 중 연소실 모양이 간단하고, 시동이 용이하며, 열효율도 높은 형식은?

① 직접분사실
② 공기실식
③ 와류실식
④ 예연소실식

02 디젤기관에서 2행정 사이클이 4행정 사이클보다 고속으로 하는 것이 어려운 이유는?

① 왕복 관성력이 크므로
② 소기효율이 나쁘므로
③ 열응력이 크므로
④ 회전 관성력이 크므로

03 증기터빈을 증기의 작동 방식에 따라 분류할 경우에 해당되지 않는 것은?

① 충동터빈
② 반동터빈
③ 혼식터빈
④ 후진터빈

04 디젤기관의 연료유 성질을 나타내는 요소가 아닌 것은?

① 비중
② 인화점
③ 점도
④ 비열

05 2행정 디젤기관에서 실린더 내의 유체(가스)의 흐름이 비교적 단순한 형식은?

① 루프식
② 횡진식
③ 반전식
④ 밸브 배 공소기형

06 물을 가열할 때 물의 표면뿐만 아니라 내부에서도 기화가 일어나는 현성은?

① 응결
② 증발
③ 기화
④ 비등

07 프로펠러 피치(pitch)를 피치 계측기를 사용하지 않고 측정하고자 할 때 평균피치를 계측하는 지점은?(단, R은 프로펠러 반지름)

① 0.5R
② 0.7R
③ 0.8R
④ 0.9R

08 디젤기관에서 과급을 행하는 이유는?

① 실린더 내에 공기를 빨리 넣기 위하여
② 평균유효압력을 높이기 위하여
③ 배기를 좋게 하기 위하여
④ 윤활유 소비를 줄이기 위하여

09 4행정 디젤기관의 작동 순서가 바르게 된 것은?

① 흡입 - 폭발 - 압축 - 배기
② 흡입 - 압축 - 폭발 - 배기
③ 흡입 - 폭발 - 배기 - 압축
④ 흡입 - 압축 - 배기 - 폭발

10 조속기(governor)는 기관에 걸리는 부하에 변동이 생겼을 때 무엇을 조정하여 일정한 회전속도를 유지하는가?

① 연료 공급량
② 윤활유 공급양
③ 흡입 공기량
④ 냉각수의 양

11 현재 가장 널리 사용되는 냉동 장치의 형식은?

① 가스 압축식
② 흡수식
③ 증기 분사식
④ 열전식

12 디젤 기관에서 배기를 팽창시키거나 냉각시켜 심한 폭음을 방지하는 장치는?

① 과급기
② 소음기
③ 공기 냉각기
④ 윤활유 여과기

13 실린더와 실린더 헤드 사이에 연소 가스가 새는 것을 막기 위해 사용되는 개스킷의 재료로 가장 적합한 것은?

① 구리
② 고무
③ 아연
④ 석면

14 크랭크실 내에서 크랭크가 회전함으로써 유면을 쳐서 기름을 튀게 하여 실린더 내면과 피스톤 및 피스톤 핀을 윤활하는 급유 방식은?

① 중력식
② 압력식
③ 비산식
④ 강제 순환식

15 내연기관에서 연소실의 압축가스 및 연소가스 크랭크실로 새는 현상은?

① 베이퍼록
② 바이패스
③ 블로우 바이
④ 미스화이어

16 디젤기관에 저질 중유를 사용했을 때 실린더 라이너 내면을 부식시키는 주원인 물질은?

① 질소
② 아황산가스
③ 탄화수소
④ 이산화탄소

17 4행정 사이클 기관과 비교하여 2행정 사이클 기관의 장점이 아닌 것은?

① 마력당 부피, 무게가 작아 대형 선박기관에 사용된다.
② 환기 작용이 좋아 고속 기관에 적합하다.
③ 토크 변화가 적어 플라이 휠이 작아도 된다.
④ 흡, 배기 밸브가 없어 구조가 간단하다.

18 냉동장치에서 냉매가 부족할 경우 나타나는 현상은?

① 냉동능력이 증가한다.
② 토출압력이 높아진다.
③ 흡입압력이 높아진다.
④ 흡입압력이 낮아진다.

19 전기시설의 화재시 소화에 적합한 소화기는?

① 증기분사장치
② 4염화탄소 소화기
③ 포말소화기
④ 액체소화기

20 4행정 사이클 디젤기관에서 배기밸브는 닫혀 있고 흡기밸브만 열린 상태에서 피스톤이 상사점에서 하사점까지 이동하는 행정은?

① 흡기 행정
② 압축 행정
③ 작동 행정
④ 배기 행정

21 선박용 대형 기관에서 주로 사용되는 기관 냉각 방법은?

① 공기 냉각
② 청수 냉각
③ 유 냉각
④ 해수 냉각

22 가스 압축식 냉동 사이클에서 냉동 효과를 얻는 과정은?

① 압축 과정
② 응축 과정
③ 팽창 과정
④ 증발 과정

23 납 축전지의 방전 여부를 알아보는 가장 좋은 방법은?

① 직렬 연결 시험
② 병렬 연결 시험
③ 비중, 전압 측정
④ 점도 측정

24 다음 중 용적이 좁고 대마력을 필요로 하는 고속정에 적합한 실린더 배열 형태는?

① 직립형기관
② 수평대향기관
③ V형기관
④ 단동식기관

25 실린더 내에서 피스톤이 왕복 운동할 때, 피스톤 상사점과 하사점 사이의 직선 거리에 해당하는 부피는?

① 실린더 부피
② 압축 부피
③ 연소실 부피
④ 행정 부피

26 어떤 디젤기관 출력을 측정한 결과 도시마력이 80PS이고, 제동마력이 72PS일 때 기계효율은?

① 85%
② 90%
③ 76%
④ 72%

27 디젤기관의 피스톤링 재료로서 주철이 사용되는 이유와 무관한 것은?

① 조직 중에 포함된 흑연성분으로 윤활작용이 좋다.
② 열응력이 작아서 절손되지 않는다.
③ 고온에서의 탄성변화가 극히 적다.
④ 운동면에 대한 접촉성이 다른 재료보다 좋다.

28 용량이 1kW인 전열기를 30분 동안 사용하면 총 전력량은?

① 200Wh
② 300Wh
③ 400Wh
④ 5000Wh

29 선미관 베어링 목재인 리그넘바이티가 많이 사용되고 있는데 어떤 장점 때문에 많이 사용되는가?

① 썩지 않기 때문에
② 가볍기 때문에
③ 기름을 함유하지 않기 때문에
④ 마찰계수가 작기 때문에

30 프로펠러 날개의 설계 중심선과 날개 끝과의 어긋난 거리를 뜻하는 용어는?

① 프로펠러 후면
② 프로펠러 스큐 백(skew back)
③ 프로펠러 피치
④ 프로펠러 워시 백(wash back)

31 선박에서 비상 빌지 관이 설치되는 곳은?

① 선수부 선창
② 기관실
③ 선미부 선창
④ 샤프트 터럴

32 0°C의 순수한 물 1톤을 24시간에 걸쳐서 0°C의 얼음으로 바꾸는 냉동능력은?

① 1냉동톤
② 1제빙톤
③ 1얼음톤
④ 1응축톤

33 가스 절단기의 역화 원인이 아닌 것은?

① 팁이 불순물로 막혔을 때
② 토치의 성능이 나빠지고 취급을 잘못했을 때
③ 토치의 연결 나사부가 꽉 조여있을 때
④ 팁이 과열되었을 때

34 용량이 100AH인 납축전지에서 매시간 5A의 크기로 방전시키면 사용할 수 있는 시간은?

① 10시간
② 20시간
③ 30시간
④ 40시간

35 원심펌프가 진동하거나 비정상적인 소리가 발생하는 경우 그 원인으로 옳은 것은?

① 흡입 양정이 높다.
② 흡입 측에 공기가 유입되었다.
③ 유체의 온도가 높다.
④ 축의 중심이 어긋나 있다.

36 각도를 측정하는 측정기가 아닌 것은?

① 컴비네이션 세트
② 사인바
③ 투영 검사기
④ 만능각도 측정기

37 작은 틈새를 측정하는데 사용되는 측정기는?

① 마이크로미터
② 틈새 게이지
③ 텔레스코핑 게이지
④ 실린더 게이지

38 아세틸렌 가스에 대한 설명으로 옳은 것은?

① 순수한 아세틸렌은 독특한 냄새가 난다.
② 공기보다 약간 무겁다.
③ 아세톤에는 잘 용해되나 다른 액체에는 녹지 않는다.
④ 산소와 적당히 혼합하여 연소시키면 높은 열을 낸다.

39 제도에서 제 3각법의 투상 순서는?

① 눈 - 물체 - 투상면
② 물체 - 투상면 - 눈
③ 눈 - 투상면 - 물체
④ 투상면 - 눈 - 물체

40 역화 위험이 적고 불꽃의 안전성이 좋아 후판 용접에 많이 사용되는 용접 토치는?

① 저압식 토치
② 중압식 토치
③ 고압식 토치
④ 가변압식 토치

41 6 : 4 황동에 0.75% 정도의 주석(Sn)을 첨가한 것으로 선박, 기계부품에 사용되는 재료는?

① 쾌삭황동
② 알브랙
③ 양은
④ 네이벌 황동

42 축에 기어, 풀리, 플라이 휠, 커플링 등의 회전체를 고정시키고, 축과 회전체를 일체로 하여 회전을 전달시키는 기계요소는?

① 볼트(bolt)
② 너트(nut)
③ 키(key)
④ 와셔(washer)

43 파이프내에 흐르는 유체의 종류 기호가 S일 때 이 유체의 종류는?

① 유류
② 가스
③ 물
④ 증기

44 물체의 외경, 내경, 깊이를 한 측정기로 측정할 수 있는 것은?

① 마이크로미터
② 다이얼 게이지
③ 버니어캘리퍼스
④ 하이트 게이지

45 맞춤 핀(lock pin)의 사용 목적으로 옳은 것은?

① 공작물 분해
② 공작물 체결
③ 공작물 위치결정
④ 공작물 이음

46 금속재료의 물리적 성질로 볼 수 있는 것은?

① 강도
② 경도
③ 비중
④ 연신율

47 KS 분류 코드에서 기계분야의 기호는?

① KSC
② KSE
③ KSB
④ KSA

48 잇수 22, 피치원의 지름 220mm인 기어의 모듈값은?

① 5
② 7
③ 10
④ 20

49 아크 용접 작업시의 안전 보호장구와 관계가 없는 것은?

① 앞치마
② 용접홀더
③ 용접장갑
④ 발 커버

50 기계제도에서 물체의 보이지 않는 형상을 나타낼 때 사용되는 선은?

① 이점쇄선
② 실선
③ 파선
④ 일점쇄선

51 총톤수에서 기관실, 선원실, 밸러스트 탱크 등에 사용되는 장소를 공제한 톤수, 즉 화물을 적재하여 직접 수익을 얻는데 사용되는 장소의 용적톤수는?

① 경하배수톤수
② 순톤수
③ 수정 총톤수
④ 만재배수톤수

52 타축(rudder stock)에 직접 연결되어 키를 회전시켜 주는 것은?

① 체인
② 기어
③ 틸러
④ 케리어

53 다음 중 선루의 설치 목적이 아닌 것은?

① 내항성능 확보
② 예비부력 증대
③ 종강도 증대
④ 조종성능 증대

54 선박 모형시험 설비 중 모형선은 그대로 두고 모형선 주변의 물을 대응속도만큼 움직여서 시험하는 방식의 수조는?

① 예인수조
② 회류수조
③ 풍동시험수조
④ 해양공학수조

55 프루드는 배의 저항을 〈보기〉와 같이 구분하였다. 〈보기〉 안에 들어갈 저항은?

[보기]
프루드는 배의 저항을 마찰 저항과 (　)저항으로 구분하였다.

① 조와
② 잉여
③ 점성
④ 형상

56 다음 중 선박의 선미부 구조가 아닌 것은?

① 디프탱크(deep tank)
② 선미창(aft peak tank)
③ 트랜섬(transom)
④ 선미골재(stern frame)

57 기관실의 이중저에 설치하여야 할 실체늑판의 간격은?

① 매 늑골마다
② 두 늑골마다
③ 세 늑골마다
④ 네 늑골마다

58 선수흘수가 선미흘수보다 큰 상태를 무엇이라 하는가?

① 초기트림
② 등흘수 상태
③ 선미트림
④ 선수트림

59 다음 중 선박 계선용 의장품이 아닌 것은?

① 페어 리더
② 볼라드
③ 무어링 파이프
④ 램프 웨이

60 최근 선박에서 많이 채용되고 있는 평판 용골에 대하여 잘못 설명한 것은?

① 선체 중앙부의 외판으로 통상 주변 선저외판보다 두껍다.
② 평판 용골의 나비는 배의 길이에 따라서 결정된다.
③ 평판 용골은 단저 구조에서는 채용하지 않는다.
④ 공작이 용이해서 소형선에도 많이 채용되고 있다.

| 정 | 답 |

01	02	03	04	05	06	07	08	09	10
①	②	④	④	④	④	②	②	②	①
11	12	13	14	15	16	17	18	19	20
①	②	①	③	③	②	②	④	②	①
21	22	23	24	25	26	27	28	29	30
②	④	③	③	④	②	②	④	④	②
31	32	33	34	35	36	37	38	39	40
③	①	③	②	④	③	②	④	③	②
41	42	43	44	45	46	47	48	49	50
④	③	④	③	③	③	③	③	②	①
51	52	53	54	55	56	57	58	59	60
②	③	④	②	②	①	①	④	④	③

기출문제(2004년)

선박기관정비기능사 및 국가기술자격 시험 예상 문제 모의고사

01 2행정 사이클 기관의 특성이 아닌 것은?

① 실린더 헤드 구조가 간단하다.
② 고속으로 운전하는데 적합하다.
③ 크랭크 축과 캠 축의 회전수가 같다.
④ 기관 크기에 비해 출력이 크다.

02 피스톤 엔진의 열효율은?

① 압축비가 클수록 감소한다.
② 압축비가 클수록 증가한다.
③ 압축비가 적을수록 증가한다.
④ 압축비에는 관계없다.

03 어떤 디젤기관의 행적 체적은 280cc, 연소실 체적이 20cc일 때 이 기관의 압축비는?

① 14
② 15
③ 16
④ 17

04 선박에서 기관의 종류에 관계없이 설치되는 펌프는?

① 주 순환수 펌프
② 주 복수 펌프
③ 빌지 펌프
④ 주 냉각수 펌프

05 원심식 유청정기에서 댐 링의 역할은?

① 수분층과 고형분의 분리
② 수분층과 기름층의 분리
③ 회전총의 회전속도 가속
④ 슬러지를 자동적으로 제거하는 압력수의 공급

06 4행정 디젤기관의 작동순서가 맞는 것은

① 흡기 - 압축 - 폭발 - 배기
② 흡기 - 압축 - 배기 - 폭발
③ 압축 - 배기 - 흡기 - 폭발
④ 압축 - 흡기 - 폭발 - 배기

07 왕복펌프에서 왕복 횟수를 일정하게 하고 송출 유량을 조절하는 방법은?

① 흡입측 스톱밸브의 열려 있는 정도를 가감하여 조절
② 전동기 모터의 회전수를 가감하여 조절
③ 공기실의 압력을 변화시켜 조절
④ 댐퍼를 설치하여 조절

08 착화순서(fire order)가 1 - 3 - 4 - 2인 디젤기관에서 1번 실린더가 폭발행정일 때 3번 실린더의 행정은?

① 흡입행정
② 압축행정
③ 폭발행정
④ 배기행정

09 점도가 높은 액체를 이송하는 데 가장 적합한 펌프는?

① 왕복 펌프
② 원심 펌프
③ 기어 펌프
④ 축류 펌프

10 다음 중 선박용 주기관이 갖추어야 할 조건으로 옳은 것은?

① 무게가 무거워야 한다.
② 연료 소모량이 많아야 한다.
③ 값비싼 연료가 사용되어야 한다.
④ 구조가 간단하고 조작이 쉬워야 한다.

11 2행정 사이클 기관에서 복류식 소기법에 속하지 않는 것은?

① 횡진식
② 루프형
③ 반전형
④ 두상 밸브형

12 전류가 흐르는 도체의 전기 저항은?

① 길이에 비례하고 단면적에 반비례한다.
② 길이와 단면적에 반비례한다.
③ 길이와 단면적에 비례한다.
④ 길이에 반비례하고 단면적에 비례한다.

13 다음 직류전동기 중 정속도 특성 때문에 공작기계, 펌프 등에 이용되는 것은?

① 직권전동기
② 분권전동기
③ 복권전동기
④ 타여자전동기

14 기관에서 플라이 휠의 설치 목적은?

① 폭발 간격을 균일하게 하기 위하여
② 회전력을 균일하게 하기 위하여
③ 피스톤의 측압을 방지하기 위하여
④ 디플렉션을 방지하기 위하여

15 안전관리의 목적과 가장 거리가 먼 것은?

① 근로자 생명보호
② 사회복지의 증진
③ 사고에 따른 재산손실 방지
④ 품질향상

16 4행정 사이클 기관 운전 중 하나의 실린더에서 1분간에 180회의 폭발이 일어났다면 이 기관의 분당 회전수는?

① 45rpm
② 60rpm
③ 180rpm
④ 360rpm

17 공기를 실린더 내에서 압출할 때 나타나는 현상은?

① 체적 증가
② 산소량 증가
③ 공기 밀도 저하
④ 공기 온도 상승

18 디젤 기관과 관계 있는 부품은?

① 배전기
② 기화기
③ 점화플러그
④ 연료 분사 노즐

19 실린더 헤드 볼트를 죌 때 사용하는 공구로서 죄는 압력을 알 수 있는 공구는?

① 복스렌치
② 스피드 핸들
③ 토크렌치
④ 오픈렌치

20 다음 중 시동용 공기탱크에 부착되는 부품이 아닌 것은?

① 드레인 밸브
② 안전밸브
③ 공기필터
④ 압력계

21 디젤기관 구성 부품 중 가장 높은 곳에 설치되는 것은?

① 푸시로드
② 로커암
③ 크랭크축
④ 캠축

22 게이지 압력이 7kg/이면 절대압력은 약 얼마인가?

① 7kg/
② 8kg/
③ 9kg/
④ 10kg/

23 직접 냉각수에 접촉하며, 대형 디젤기관에서 사용되는 라이너의 형식은?

① 건식 라이너
② 방식 라이너
③ 습식 라이너
④ 워터 재킷 라이너

24 한 번 과열된 고온의 과열증기를 포화온도 가까이 또는 저온 과열증기 온도까지 낮추려는 목적으로 장치된 것은?

① 과열기
② 재열기
③ 절탄기
④ 과열저감기

25 펌프의 종류 중 왕복동식 펌프는?

① 기어 펌프
② 터빈 펌프
③ 피스톤 펌프
④ 볼류트 펌프

26 내연기관에서 압축비를 증가시키는 방법으로서 가장 적절한 것은?

① 피스톤의 행정을 길게 한다.
② 압축 부피를 크게 한다.
③ 행정 부피를 작게 한다.
④ 피스톤의 행정을 짧게 한다.

27 디젤기관에서 밸브 틈새를 조정할 때 피스톤의 위치와 밸브의 개폐 상태는?

① 피스톤이 최상부에 위치하고, 흡, 배기 밸브가 모두 닫혀 있을 때
② 피스톤이 최하부에 위치하고, 흡, 배기 밸브가 모두 열려 있을 때
③ 피스톤이 중간에 위치하고, 흡기 밸브는 열려 있으며 배기 밸브는 닫혀 있을 때
④ 피스톤이 중간에 위치하고, 흡기 밸브는 닫혀 있으며 배기 밸브는 열려 있을 때

28 디젤기관의 분배형 보슈펌프에서 공급 펌프의 구성요소가 아닌 것은?

① 플런저
② 라이너
③ 로터
④ 블레이드

29 선박 주기관의 호칭 출력은?

① 제동마력
② 도시마력
③ 정격출력
④ 연속최대출력

30 디젤기관의 노크를 방지하는데 좋은 노즐은?

① 다공노즐
② 핀틀노즐
③ 드로틀노즐
④ 단공노즐

31 실린더 라이너의 마모량을 측정하고자 할 때 1개의 실린더에서 몇 곳을 측정하는가?

① 1
② 2
③ 4
④ 6

32 기름화재에 가장 적합한 소화기는?

① 이산화탄소 소화기
② 포말소화기
③ 분말소화기
④ 액체소화기

33 냉동장치의 증발기에 부착한 서릴 제거해야 하는 이유는?

① 증발 코일이 부식하므로
② 증발 코일이 중량이 커져서 바괴되므로
③ 냉동물을 손상시키므로
④ 증발 코일이 전열이 나쁘게 되므로

34 두 극판 사이에 절연물을 두고 전하를 모으는 장치는?

① 대전체
② 저항체
③ 절연체
④ 콘덴서

35 보일러의 비상 정지시에 가장 먼저 조치하는 사항은?

① 연료 공급 차단
② 송풍기 정지
③ 급수 증대
④ 댐퍼 개방

36 직접측정기가 아닌 비교측정기에 속하는 것은?

① 마이크로미터
② 다이얼게이지
③ 측장기
④ 버니어캘리퍼스

37 재료의 비파괴 시험 종류가 아닌 것은?

① 형광 시험법
② 현미경조직 시험법
③ 초음파 시험법
④ γ선 시험법

38 비교적 압력이 낮은 증기, 물 등의 배관에 사용되는 배관용 탄소강관의 KS 표시기호는?

① SPP
② SPPH
③ SPPS
④ STLT

39 다음 그림과 같이 파이프가 접속될 때 도시가 바르게 된 것은? (단, 화살표 방향에서 본다.)

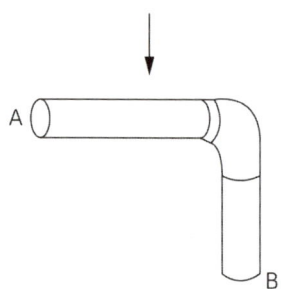

① A ——○—— B
② A ——○—— B
③ A ——●—— B
④ A ——●—— B

40 KS규격 재료기호의 제1위 문자는 어떤 것을 나타내는가?

① 제품명
② 규격명
③ 종별기호
④ 재질명

41 각도를 측정하는 공구가 아닌 것은?

① 수준기
② 오토콜리미터
③ 한계 게이지
④ 표준테이퍼 게이지

42 체인 평균속도 3.0m/s, 동력 4.5kW일 때, 체인에 걸리는 하중은?

① 151kgf
② 152kgf
③ 153kgf
④ 154kgf

43 가스 절단 속도에 영향을 주는 요소와 가장 무관한 것은?

① 산소의 압력
② 산소의 순도
③ 강의 재질
④ 강의 순도

44 용접자세의 기호가 잘못 연결된 것은?

① 아래보기 : F
② 수평자세 : H
③ 위보기 자세 : OH
④ 전 자세 : PA

45 정투상도법의 제 3각법에서 평면도의 위치는?

① 정면도의 우측
② 정편도의 좌측
③ 정편도의 위쪽
④ 정면도의 아래쪽

46 기어의 잇수가 40개이고 모듈이 3인 기어의 외경은?

① 120mm
② 126mm
③ 136mm
④ 146mm

47 도면의 치수 숫자와 함께 사용되는 치수보조기호가 잘못 연결된 것은?

① 구의 지름 : SR
② 정사각형 : □
③ 판의 두께 : t
④ 지름 : ϕ

48 피스톤 링의 계측과 무관한 것은?

① 폭과 두께의 측정
② 옆 틈의 측정
③ 길이 측정
④ 절구 틈의 측정

49 기계제도 도면에서 외형선의 형상은?

① 파선
② 굵은 실선
③ 가는 일점쇄선
④ 가는 이점쇄선

50 미터나사의 표준 나사산의 각도는?

① 30°
② 60°
③ 90°
④ 120°

51 프로펠러 추진기의 공동현상 발생을 방지하는 방법으로 잘못된 것은?

① 감속장치를 설치한다.
② 프로펠러가 수면 위로 올라오지 않도록 한다.
③ 피치각을 크게 한다.
④ 지름이 작은 프로펠러를 사용한다.

52 선체의 균형을 유지하기 위하여 설치하는 것은?

① 밸러스트 탱크
② 코터 댐
③ 디프 탱크
④ 선수창

53 선체의 선저 외부에 부착시키는 아연판의 주역할은?

① 선체도장의 장기보존
② 강판의 부식 방지
③ 해초류의 부착 방지
④ 용접부의 균열 방지

54 선형에 의한 분류 중 삼루형선이라고 하는 것은?

① 상갑판 외에 2개 층의 갑판을 더 가진 선박
② 선수루, 선교루 및 선미루를 가진 선박
③ 3개의 화물창을 가진 선박
④ 기관실과 2개의 화물창을 가진 선박

55 다음 중 가장 위쪽에 있는 갑판은?

① 컴퍼스 갑판
② 보트 갑판
③ 선교루 갑판
④ 항해 갑판

56 선박을 항만이나 안벽에 정박시키는데 필요한 계선 계류 설비에 속하지 않는 것은?

① 앵커
② 앵커 체인
③ 무어링 로프
④ 램프 웨이

57 다음 중 천연가스 운반선은?

① LPG선
② LNG선
③ GAS선
④ LOG CARRIER

58 선박이 항주할 때 선미에서 진행방향으로 물의 흐름이 생기는데 이를 무엇이라 하는가?

① 겉보기 슬립
② 참 슬립
③ 반류
④ 공동현상

59 닻의 용도에 포함되지 않는 것은?

① 좁은 수역에서 선박의 선수부분을 선회시킬 때
② 좌초된 선박을 건지고자 할 때
③ 풍랑 시 표류상태에서 안정성을 유지하고자 할 때
④ 선박을 임의 수면에 정박시킬 때

60 이중저 선체구조로 할 경우의 특징 설명으로 틀린 것은?

① 구조가 경량화된다.
② 선저 손상 시 화물창을 보호한다.
③ 밸러스트탱크 확보가 용이하다.
④ 연료유탱크 확보가 용이하다.

| 정 | 답 |

01	02	03	04	05	06	07	08	09	10
②	②	②	③	②	①	①	②	③	④
11	12	13	14	15	16	17	18	19	20
④	①	②	②	④	④	④	④	③	③
21	22	23	24	25	26	27	28	29	30
②	②	③	④	③	①	①	①	④	③
31	32	33	34	35	36	37	38	39	40
④	②	④	④	②	②	②	①	①	④
41	42	43	44	45	46	47	48	49	50
③	③	④	④	③	②	①	③	②	②
51	52	53	54	55	56	57	58	59	60
④	①	②	②	①	④	②	③	②	①

기출문제(2005년)

01 보일러에서 발생한 증기 중에 포함된 수분을 제거하는 장치는?

① 슈트 불로워
② 과열 저감기
③ 스팀 헤드
④ 기수 분리기

02 대규모의 냉동 장치에 쓰이고, 증발 잠열이 가장 크며, 철은 부식시키지 않으나, 극심한 자극성 냄새와 독성이 강한 냉매는?

① 프레온
② 탄산가스
③ 암모니아
④ 메틸크로라이드

03 4행정 기관에서 크랭크 축 몇 회전당 1회 폭발하는가?

① 1회전
② 2회전
③ 3회전
④ 4회전

04 선박 추진축계에서 드러스트 베어링이란?

① 중간축을 받치는 베어링
② 선미관 선미부 베어링
③ 추력을 선체에 전달하는 베어링
④ 선미관 선수부 베어링

05 디젤 기관에서 크랭크 축을 지지하는 베어링은?

① 메인 베어링
② 중간축 베어링
③ 추력 베어링
④ 피스톤 핀 베어링

06 디젤기관의 열효율을 높이는 방법으로 옳은 것은?

① 실린더 온도를 낮춘다.
② 압축비를 낮춘다.
③ 연료 분사시기를 늦게 한다.
④ 연료를 완전 연소시킨다.

07 왕복식 급수 펌프에 해당되는 것은?

① 인젝터 펌프
② 플런저 펌프
③ 터빈 펌프
④ 볼류트 펌프

08 수관 보일러의 특징을 잘못 설명한 것은?

① 대용량의 증기 발생에 유리하다.
② 수(水) 순환이 빠르므로 급수처리를 할 필요가 없다.
③ 효율이 원통 보일러보다 높다.
④ 수관의 직경이 작으므로 고압력에 유리하다.

09 고속 디젤기관에서 피스톤 핀의재료 및 형상은?

① 주강으로 된 중실봉(中實棒)
② 고속도강으로 된 중공봉(中空棒)
③ 표면경화강으로 된 중공봉(中空棒)
④ 주철로 된 중실봉(中實棒)

10 2사이클 6실린더 기관에 일반적으로 채용되는 착화순서는?

① 1 2 4 6 5 3
② 1 5 4 6 2 3
③ 1 5 3 6 2 4
④ 1 6 2 4 3 5

11 디젤기관의 피스톤링이 갖추어야 될 특성 설명으로 틀린 것은?

① 운동 중 절손하지 않을 것
② 링의 절구부 압력이 가장 낮을 것
③ 링의 전둘레에 걸쳐 균일하게 밀착할 것
④ 열을 받아도 비틀리지 않을 것

12 디젤기관의 피스톤 링에 관한 설명 중 옳은 것은?

① 피스톤의 압축링과 오일링의 수는 같아야 한다.
② 링은 마모되면 링과 피스톤의 틈새가 좁아진다.
③ 모든 링의 절구 틈은 일직선상에 위치해야 한다.
④ 단면이 사다리꼴로 된 압축링은 키스톤 링이다.

13 선박용 내연기관이 갖추어야 할 조건으로 틀린 것은?

① 무게가 가벼워야 한다.
② 부피가 작아야 한다.
③ 구조가 간단해야 한다.
④ 마력당 중량이 커야 한다.

14 발전기용 정류자편 사이와 그 지지물 사이의 절연물질로 사용되는 것은?

① 나무
② 고무
③ 마이카
④ 에보나이트

15 압축식 냉동기에서 유분리기의 위치는?

① 증발기 출구
② 응축기 출구
③ 압축기 출구
④ 압축기 입구

16 2행정 복류식 기관에서 소기구와 배기구는 무엇에 의해 열리고 닫히는가?

① 피스톤
② 캠
③ 스프링
④ 푸시로드

17 아크용접이나 가스용접시에 눈을 보호하기 위한 안경은?

① 방진 안경
② 차광용 안경
③ 일반안경
④ 보호안경

18 다음 중 운동하는 부분이 없는 펌프는?

① 베인 펌프
② 제트 펌프
③ 기어 펌프
④ 피스톤 펌프

19 일반적으로 디젤 기관에 사용되는 윤활유 주유 방법은?

① 비산식 주유법
② 강압식 주유법
③ 적하식 주유법
④ 원심식 주유법

20 디젤기관의 흡, 배기 밸브의 태핏 간격에 대한 설명으로 잘못된 것은?

① 밸브 간격(valve clearance)이라고도 한다.
② 운전중에 정확히 밸브가 닫히도록 하는데 목적이 있다.
③ 캠과 롤러 또는 밸브와 록커 암 사이에서 조절한다.
④ 태핏 간격은 배기밸브보다 흡기밸브 쪽이 크다.

21 선박 보조기계를 역할에 따라 분류할 때 승무원의 편의를 위한 장치에 해당되는 것은?

① 공기압축기
② 스테빌라이즈
③ 무어링 윈치
④ 공기조화장치 및 통풍장치

22 크랭크 암의 개폐도를 측정하는 계측기는?

① 브리지 게이지
② 필러 게이지
③ 캘리퍼스
④ 디플렉션 다이얼 게이지

23 보일러 설비에서 공기 이젝터는 어디에 설치되는가?

① 복수기
② 급수 가열기
③ 공기 예열기
④ 절탄기

24 4행정 기관의 흡, 배기 밸브개폐 시기가 다음 표와 같을 때, 밸브 겹침(over lap)은 몇 도인가?

밸브	열림	닫힘
흡기밸브	TDC 전 20°C	BDC 후 35°C
배기밸브	BDC 전 35°C	TDC 후 20°C

① 35°
② 40°
③ 55°
④ 70°

25 자기장 내에서 전류가 흐르는 도선이 받는 힘의 방향은 어떤 법칙에 따르는가?

① 플레밍의 오른손 법칙
② 플레밍의 왼손 법칙
③ 렌츠의 법칙
④ 앙페르의 법칙

26 그림의 스퍼기어 열에서 기어 A가 800rpm으로 회전할 때 기어 B의 회전수는?(단, 그림 중 Z의 숫자는 각 기어의 잇수임)

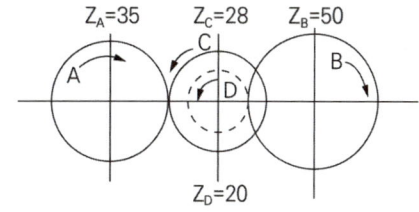

① 300rpm
② 400rpm
③ 500rpm
④ 600rpm

27 일반적으로 대형 디젤기관의 베드(bed) 제작에 사용되는 재료는?

① 단강   ② 주강
③ 주철   ④ 경합금

28 디젤기관의 실린더 헤드 볼트를 조일 때 토크렌치를 사용하는 이유는?

① 신속하게 조일 수 있기 때문이다.
② 강하게 조일 수 있기 때문이다.
③ 규정된 힘으로 조일 수 있기 때문이다.
④ 조이는 작업이 편리하기 때문이다.

29 3상 교류에서 각 상의 위상차는?

① 60°
② 120°
③ 180°
④ 360°

30 추진축계에 생기는 크로스 마크(cross mark)는 주로 어떤 응력에 기인하는가?

① 비틀림응력
② 압축응력
③ 인장응력
④ 전단응력

31 프레온 가스 누설사고 때의 조치 중 잘못된 것은?

① 공기보다 무거운 특성을 고려하여 산소 결핍에 유의한다.
② 가스가 눈에 들어가면 비벼가며 안구 운동을 한다.
③ 눈을 붕산용액이나 식염수로 씻는다.
④ 프레온 가스에 불꽃이 닿지 않게 한다.

32 선박기관의 윤활유 계통의 순환 순서가 맞는 것은?

① 펌프 - 유냉각기 - 여과기 - 기관
② 펌프 - 여과기 - 기관 - 유냉각기
③ 여과기 - 펌프 - 기관 - 유냉각기
④ 여과기 - 유냉각기 - 기관 - 펌프

33 보일러 연소가스로 급수를 예열하는 장치는?

① 과열기
② 재열기
③ 가열기
④ 절탄기

34 디젤기관의 보슈식 연료분사 펌프의 분사량을 조정하는 방법은?

① 캠 각도 조정
② 심 두께 조정
③ 조정 래크 조정
④ 롤러 간격 조정

35 선박용 디젤기관의 피스톤 제작에 사용되는 재료가 갖추어야 할 조건으로 틀린 것은?

① 강도가 클 것
② 마멸이 작을 것
③ 열전도 양호할 것
④ 열팽창 계수가 실린더 재질보다 클 것

36 정투상도법 중 제 3각법에서 우측면도는 정면도 어느 쪽에 위치하는가?

① 우측
② 좌측
③ 상부
④ 하부

37 용접부에 생기는 잔류응력을 제거하는 열처리 작업은?

① 뜨임
② 풀림
③ 불림
④ 담금질

38 치수기입에 있어 판의 두께를 나타내는 보조기호는?

① R
② C
③ t
④ L

39 다음 가공기호 중에서 연삭을 나타내는 기호는?

① L
② M
③ G
④ D

40 물체를 정반 위에 올려 놓고 높이를 측장할 때 사용되는 측정기는?

① 삼각 나사
② 톱니 나사
③ 사다리꼴 나사
④ 너클 나사

41 선체의 골격을 이루는 주요 부재는?

① 프로펠러
② 엔진 베드
③ 늑골(Frame)
④ 밸브 시트

42 나사의 표시 M 50 X 3에서 3이 뜻하는 것은?

① 나사의 리드
② 나사의 길이
③ 나사의 호칭지름
④ 나사의 피치

43 가정용으로 널리 사용되며 녹이 잘 슬지 않는 강은?

① 구조용탄소강
② 스테인리스강
③ 연강
④ 탄소공구강

44 용접기가 구비해야 할 조건 설명으로 틀린 것은?

① 사용 중 온도가 고온으로 상승해야 한다.
② 구조 및 취급 방법이 간단해야 한다.
③ 전류조정이 용이하고 일정하게 전류가 흘러야 한다.
④ 역률 및 효율이 좋아야 한다.

45 배관 내에 흐르는 유체의 종류 기호가 잘못된 것은?

① 공기 : A
② 가스 : G
③ 유류 : O
④ 수증기 : W

46 강의 기계적 성질에 가장 크게 영향을 미치는 원소는?

① 탄소(C)
② 인(P)
③ 황(S)
④ 규소(Si)

47 작은 틈새를 측정하는데 사용되는 측정기는?

① 마이크로미터
② 틈새 게이지
③ 텔레스코핑 게이지
④ 실린더 게이지

48 산소-아세틸렌 가스용접 작업 중 고무 호스에 역화가 발생한 경우 제일 먼저 할 일은?

① 토치를 물에 담근다.
② 아세틸렌 밸브를 잠근다.
③ 호스를 꺾는다.
④ 산소 밸브를 잠근다.

49 다음 중 나사산의 각도가 60°인 것은?

① 유니파이 보통나사
② 사다리꼴 나사
③ 톱니 나사
④ 둥근 나사

50 표준 마이크로미터에서 나사 피치가 0.25mm, 딤블의 원주 눈금이 50등분되어 있을 때 최소 측정값은?

① 0.01mm
② 0.05mm
③ 0.025mm
④ 0.005mm

51 양묘기(windlass)의 용도로 옳은 것은?

① 선내의 공기조화
② 선원의 승강
③ 선박의 계선계류
④ 화물의 하역

52 선체에서 불워크(bulwark)가 설치되는 곳은?

① 상 갑판
② 제 2 갑판
③ 제 3 갑판
④ 항해 갑판

53 선박 기관실 내의 선저를 보강하기 위하여 이중저 내의 부재 두께를 증가시키는 외에 매 늑골마다 설치되는 것은?

① 주기대
② 조립늑판
③ 수밀늑판
④ 실체늑판

54 다음 중 선체의 선저를 구성하는 부재가 아닌 것은?

① 용골
② 중심선 거더
③ 선창 늑골
④ 실체 늑판

55 최근의 선박에서 조파저항을 감소시킬 목적으로 주로 채용하고 있는 선수형상은?

① 구상선수
② 경사형선수
③ 클리퍼형선수
④ 직립형선수

56 어떤 선박이 10노트(knot)의 속력으로 예인되고 있을 때 예인에 필요한 유효마력은? (단, 예인로프에 걸린 수평장력은 14.6 tonf 이다.)

① 1,000PS
② 1,333PS
③ 1,460PS
④ 1,947PS

57 선박이 조난당했을 때 승선중인 여객과 승무원이 선박에서 탈출하여 피난하는 것을 돕거나 바닷속에 빠진 사람을 구조하는데 사용되는 설비는?

① 하역설비
② 무선설비
③ 통신설비
④ 구명설비

58 기하학적으로 상사한 선박의 프루드수(Froude number)가 같을 때 두 선박에서 같은 값을 갖는 것은?

① 마찰저항계수
② 잉여저항계수
③ 조파저항계수
④ 조와저항계수

59 그레인 대신 싱크로 리프트(synchro lift)라는 특수 장치를 이용하여 바지를 수평으로 들어올려 적재하는 선박은?

① 시비(SEBEE)선
② 벌크(bulk)선
③ 컨테이너선
④ 래쉬(LASH)선

60 다음 건현표에서 하기 건현을 나타내는 것은?

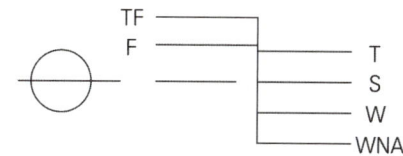

① S
② W
③ WNA
④ TF

|정답|

01	02	03	04	05	06	07	08	09	10
④	③	②	③	①	④	②	②	③	④
11	12	13	14	15	16	17	18	19	20
②	④	④	③	③	①	②	②	②	④
21	22	23	24	25	26	27	28	29	30
④	④	①	③	②	②	③	③	②	①
31	32	33	34	35	36	37	38	39	40
②	②	④	③	④	①	②	③	③	②
41	42	43	44	45	46	47	48	49	50
③	④	②	①	④	①	②	②	①	④
51	52	53	54	55	56	57	58	59	60
③	①	④	③	①	①	④	③	①	①

기출문제(2008년)

01 2행정 기관의 복류식 소기 방법이 아닌 것은?

① 루프형 소기법
② 반전형 소기법
③ 횡진형 소기법
④ 대향 피스톤형 소기법

02 내연기관에서 B.D.C가 의미하는 것은?

① 상사점
② 응고점
③ 하사점
④ 압축부피

03 디젤기관의 피스톤 링이 갖추어야 할 조건으로 틀린 것은?

① 운전 중 절손하지 않을 것
② 열을 받아도 뒤틀리지 않을 것
③ 링의 절구부 압력이 1장 높을 것
④ 링의 전 둘레에 걸쳐 균일하게 밀착할 것

04 6기통 디젤기관에 있는 베어링의 수는 모두 몇 개인가?

① 5
② 6
③ 7
④ 8

05 4행정 기관과 비교하여 2행정 기관의 장점으로 옳은 것은?

① 실린더가 받는 열응력이 작다.
② 구조가 간단하고 취급이 쉽다.
③ 열효율이 높고, 연료 소비율이 적다.
④ 환기 작용이 완전하여 고속 기관에 적합하다.

06 선박용 보일러가 갖추어야 할 조건으로 틀린 것은?

① 검사 및 수리가 편리할 것
② 물의 대류가 용이한 구조를 가질 것
③ 구조는 상용압력에 충분한 강도를 가질 것
④ 노와 연소실은 모든 공기의 흐름을 차단할 것

07 드러스트 축의 칼라가 하는 주된 역할은 무엇인가?

① 진동을 방지한다.
② 축의 부식을 방지한다.
③ 윤활을 양호하게 한다.
④ 추진력을 선체에 전달한다.

08 원심 펌프와 비교했을 때 왕복 펌프의 특징으로 틀린 것은?

① 흡입 성능이 양호하다.
② 높은 양정을 얻기가 쉽다.
③ 큰 유량을 얻는데 유리하다.
④ 운전 조건이 광범위하게 변해도 효율변화가 적다.

09 다음 중 4행정 기관의 작동순서가 옳게 나열된 것은?

① 흡입-압축-폭발-배기
② 압출-폭발-흡입-배기
③ 흡입-폭발-배기-압축
④ 압축-배기-흡입-폭발

10 피스톤 링의 종류에서 링의 고착 방지에 효과가 큰 것은?

① 키스톤형 링
② 플레인형 링
③ 테이퍼형 링
④ 인사이드 베벨형 링

11 프로펠러 축의 균열 및 결함을 조사하는 비파괴검사법이 아닌 것은?

① 마이크로검사법
② 전자기탐상검사법
③ 초음파탐상검사법
④ 방사선투과검사법

12 기관의 배기량은 다음 중 어떤 부피를 말하는가?

① 행정 부피
② 실린더 부피
③ 압축 부피
④ 피스톤 부피

13 디젤기관의 어떤 실린더가 행정 체적이 1900, 실린더 체적이 2000일 때 압축비는?

① 17
② 18
③ 19
④ 20

14 디젤 기관에서 피스톤 링의 역할이 아닌 것은?

① 냉각 작용
② 기밀 유지
③ 축압 지지
④ 유막 형성

15 조속기(governor)는 기관에 걸리는 부하에 변동이 생겼을 때 무엇을 조정하여 일정한 회전속도를 유지하는가?

① 연료 공급량
② 냉각수의 양
③ 흡입 공기량
④ 윤활유 공급량

16 4행정 사이클 4실린더 디젤 기관의 크랭크축이 분당 800번 회전한다면 이때 캠축의 분당 회전수(rpm)는 얼마인가?

① 200
② 400
③ 800
④ 1600

17 변압기의 손실 중 변압기의 철심에 발생되는 손실을 무엇이라 하는가?

① 철손
② 구리손
③ 부하손
④ 표유 부하손

18 냉동장치에서 냉매가 부족할 경우에 나타나는 현상은?

① 응축압력이 낮아진다.
② 압축기가 과열한다.
③ 압축압력이 높아진다.
④ 흡입압력이 낮아진다.

19 냉동 장치에서 서모스탯(thermostat)이란 무엇인가?

① 온도 조절기
② 압력 조절기
③ 저압 차단 조절기
④ 고압 차단 조절기

20 내연기관에서 피스톤의 왕복운동에 의한 힘을 크랭크축에 전달하는 것은?

① 푸시 로드(Push Rod)
② 타이 로드(Tie Rod)
③ 실린더 헤드(Cylinder Head)
④ 커넥팅 로드(Connecting Rod)

21 내연 기관의 출력을 증대시킬 수 있는 요인이 아닌 것은?

① 행정 부피의 증가
② 회전 속도의 증가
③ 평균 유효 압력의 상승
④ 피스톤의 행정거리 단축

22 어떤 디젤기관의 출력을 측정한 결과 도시마력이 80PS, 제동마력이 72PS이었다면 이 기관의 기계효율은 몇 %인가?

① 72
② 76
③ 85
④ 90

23 실린더 헤드의 볼트나 메인베어링의 스터드 볼트는 정확한 힘으로 죄는 것이 중요하다. 이와 같이 죄는 힘을 알 수 있는 공구는?

① 토크 렌치
② 양구 스패너
③ 복스 렌치
④ 다이얼 게이지

24 디젤기관에서 피스톤 링의 재료로 주철을 사용하는 이유가 아닌 것은?

① 고온에서의 탄성변화가 매우 적다.
② 열응력이 작아서 절손되지 않는다.
③ 운동면에 대한 접촉성이 다른 재료보다 좋다.
④ 조직 중에 포함된 흑연성분으로 윤활작용이 좋다.

25 4행정 4실린더 디젤기관의 크랭크축이 그림과 같을 때 폭발은 실린더 번호 1-3-4-2 순으로 폭발한다. 1번 실린더가 폭발을 시작할 때, 4번 실린더의 밸브 개폐 상태는?

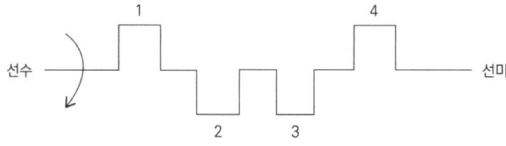

① 배기밸브만 열려있다.
② 흡기밸브만 열려있다.
③ 흡기 배기 밸브가 동시에 열려있다.
④ 흡기 배기 밸브가 동시에 닫혀있다.

26 피스톤 링을 교체할 때의 방법으로 잘못된 것은?

① 링을 뺄 때는 최상부의 링부터 뺀다.
② 링을 끼울 때는 최하부의 링부터 끼운다.
③ 링의 절단부를 또는 120°로 엇갈리게 끼운다.
④ 링의 제작사, 사이즈, 표시부가 아래쪽으로 가도록 끼운다.

27 2개의 금속 도체를 일정한 간격으로 서로 마주보게 하고 그 사이에 유전체를 삽입하여 정전용량을 가지게 한 소자를 무엇이라 하는가?

① 코일
② 콘덴서
③ 저항기
④ 집적회로

28 원심펌프의 축 추력 방지법이 아닌 것은?

① 균형 원판을 설치한다.
② 평형공을 설치한다.
③ 단흡입 임펠러를 사용한다.
④ 드러스트 베어링을 설치한다.

29 기관의 냉각용 청수계통에 수두를 주어 공기를 빼냄과 동시에 열팽창을 흡수하고 소모량을 보급해주는 탱크는?

① 저장탱크
② 팽창탱크
③ 압력탱크
④ 급수탱크

30 다음 중 이론적 냉동 사이클에 해당되는 것은?

① 랭킨 사이클
② 디젤 사이클
③ 오토 사이클
④ 역카르노 사이클

31 크랭크실이나 실린더 안에서 작업을 할 때 작업자의 안전을 위하여 다음 중 반드시 주의해야 할 사항은?

① 동파 방지를 위하여 냉각수를 보충한다.
② 마멸을 줄이기 위하여 윤활유 압력을 높여 준다.
③ 실린더 헤드의 스턴 볼트를 대각선 방향으로 푼다.
④ 기관이 회전하지 못하게 터닝 기어를 맞물려 놓는다.

32 보일러를 비상 정지시키기 위해 다음 중 가장 먼저 조치해야 하는 사항은?

① 급수를 한다.
② 송풍기를 정지시킨다.
③ 댐퍼를 개방한다.
④ 연료공급을 차단한다.

33 다음 중 B급 화재로 분류되는 화재는?

① 유류화재
② 전기화재
③ 목재화재
④ 금속화재

34 다음 중 증기 터빈을 분류할 때 날개에 가해지는 증기의 작동 방식에 따라 분류한 것이 아닌 것은?

① 충동터빈
② 복수터빈
③ 반동터빈
④ 혼식터빈

35 직류 발전기의 구조 중 교류 기전력을 직류로 바꾸는 역할을 하는 것은?

① 계자
② 정류자
③ 전기자
④ 브러시

36 제3각 투상법으로 투상할 경우 눈, 물체, 투상면의 순서를 옳게 나열한 것은?

① 눈-물체-투상면
② 물체-투상면-눈
③ 눈-투상면-물체
④ 투상면-물체-눈

37 다음 중 길이 측정용 기기가 아닌 것은?

① 수준기
② 마이크로미터
③ 강철자
④ 버니어캘리퍼스

38 너트의 풀림 방지법이 아닌 것은?

① 와셔를 사용하는 방법
② 부시를 사용하는 방법
③ 로크 너트를 사용하는 방법
④ 핀, 작은 나사를 사용하는 방법

39 KS 규격에서 재료의 표시기호 중 SF가 의미하는 것은?

① 탄소 공구강
② 고속도 공구강
③ 합금 공구강
④ 탄소강 단강품

40 각을 측정하는 기구인 사인바는 측정 각도가 일정 각도 이상이 되면 오차가 커져 사용을 할 수 없게 된다. 이 한계 각도는 몇 도인가?

① 45
② 50
③ 55
④ 60

41 다음 중 한쪽 방향으로만 큰 힘을 전달하는 경우에 적합한 나사는?

① 삼각나사
② 톱니나사
③ 둥근나사
④ 사다리꼴나사

42 고도의 에너지가 집적된 직진성이 양호한 빛을 광학렌즈를 이용하여 원하는 지점에 쏘면 순간적인 에너지의 상승으로 모재가 용융되는데 다음 중 이것을 이용한 용접은?

① 레이저 용접
② 탄산 가스 아크 용접
③ 불활성 가스 금속 아크 용접
④ 불활성 가스 텅스텐 아크 용접

43 다음 중 용접의 장점에 관한 설명으로 옳은 것은?

① 품질 검사가 쉽다.
② 잔류 응력이 발생하지 않는다.
③ 용접 모재에 열 영향이 거의 없다.
④ 접합부의 기밀성과 수밀성, 유밀성이 좋다.

44 미터 표준 나사의 나사산의 각도는 몇 도인가?

① 30
② 60
③ 90
④ 120

45 강의 기계적 성질에 가장 크게 영향을 미치는 원소는?

① 황(S)
② 탄소(C)
③ 인(P)
④ 규소(Si)

46 다음 중 치수 공차가 가장 큰 것은?

① 100 ± 0.05
② $100 + ^{0.05}_{0}$
③ $100 - ^{0}_{0.05}$
④ $100 - ^{0.05}_{0.10}$

47 끼워맞춤 기호가 "$\phi 20H7g6$"으로 표시된 경우의 설명으로 틀린 것은?

① 구멍과 축의 반지름은 "20"이다.
② 구멍기준식 헐거운 끼워맞춤이다.
③ 구멍의 아래치수 허용차는 "0"이다.
④ 축의 허용한계치수는 항상 기준치수보다 작다.

48 다음 중 금속을 물리적, 기계적, 화학적 성질로 구분할 때 물리적 성질에 해당되는 것은?

① 비열
② 강도
③ 연성
④ 경도

49 두께 5mm 철판을 가스 용접으로 접합할 때 필요한 용접봉의 지름은 몇 mm인가?

① 1.0
② 2.5
③ 3.5
④ 5.0

50 다이얼게이지로 측정이 어려운 것은?

① 직각도
② 진원도
③ 흔들림
④ 거칠기

51 다음 중 선체 이중저(double bottom)의 상면을 덮는 부재는?

① 갑판
② 내저판
③ 마진판
④ 정판

52 선수의 형상 중 선수파의 파형을 조정하여 선박의 조파저항을 감소시킬 목적으로 개발된 것은?

① 램형
② 구상형
③ 경사형
④ 클리퍼형

53 길이 30m, 폭 8m, 깊이 3m인 상자형 배가 해수 중에 1.8m의 흘수로 떠 있을 때 이 배의 배수량은 몇 톤인가?(단, 해수의 비중은 1.025이다.)

① 432.0
② 442.8
③ 720.0
④ 738.0

54 선박의 선루에 대한 설명으로 틀린 것은?

① 선미루는 기관실 및 조타장치 등을 보호한다.
② 저선루는 선루안에 상갑판이 연속된 것을 말한다.
③ 선수루는 선수부에 위치하여 선박에 능파성을 갖게 하는 것이 최대의 목적이다.
④ 선교루는 선박의 중앙부에 위치하여 선실 제공 및 예비부력 확보가 주 목적이다.

55 다음 중 선박의 주요 치수에 포함되지 않는 것은?

① 길이
② 나비
③ 깊이
④ 건현

56 선수로부터 물속 선체를 따라 흘러가던 물이 선미에 이르러 급격한 형상변화에 순응하지 못하고 선체로부터 떨어져나가 소용돌이를 일으키는데 이때 발생되는 저항을 무엇이라 하는가?

① 마찰저항
② 조파저항
③ 조와저항
④ 공기저항

57 다음 중 구명설비가 아닌 것은?

① 구조정
② 추종장치
③ 구명정
④ 구명뗏목

58 선수부 및 선미부에 있어서 슬래밍 등의 외부 충격에 견디게 하기 위하여 특별히 보강하는 구조는?

① 종식구조
② 횡식구조
③ 팬팅구조
④ 이중저구조

59 선박의 위치 측정장치로 인공위성을 이용한 장비는?

① GPS
② 자기 나침의
③ 레이더
④ 도플러 로그

60 선수미창에 청수나 밸러스트수 등을 적재하여 트림을 조절하기 위해 사용되는 탱크는?

① 주탱크
② 창내탱크
③ 피크탱크
④ 연료유탱크

정 답									
01	02	03	04	05	06	07	08	09	10
④	③	③	③	②	④	④	③	①	②
11	12	13	14	15	16	17	18	19	20
①	①	④	③	①	②	①	④	①	④
21	22	23	24	25	26	27	28	29	30
④	④	①	②	③	④	②	③	②	④
31	32	33	34	35	36	37	38	39	40
④	④	①	②	②	③	①	②	④	①
41	42	43	44	45	46	47	48	49	50
②	①	④	②	②	①	①	①	③	④
51	52	53	54	55	56	57	58	59	60
②	②	②	②	④	③	②	③	①	③

기출문제(2010년)

01 디젤기관 시동에 사용되는 공기압축기를 다단식으로 하는 이유가 아닌 것은?

① 효율이 좋아진다.
② 압축 공기의 온도를 낮출 수 있다.
③ 비상시 원활한 압축공기의 공급을 할 수 있다.
④ 탄화에 의한 피스톤과 피스톤 링의 고착 및 폭발의 위험이 감소한다.

02 피스톤 링을 피스톤에서 제거시 사용하는 공구는?

① 스토퍼 핀
② 링 익스팬더
③ 래핑 공구
④ 시크니스 게이지

03 무기 분사식 디젤기관에서 사용되는 자동 연료 분사 밸브를 직접적으로 작동시키는 것은?

① 캠에 의해 작동
② 연료의 평균온도에 의해 작동
③ 연료탱크의 연료량에 의해 작동
④ 연료 분사 펌프의 유압에 의해 작동

04 2행정 사이클 디젤기관에서 배기와 흡기시 피스톤의 위치는?

① 상사점
② 상사점 전 부근
③ 하사점 부근
④ 행정의 중간 부근

05 냉동기 작동시 압축기가 과열되었다면 그 원인이 될 수 없는 것은?

① 실린더 재킷의 냉각수가 부족하다.
② 팽창 밸브의 열림 양이 부족하기 때문이다.
③ 수증기 관과 과열기에 증기가 포화상태이다.
④ 윤활유가 부족하며, 급유 펌프가 고장이 났다.

06 여러 개의 칼라(Collar)가 추력측에 달려 있는 형태이며, 개발형으로 교환이 가능하고, 소형기관에 적합한 스러스트 베어링은?

① 말굽형
② 밀폐형
③ 보통형
④ 미첼형

07 다음 중 동력전달장치에 해당하지 않는 것은?

① 역전 장치
② 시동 장치
③ 변속 장치
④ 감속 장치

08 3상 교류에서 각 상의 위상차는 몇 도(°)인가?

① 60°
② 120°
③ 180°
④ 360°

09 직류 발전기의 구성 부분에 해당하지 않는 것은?

① 계자
② 전기자
③ 정류자
④ 슬립 링

10 디젤기관에서 연료계통의 공기를 제거하기 위하여 수동으로 작동하는 연료 펌프는?

① 보슈식 연료펌프
② 압력 연료펌프
③ 스필식 연료펌프
④ 프라이밍 연료펌프

11 4행정 4실린더 디젤기관의 크랭크축이 그림과 같을 때 폭발은 실린더 번호 1 - 3 - 4 - 2 순으로 폭발한다 1번 실린더가 폭발을 시작할 때, 4번 실린더의 밸브 개폐상태는?

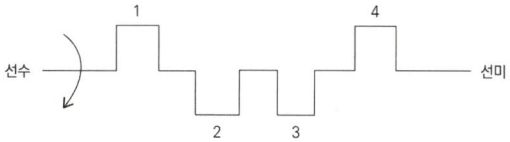

① 배기밸브만 열려있다.
② 흡기밸브만 열려있다.
③ 흡, 배기 밸브가 동시에 열려있다.
④ 흡, 배기 밸브가 동시에 닫혀있다.

12 프레온 가스 누설사고 때 조치사항으로 틀린 것은?

① 프레온 가스에 불꽃이 닿지 않게 한다.
② 눈에 닿았을 때 붕산용액이나 식염수로 씻는다.
③ 공기보다 무거운 특성을 고려하여 산소 결핍에 유의한다.
④ 가스가 눈에 들어가면 비벼가며 안구 운동을 한다.

13 내연기관 기계효율을 옳게 나타낸 것은?

① $\dfrac{도시열효율}{이론열효율}$

② $\dfrac{이론열효율}{도시열효율}$

③ $\dfrac{도시열효율}{정미열효율}$

④ $\dfrac{출력축의동력}{지압선도의동력}$

14 가솔린기관에서 점화 코일에 유도된 고압의 전류를 기관의 점화 순서에 따라 각 실린더의 점화 플러그에 분배하는 기구는?

① 배전기
② 점화코일
③ 기화기
④ 점화장치

15 해수로부터 순수한 청수를 만드는 장치는?

① 조수 장치
② 조연 장치
③ 수정 장치
④ 청정 장치

16 외연기관 중 회전식 기관에 해당하는 것은?

① 디젤기관
② 증기터빈
③ 가솔린기관
④ 증기 왕복동기관

17 피스톤 링을 단면 모양에 따라 분류할 때 링의 고착 방지에 큰 효과가 있으며, 중, 소형 선박기관의 제 1, 2번 링으로 많이 쓰이고, 특히 블로바이(Blow-by) 방지에 효과가 있는 링은?

① 플레인(Plane)형 링
② 테이버(Taper)형 링
③ 키스톤(Keystone)형 링
④ 인사이드(inside bevel)형 링

18 선박의 계선 로프를 매는 방법이 아닌 것은?

① 스프링 라인
② 퍼스트 라인
③ 브레스트 라인
④ 저스트 라인

19 실린더 라이너 해수를 냉각시킬 경우 부식을 방지하기 위해 사용되는 방법은?

① 보호 아연을 부착한다.
② 알루미늄으로 코팅한다.
③ 라이너를 고무로 피복한다.
④ 라이너를 스테인리스로 만든다.

20 디젤기관에서 직접 분사식 연소실의 장점이 아닌 것은?

① 열효율이 높고, 연료 소비율이 낮다.
② 시동이 용이하고, 시동 보조 장치가 필요 없다.
③ 고압 연료 분사 펌프가 필요 없으며, 최고 연소 압력이 낮다.
④ 연소실의 모양이 간단하고 제작이 용이하므로, 대형 기관에 적합하다.

21 프로펠러 축의 균열 및 결함을 조사하는 비파괴검사법이 아닌 것은?

① 마이크로검사법
② 전자기탐상검사법
③ 초음파탐상검사법
④ 방사선투과검사법

22 다음은 어떤 법칙에 대한 설명인가?

> "도체에 흐르는 전류는 그 도체의 양단에 주어진 전압에 비례하고, 도체의 저항에 반비례한다."

① 옴의 법칙
② 페러데이의 법칙
③ 쿨롱의 법칙
④ 키르히호프의 법칙

23 증기터빈에서 증기의 유동방향을 정하며 증기의 열에너지를 운동에너지로 변환하는 역할을 하는 장치는?

① 로터(Rotor)
② 케이싱(Casing)
③ 날개(Blade)
④ 노즐(Nozzle)

24 다음 중 가스터빈의 기본 구조에 해당하지 않는 것은?

① 피스톤   ② 압축기
③ 연소기   ④ 터빈

25 과급(Super charge)이 기관에 미치는 영향이 아닌 것은?

① 열효율 증대
② 기관 시동 편리
③ 기관의 출력 증대
④ 출력당 단위무게의 체적 감소

26 4행정 사이클 기관에서 크랭크축이 100회 전할 때, 캠축은 몇 회전하는가?

① 50
② 100
③ 150
④ 200

27 유압을 일로 바꾸는 역할을 하는 유압기구의 구성요소는?

① 유압펌프
② 유압밸브
③ 엑츄에이터
④ 유압탱크

28 안전관리의 목적과 가장 거리가 먼 것은?

① 품질 향상
② 사회복지의 증진
③ 근로자의 생명보호
④ 사고에 따른 재산손실 방지

29 선박용 고정식 가스 소화장치에 사용되는 가스는?

① 질소(N_2)
② 일산화탄소(CO)
③ 불소 화합물
④ 이산화탄소(CO_2)

30 다음 중 보일러의 용량을 표시하는 방법은?
① 연료 소비율
② 열 소비율
③ 시간당 증발량
④ 연료 발열량

31 원심 펌프의 형식 중 분류 기준이 나머지와 다른 것은?
① 분할형
② 반경류형
③ 원통형
④ 상하 분할형

32 정전용량에 대한 설명으로 옳은 것은?
① 물체가 띠고 있는 정전기의 양을 말한다.
② 자기장과 전류 사이에 적용하는 힘을 말한다.
③ 도체가 전하를 수용할 수 있는 능력을 말한다.
④ 단위로는 커패시턴스(C, capacitance)를 쓴다.

33 열기관의 이상 사이클인 카르노 사이클에서 고열원의 온도가 227°C, 저열원의 온도가 27°C일 때 이 사이클의 열효율은?
① 25%
② 30%
③ 35%
④ 40%

34 압축식 냉동기에서 유분리기의 위치는?
① 증발기 출구
② 압축기 출구
③ 응축기 출구
④ 압축기 입구

35 디젤기관에서 윤활유의 역할이 아닌 것은?
① 냉각 작용
② 누설 작용
③ 방청 작용
④ 응력 분산 작용

36 인성, 내구성 등을 일반 구조용 강보다 향상시켜 건축 및 선박의 구조용으로 사용되는 강은?
① 붕소강
② Ti강
③ 고장력강
④ 규소-크롬강

37 치수 기입 방법을 설명한 것으로 틀린 것은?
① 관련된 치수는 한 곳에 모아 기입한다.
② 치수는 되도록 각 투상도에 골고루 기입한다.
③ 치수는 계산할 필요가 없도록 기입해야 한다.
④ 도면의 깊이와 크기와 위치를 명확하게 표시해야 한다.

38 팬벨트 전동과 비교한 V 벨트 전동에 대한 설명으로 틀린 것은?

① 고속운전이 가능하다.
② 바로걸기로만 가능하다.
③ 미끄럼이 적고 속도비가 크다.
④ 장력이 크므로 베어링에 걸리는 하중도 크다.

39 잇수가 40개이고 모듈이 3인 평기어의 외경은 몇 mm인가?

① 120
② 126
③ 136
④ 146

40 그림과 같은 도면의 해칭된 부분은 어떤 단면도에 해당되는가?

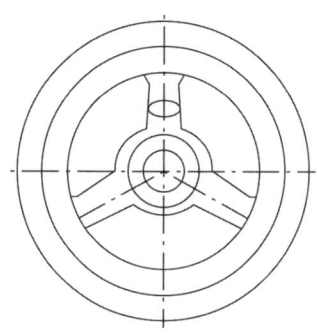

① 보조단면도
② 부분 단면도
③ 회전도시 단면도
④ 국부 단면도

41 다음 중 키(key)의 종류가 아닌 것은?

① 성크키
② 반달키
③ 접선키
④ 나사키

42 어미자 눈금이 1mm이며, 아들자의 눈금은 19mm를 20등분한 M형 버니어 캘리퍼스에서 측정 가능한 최소값은 몇 mm인가?

① 1/5
② 1/10
③ 1/15
④ 1/20

43 용접부의 기계적 성질이 우수하고 판 두께가 0.6~3mm의 얇은 판에 많이 사용되며 전극은 토륨(Th)이 들어있는 텅스텐 봉을 사용하는 용접은?

① TIG용접
② 가스 용접
③ MIG 용접
④ 아르곤 용접

44 대량 생산 가공품 측정에 많이 쓰이는 측정 기구로서 제품의 치수가 허용 치수 범위 내에 있는가를 확인하여 제품의 합격, 불합격을 간단히 판단할 수 있는 측정공구는?

① 한계 게이지
② 다이얼 게이지
③ 마이크로미터
④ 버니어 캘리퍼스

45 다음 중 파이프 이음형태와 도시 기호가 틀리게 짝지어진 것은?

① ──┼── 나사형
② ──┼┼── 플랜지형
③ ────┤ 턱걸이형
④ ──┼┼┼── 유니언형

46 일반 피복아크용접봉의 피복제 역할이 아닌 것은?

① 아크를 안정시킨다.
② 용융금속을 보호한다.
③ 슬래그와 용융금속의 혼합을 돕는다.
④ 용접금속의 응고와 냉각속도를 줄인다.

47 한 면을 고정도의 평면으로 래핑 가공한 유리 또는 수정으로 만든 원판으로 빛의 간섭 현상을 이용하여 게이지 블록이나 각종 측정자 등의 평면을 측정하는데 사용하는 것은?

① 직각자
② 옵티컬 플랫
③ 원통 직각자
④ 각도 게이지

48 직류용접기에서 모재를 (-)극, 전극을 (+)극에 연결한 것을 무엇이라 하는가?

① 연극성
② 어스
③ 정극성
④ 단락

49 체크밸브의 배관 도시 기호는?

① ─⟰─
② ─▶●◀─
③ ─▶◀─
④ ─⋈─

50 주철에서 유동성을 가장 나쁘게 하는 금속 원소는?

① C
② S
③ Mn
④ Si

51 다음 중 산적화물선의 특징이 아닌 것은?

① 호퍼 탱크가 있다.
② 톱사이드 탱크가 있다.
③ 곡물류 등을 적재한다.
④ 선미에 램프웨이(Ramp way)가 있다.

52 다음 중 개인용 구명설비는?

① 구명 부환
② 구명 부기
③ 구명 뗏목
④ 구명 보트

53 선루의 역할을 설명한 것으로 틀린 것은?

① 종강도가 증가된다.
② 예비 부력을 감소시킨다.
③ 파랑을 이겨내는 능력이 증대된다.
④ 채광과 통풍에 편리한 선실을 제공한다.

54 선박의 수밀격벽을 설치함으로써 얻는 효과가 아닌 것은?

① 선체의 강도에 기여한다.
② 선박 내부의 방화벽 역할을 한다.
③ 화물을 종류별로 구분하여 실을 수 있다.
④ 한 구획이 침수되었을 때, 인접한 구획으로 침입하는 물을 분배한다.

55 선박의 속력이 증가함에 따라 급격히 증가하는 저항은?

① 점성 저항
② 마찰 저항
③ 조와 저항
④ 조파 저항

56 갑판 위의 물을 신속히 배수하고 구조안정성을 위하여 갑판의 횡단면 모양을 위쪽으로 볼록하게 만드는 것을 무엇이라 하는가?

① 캠버
② 초기경사
③ 현호
④ 선저기울기

57 선박을 목적지로 이동하려면 방향을 조종하는 시스템이 필요한데 이 시스템의 구성요소가 아닌 것은?

① 타(Rudder)
② 콤파스(Compass)
③ 조타륜(Steering wheel)
④ 조타장치(Steering gear)

58 수선 아래의 앞쪽 부분에 혹을 붙인 것과 같은 형상으로 선수파를 감소시킬 목적으로 설치한 선수의 종류는?

① 램형선수
② 직립형선수
③ 구상선수
④ 경사형선수

59 선체 이중저(Double bottom)의 상면을 덮는 부재는?

① 갑판
② 내저판
③ 정판
④ 마진판

60 배가 갖추어야 할 3가지 기본 특성이 아닌 것은?

① 부양성
② 적재성
③ 신속성
④ 이동성

정|답|								
01	02	03	04	05	06	07	08	09	10
③	②	④	④	③	①	②	②	④	④
11	12	13	14	15	16	17	18	19	20
③	④	④	④	①	②	③	④	①	③
21	22	23	24	25	26	27	28	29	30
①	①	④	①	②	①	③	①	④	③
31	32	33	34	35	36	37	38	39	40
②	③	④	②	②	③	②	④	②	③
41	42	43	44	45	46	47	48	49	50
④	④	①	①	③	③	②	①	④	②
51	52	53	54	55	56	57	58	59	60
④	①	②	④	④	①	②	③	②	③

기출문제(2012년)

01. 무과급 기관에 대한 과급 기관의 특징으로 틀린 것은?

① 연료 소비율이 적다.
② 연소성이 좋게 되므로 저질 연료의 사용이 용이하다.
③ 같은 크기의 기관에서는 과급 정도에 따라 평균 유효 압력과 출력이 크게 된다.
④ 출력 증가에 비해 마찰 손실이 크므로 기계 효율은 감소한다.

02. 공기 조화 장치의 기능이 아닌 것은?

① 공기의 청정화
② 공기의 유속의 균일화
③ 공기의 냉각, 가열
④ 유공압기기의 압력 공급

03. 선박의 각 계통과 열교환기가 사용되는 곳을 옳게 짝지어진 것은?

① 보일러 및 증기 계통 - 응축기, 증발기
② 냉동장치 계통 - 중요 가열기, 윤활유 냉각기
③ 주수 장치 및 정수 계통 - 증발기, 증류기, 청수 냉각기
④ 연료유 및 윤활유 계통 - 증발관, 공기 예열기, 복수기

04. 다음 중 냉동 장치에서 사용되는 간접 냉매는?

① 프레온   ② 브라인
③ 암모니아   ④ 메틸클로라이드

05. 추진기축을 발출한 후 검사해야 할 곳이 아닌 것은?

① 슬리브 부분
② 축 커플링 부분
③ 스핀들의 홈 부분
④ 추진기가 고정되는 원뿔 부분

06. 그림과 같은 기호가 의미하는 것은?

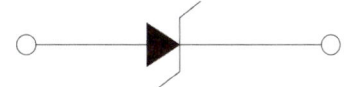

① 다이오드   ② 포토 다이오드
③ 제너 다이오드 ④ 발광 다이오드

07 기름 윤활식 선미관에 사용되는 베어링 재료는?

① 리그넘바이티
② 켈멧
③ 화이트 메탈
④ 청도

08 일반적으로 전기 장치에서 변압기를 사용하는 목적은?

① 교류 전압의 변환
② 직류 전압의 변환
③ 직류 전력의 변환
④ 교류 주파수의 변환

09 가스 터빈에 대한 설명으로 틀린 것은?

① 고속회전이 가능하다.
② 회적신 내연 기관이다.
③ 소형, 경량으로 대출력을 낼 수 있다.
④ 상호 마찰 부분이 상대적으로 많아 윤활유 소비가 많다.

10 4행정 사이클 기관 운전 중 하나의 실린더에서 1분동안 180회의 폭발이 일어났다면 이 기관의 분당 회전수는 몇 rpm인가?

① 45
② 60
③ 180
④ 360

11 디젤기관의 기계효율이 85%이고, 지시마력이 100PS라면, 이때 마찰손실 마력은 몇 PS인가?

① 3
② 5
③ 15
④ 20

12 근로자 1000명당 1년간에 발생하는 사상자 수를 나타내는 것은?

① 도수율
② 연 천인율
③ 강도율
④ 도수강도치

13 디젤기관에서 노킹(knocking) 현상이 가장 잘 발생할 수 있는 조건은?

① 압축압력이 높을 때
② 연료의 세탄가가 높을 때
③ 실린더 온도가 너무 낮을 때
④ 실린더 내 유입되는 흡기 온도가 높을 때

14 직류 발전기의 구조 중 교류 기전력을 직류로 바꾸는 역할을 하는 것은?

① 계자
② 정류자
③ 전기자
④ 브러시

15 2행정 기관의 복류식 소기 방법이 아닌 것은?

① 루프형 소기법
② 반전형 소기법
③ 횡진형 소기법
④ 대향 피스톤형 소기법

16 라이너가 직접 냉각수에 접촉하는 방식으로 대형 디젤 기관에 많이 사용되는 라이너 형식은?

① 건식 라이너
② 습식 라이너
③ 일체식 라이너
④ 재킷 라이너

17 실린더 헤드 면의 변형을 수정하는데 사용되는 기계는?

① 평면 연삭기
② 드릴 머신
③ 범용 선반
④ 리밍 머신

18 보일러 사용 중 전열면에 붙어있는 그을음이나 재를 증기나 공기로 불어내어 청소하는 장치는?

① 공기예열기
② 절탄기(Economizer)
③ 과열기(Superheater)
④ 슈트 블로어(Soot blower)

19 가변피치 추진기의 장점이 아닌 것은?

① 날개 뿌리부에서 공동현상을 일으키기 쉽다.
② 주기의 토크와 회전수를 임의로 선정할 수 있다.
③ 주기의 토크 회전수를 chleogs까지 사용할 수 있다.
④ 주기를 일정 방향으로 회전시킨 상태에서 역추력을 얻을 수 있다.

20 선박의 선수부 최상 갑판에 설치되어, 닻을 올리고 내리는데 사용되는 보조기계는?

① 수액기
② 캡스턴
③ 조타장치
④ 양묘기

21 기름화재에 적합하지 않은 소화기는?

① 포소화기
② 봉상수소화기
③ 분말소화기
④ 할로켄화합물소과기

22 중질 유류와 같이 점도가 높은 액체를 이송하는데 적합하여 선박에서는 연료유 펌프 및 윤활유 펌프에 사용하는 펌프는?

① 원심 펌프
② 피스톤 펌프
③ 기어 펌프
④ 플런저 펌프

23 다음 중 가솔린 기관 냉각 장치의 주요 부품이 아닌 것은?

① 기화기
② 워터 펌프
③ 냉각 팬
④ 라디에이터

24 4행정 사이클 기관에서 흡배기 밸브가 모두 닫혀 있고 피스톤이 하사점에서 상사점으로 이동하는 행정은?

① 흡입 행정
② 압축 행정
③ 폭발 행정
④ 배기 행정

25 스필 밸브식 또는 보슈식 연료 분사 펌프는 플런저의 상하 운동에 의하여 연료를 가압 분사하는데, 플런저를 직접적으로 움직이는 장치는?

① 캠
② 유압장치
③ 기어
④ 링크기구

26 내연기관 중 왕복운동 기관에 해당하는 것은?

① 압축 착화 기관
② 제트 기관
③ 가스 터빈 기관
④ 로켓 기관

27 크랭크실 내에서 크랭크가 회전함으로써 유면을 쳐서 기름이 튀게 하여 실린더 내면과 피스톤 및 피스톤 핀을 윤활하는 방식은?

① 중력식
② 압력식
③ 비산식
④ 강제 순환식

28 엔진 오일이 우윳빛을 띠고 있다면 그 원인은?

① 연료 혼입
② 냉각수 혼입
③ 열화 현상
④ 블로바이가스 혼입

29 열량의 공급이 정적과 정압하에서 나누어져 이루어지며, 고속 디젤 기관의 기본이 되는 복합사이클은?

① 오토 사이클
② 카르노 사이클
③ 디젤 사이클
④ 사바테 사이클

30 선내 작업시 휴대용 전기드릴을 사용하는 경우 접지선을 선체에 접속하는 주 목적은?

① 화재방지
② 감전사고방지
③ 단락사고방지
④ 추락사고방지

31 실린더 내에서 피스톤의 상사점과 하사점 사이의 직선거리를 무엇이라 하는가?

① 행정
② 행정 부피
③ 실린더 부피
④ 상부 간극

32 선박용 보일러의 구비 조건으로 틀린 것은?

① 검사 및 수리가 편리할 것
② 보일러실의 온도가 높을 것
③ 급수처리가 간단히 될 수 있을 것
④ 부하 변동에 신속히 응할 수 있을 것

33 조속기(Governor)는 기관에 걸리는 부하에 변동이 생겼을 때 무엇을 조정하여 일정한 회전속도를 유지하는가?

① 연료 공급량
② 냉각수의 양
③ 흡입 공기량
④ 윤활유 공급량

34 흡입밸브가 TDC 전 20°에서 열리고 BDC 후 40°에서 닫히며, 배기밸브는 BDC 전 40°에서 열리고 TDC 후 20°에서 닫히면 밸브 겹침(Over Lap)은 몇 도(°)인가?

① 0
② 20
③ 40
④ 80

35 회전운동시 발생하는 원심력에 의해 작동하여 파일럿 밸브를 상하 운동시켜 기어 펌프로부터의 흐름을 조절하는 역할을 하는 조속기의 부품은?

① 플라이 웨이트
② 출력 피스톤
③ 속도 조정 스프링
④ 플로팅 레버

36 잇수가 각각 40개, 60개이고, 모듈이 4인 외접 스퍼기어의 중심간 거리는 몇 mm인가?

① 100
② 180
③ 200
④ 240

37 다음 중 높이 측정 및 금긋기를 할 수 있는 계측기는?

① 하이트 게이지
② 버니어 캘리퍼스
③ 오실로스코프
④ 스트레이트 에지

38 용접의 단점으로 옳은 것은?

① 공정수가 증가한다.
② 자재의 소비가 많다.
③ 품질검사가 곤란하다.
④ 이음효율이 감소한다.

39 맞물리는 기어의 간략도를 그릴 때는 어떤 선으로 표시하는가?

① 가는 1점 쇄선
② 가는 실선
③ 굵은 1점 쇄선
④ 굵은 실선

40 두 줄 나사의 피치가 2.5mm일 때 리드(lead)는 몇 mm인가?

① 1
② 1.25
③ 2.5
④ 5

41 벨트 전동장치에서 평벨트와 비교한 V벨트의 특징을 설명한 것으로 옳은 것은?

① 가격이 저렴하다.
② 회전속도비가 적다.
③ 미끄러짐이 작다.
④ 먼 거리에 사용한다.

42 탄소공구강의 KS 재료 표기로 옳은 것은?

① SM
② GC
③ STS
④ STC

43 다음 중 가스 절단 시 절단 속도에 미치는 인지가 아닌 것은?

① 산소의 순도
② 불꽃의 세기
③ 용기 내의 가스 압력
④ 모재의 온도

44 전개도법의 종류가 아닌 것은?

① 평행선법
② 사각뿔법
③ 방사선법
④ 삼각형법

45 클로브밸브를 나타내는 기호는?

① ▷◁
② ▷○◁
③ ▷✕◁
④ ▷●◁

46 치수 보조 기호와 설명을 짝지은 것으로 틀린 것은?

① φ – 지름
② SR – 참고 치수
③ t – 판의 두께
④ C – 45°모따기

47 다음 중 안지름의 측정에 사용하는 게이지는?

① 수준기
② 스몰홀게이지
③ 측장기
④ 레버식 다이얼게이지

48 이음부의 표면에 미세한 입상의 용제를 쌓고 그 속에 전극와이어를 송급하여 아크용접을 행하는 용접은?

① TIG
② 테르밋 용접
③ MIG
④ 서브머지드 아크용접

49 알루미늄, 구리, 마그네슘, 망간 등의 합금으로 가볍고 강인하여 항공기, 자동차 바디의 재료에 사용되는 합금은?

① 두랄루민   ② 켈멧
③ 델타메탈   ④ 하이드로날륨

50 그림과 같이 V블럭 위에 원기둥을 올려놓고 돌려가면서 다이얼게이지의 눈금을 관찰하였다면 무엇을 알고자 한 것인가?

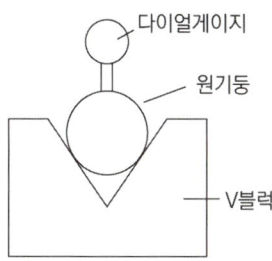

① 원기둥의 진원도
② 원기둥의 길이
③ 원기둥의 거칠기
④ 원기둥의 지름

51 선루의 역할을 설명한 것으로 틀린 것은?

① 종강도가 증가된다.
② 예비 부력을 감소시킨다.
③ 파랑을 이겨내는 능력이 증대된다.
④ 채광과 통풍에 편리한 선실을 제공한다.

52 선박의 재화중량에 포함되지 않는 것은?

① 연료의 중량
② 의장품의 중량
③ 청수의 중량
④ 각종 창고품의 중량

53 선박이 추진 중에 받는 전 저항에 포함되지 않는 것은?

① 마찰저항
② 조파저항
③ 공기저항
④ 압축저항

54 선박에 설치하는 선등과 색이 옳게 짝지어진 것은?

① 선미등 - 청색
② 좌현의 현등 - 녹색
③ 마스트 전조등 - 백색
④ 우현의 현등 - 홍색

55 배가 조난당하였을 때 승무원 각자가 상체에 착용하는 것은?

① 구명정
② 구명 부환
③ 구명 뗏목
④ 구명 동의

56 선수부의 구조를 특별히 보강하여 외판이나 늑골이 손상을 입지 않도록 하는 보강구조는?

① 팬팅구조
② 새깅구조
③ 슬래밍구조
④ 호깅구조

57 선박에서 트림(Trim)의 의미는?

① 선체 비틀림의 정도
② 횡경사와 종경사의 차이
③ 선수흘수와 선미흘수와의 차이
④ 선체가 횡으로 기울어져 있는 상태

58 횡격벽의 역할이 아닌 것은?

① 선체의 종강도에 기여한다.
② 운항 중 발생하는 래킹현상을 방지한다.
③ 여러 화물을 수송할 경우 화물의 관리 및 하역 작업을 편하게 한다.
④ 선체 손상 발생 시 해수의 유입이 한 구획에 그치도록 하여 더 큰 피해를 방지한다.

59 그림과 같은 선저 구조의 장점으로 틀린 것은?

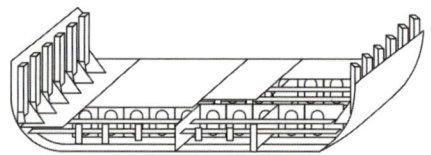

① 선박의 종강도와 국부 강도가 증가된다.
② 선저가 파손되어도 침수로부터 보호할 수 있다.
③ 선체의 중량이 감소하면서 제작기간이 짧아진다.
④ 내부 공간을 탱크로 이용하여 공간 활용도를 높인다.

60 해수 중에 선박이 배수량 2050ton인 상태로 떠 있다면 이 선박의 배수 용적은 몇 ㎥인가? (단, 해수의 비중량은 1.025ton/㎥이다.)

① 1025
② 2000
③ 2050
④ 2101

정답									
01	02	03	04	05	06	07	08	09	10
④	④	③	②	③	③	③	①	④	④
11	12	13	14	15	16	17	18	19	20
③	②	③	②	④	②	①	④	①	④
21	22	23	24	25	26	27	28	29	30
②	③	①	②	①	①	③	②	④	②
31	32	33	34	35	36	37	38	39	40
①	②	①	③	①	③	①	③	①	④
41	42	43	44	45	46	47	48	49	50
③	④	③	②	④	②	②	④	①	①
51	52	53	54	55	56	57	58	59	60
②	②	④	③	④	①	③	①	③	②

기출문제(2013년)

01 내연기관의 플라이휠에 대한 설명으로 틀린 것은?

① 관성력을 이용한다.
② 기관의 시동을 쉽게 해 준다.
③ 주철제의 바퀴로서 림, 보스 및 암으로 되어 있다.
④ 휠의 작용력은 기관의 회전수가 적을수록 유효하다.

02 보일러 효율(Boiler efficiency)에 대한 설명으로 옳은 것은?

① 보일러의 전급수량과 사용 열량과의 비
② 보일러에서 실제로 흡수한 열량과 실제로 노내에서 발생한 열량과의 비
③ 연료 1kg이 갖는 이론상의 발열량과 보일러에서의 실제로 흡수된 열량의 비
④ 보일러에서 실제로 흡수한 열량과 연료의 총 발열량과의 비

03 선박용 대형 디젤기관의 시동 방법으로 옳은 것은?

① 전기시동
② 관성시동
③ 공기시동
④ 시동기관에 의한 시동

04 다음 중 고속작업을 위한 이동식 비계 조립 및 사용시 준수사항으로 틀린 것은?

① 작업대의 발판은 전면에 걸쳐 빈틈없이 깐다.
② 부재의 접속부 및 교차부는 확실하게 연결한다.
③ 작업시 이동에 유용하도록 구조물과는 체결을 하지 않도록 한다.
④ 최대 적재하중을 표시하여 작업시 최대적재하중을 초과하지 않도록 한다.

05 왕복펌프를 사용해야 할 경우로 가장 좋은 경우는?

① 다량의 물을 높은 압력으로 보낼 때
② 소량의 물을 높은 압력으로 보낼 때
③ 다량의 물을 가까운 거리에 보낼 때
④ 소량의 물을 가까운 거리에 보낼 때

06 반도체 부품 중 다이오드의 주요 역할은?

① 증폭작용
② 자기작용
③ 정류작용
④ 충전작용

07 급유량이 많아 베어링 냉각에 효과적이며 큰 하중을 받는 베어링에도 적합하여 선박용 대형 디젤기관의 윤활유 급유방식으로 주로 사용되는 것은?

① 비산급유 방식
② 중력급유 방식
③ 압력급유 방식
④ 강제순환급유 방식

08 선박 축계에 설치하는 스터핑 박스의 역할은?

① 수밀
② 지지
③ 연결
④ 감속

09 디젤기관에서 배기를 팽창시키거나 냉각시켜 심한 폭음을 방지하는 장치는?

① 과급기
② 소기장치
③ 소음기
④ 윤활유 여과기

10 연료 분사밸브의 분사압력, 분사각도, 분사 상태 등을 검사하는 시험기는?

① 노즐 테스터
② 플런저 테스터
③ 피치 테스터
④ 타이밍 테스터

11 상사점 부근에서 흡기 밸브와 배기 밸브가 동시에 열려 있는 기간을 무엇이라 하는가?

① 밸프 래핑
② 플러터 현상
③ 착화 지연
④ 밸브 오버랩

12 디젤릭관의 연료 분사시기가 정상보다 빠를 경우 증가되는 배기가스 성분은?

① NOx
② HC
③ CO
④ O_2

13 프레온 가스 누설사고 때 조치사항으로 틀린 것은?

① 프레온 가스에 불꽃이 닿지 않게 한다.
② 눈에 닿았을 때 붕산용액이나 식염수로 씻는다.
③ 공기보다 무거운 특성을 고려하여 산소 결핍에 유의한다.
④ 가스가 눈에 들어가면 비벼가며 안구 운동을 한다.

14 2행정 사이클 기관과 비교한 4행정 사이클 기관의 장점으로 틀린 것은?

① 구조가 간단하다.
② 용적 효율이 높다.
③ 기관의 수명이 길다.
④ 소기펌프를 필요로 하지 않는다.

15 내연기관에서 기계효율을 옳게 나타낸 것은?

① $\dfrac{\text{도시 열효율}}{\text{이론 열효율}}$
② $\dfrac{\text{도시 동력}}{\text{정미 동력}}$
③ $\dfrac{\text{이론 열효율}}{\text{도시 열효율}}$
④ $\dfrac{\text{출력 축의 동력}}{\text{지압 선도의 동력}}$

16 압축비가 14일 때 실린더의 압축용적은 행정용적의 약 몇 %인가?

① 5.5
② 7.7
③ 9.1
④ 12.1

17 연료를 연소하여 발생한 열에너지를 기계적 일로 바꾸어 동력을 얻는 기계는?

① 공기 압축기
② 열기관
③ 프로펠러 축계
④ 전동기

18 디젤기관의 크랭크축이 부러지는 원인이 아닌 것은?

① 노킹의 되풀이
② 연료유 여과기의 막힘
③ 크랭크암 개폐작용의 과대
④ 각 실린더의 출력이 균일하지 않고 비틀림이 작용

19 전위차에 의하여 전위가 높은 곳에서 낮은 곳으로 전기가 이동하는 것을 무엇이라 하고, 그 양을 측정하는 단위를 옳게 짝지은 것은?

① 전압, 볼트(V)
② 저항, 옴(Ω)
③ 전류, 암페어(A)
④ 전력, 와트(W)

20 다음 중 가솔린기관의 기본 사이클은?

① 디젤사이클
② 사바테사이클
③ 오토사이클
④ 브레이튼사이클

21 일반적으로 선박에서 주기 시동용으로 사용하는 압축기 형식은?

① 축류식   ② 원심식
③ 회전식   ④ 왕복식

22 [보기]에서 설명하는 디젤기관의 왕복운동부는?

[보기]
- 피스톤에 작용하는 힘을 커넥팅 로드에 전달한다.
- 탄소강 또는 특수강을 표면 경화하여 사용한다.
- 고정식, 반고정식, 부동식이 있다.

① 피스톤 핀   ② 크랭크 축
③ 피스톤 로드   ④ 크랭크 핀

23 냉동장치의 기기 중 흡힙가스 중에 흡입되고 있는 액체를 분리하여 증발기로 보내는 역할을 하는 것은?

① 수액기
② 액분리기
③ 응축기
④ 유분리기

24 냉동기에 사용되는 직접 냉매가 갖추어야 할 조건으로 틀린 것은?

① 증발 잠열이 클 것
② 임계 온도가 낮을 것
③ 증발한 가스의 비체적이 작을 것
④ 대기압 하에서의 증발 온도가 낮을 것

25 용량이 1kW인 전열기를 30분 동안 사용하면 총 전력량은 몇 Wh인가?

① 200
② 300
③ 400
④ 500

26 증기터빈의 안전운전을 위하여 장착된 인터로크 장치가 아닌 것은?

① 터닝장치
② 후진 가드 밸브
③ 복수장치
④ 엔진 텔레그래프 장치

27 원심펌프의 송출량 조절 방법 중 일반적으로 선박기관실에서 사용하는 방법은?

① 회전 속도 조절
② 바이패스 밸프 개폐 조절
③ 송출밸브의 열림 양 조절
④ 흡입구 밸브 열림 양 조절

28 다음 중 B급 화재로 분류되는 화재는?

① 유류화재
② 전기화재
③ 목재화재
④ 금속화재

29 실린더의 안지름 300mm, 최대 압력이 490N/인 경우 피스톤에 작용하는 하중의 최대값은 약 몇 kN인가?

① 278
② 346
③ 295
④ 386

30 선박용 디젤기관에서 사용하는 감속장치 방식의 종류가 아닌 것은?

① 벨트식
② 기어식
③ 유체식
④ 전기식

31 증기를 동작 유체로 하는 열 사이클로서 가장 기본적인 사이클은?

① 재생사이클
② 랭킨사이클
③ 카르노사이클
④ 재열사이클

32 디젤기관의 연료 분사 조건 중 연료유의 입자를 미세화시키는 것은?

① 무화
② 분포
③ 분산
④ 관통력

33 그림과 같은 구조의 펌프는 어떤 펌프의 종류인가?

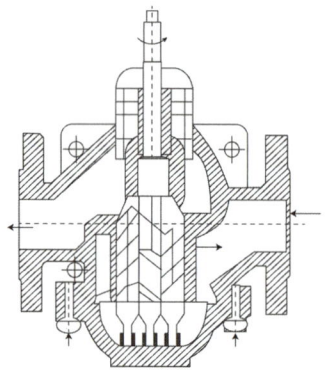

① 회전 펌프
② 왕복 펌프
③ 제트 펌프
④ 피스톤 펌프

34 디젤기관에서 크랭크 암의 디플렉션(Deflection)을 측정하는 목적으로 옳은 것은?

① 밸브 틈새를 알기 위하여
② 연료 분사 시기를 알기 위하여
③ 실린더 윤활 상태를 알기 위하여
④ 축 중심이 어긋났는가를 알기 위하여

35 선박용 대형 기관에서 주로 사용되는 기관 냉각 방법은?

① 유 냉각
② 청수 냉각
③ 공기 냉각
④ 해수 냉각

36 주로 내경 측정 및 내측의 홈이나 폭을 측정하는데 사용되는 비교측정기는?

① 실린더 게이지
② 게이지 블록
③ 버니어 캘리퍼스
④ 다이얼 게이지

37 구리합금 중 시효경화성이 있고, 가장 큰 강도와 경도를 가지며 내식성, 내열성, 내피로성이 좋아 베어링, 고급 스프링 전기 접점 등의 재료로 사용되는 청동은?

① 망간청동
② 크롬청동
③ 콜슨합금
④ 베릴듐청동

38 드릴의 웨브나 수나사의 골지름 측정에 사용되는 측정기는?

① 지시 마이크로미터
② 이두께 마이크로미터
③ 포인트 마이크로미터
④ 크루브 마이크로미터

39 다음 중 나사의 풀림 방지 방법이 아닌 것은?

① 멈춤 나사
② 분할핀
③ 스프링 와셔
④ 홈마찰자

40 도면에서 1점 쇄선으로 표현하지 않는 선은?

① 중심선
② 피치선
③ 파단선
④ 특수 지정선

41 용접작업의 주요 구성요소가 아닌 것은?

① 용접기구
② 열원
③ 화학적인 반응
④ 용가재

42 그림과 같은 실제 모양의 배관을 옳게 도시한 것은?(단, 화살표 방향에서 보는 것으로 도시한다.)

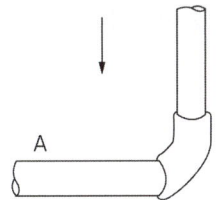

43 글로브 밸브를 나타내는 기호는?

44 두 축이 교차하거나 평행하지 않은 기어는?

① 헬리컬 기어
② 하이포이드 기어
③ 래크와 피니언
④ 제롤 베벨 기어

45 아세틸렌 가스에 대한 설명으로 옳은 것은?

① 공기보다 약간 무겁다.
② 순수한 아세틸렌은 독특한 냄새가 난다.
③ 아세톤에는 잘 용해되나 다른 액체에는 녹지 않는다.
④ 산소와 적당히 혼합하여 연소시키면 높은 열을 낸다.

46 다이얼게이지의 특징을 설명한 것으로 틀린 것은?

① 측정 범위가 좁다.
② 소형, 경량으로 취급이 용이하다.
③ 연속된 변위량의 측정이 가능하다.
④ 다원측정의 검출기로서 이용할 수 있다.

47 탄소강에 니켈, 크롬 등을 다량 첨가한 것으로, 대기중이나 수중에서 잘 부식되지 않는 합금강은?

① 침탄강
② 스테인리스강
③ 고속도강
④ 스텔라이트강

48 알루미늄이나 스테인리스강의 용접에 우수한 특성을 갖는 용접은?

① 탄산가스 아크 용접
② 아크 용접
③ 불활성가스 아크 용접
④ 프로젝션 용접

49 도면에서 2종류 이상의 선이 같은 장소에서 중복될 경우에 우선 되는 선부터 나열한 것은?

① 회형선, 절단선, 숨은선, 무게 중심선
② 외현선, 숨은선, 절단선, 무게 중심선
③ 외형선, 무게 중심선, 절단선, 숨은선
④ 외형선, 무게 중심선, 숨은선 절단선

50 사다리꼴 나사에 대한 설명이 아닌 것은?

① 운동용 나사로 사용된다.
② 나사의 봉우리와 골에 틈이 생기므로 공작이 쉽다.
③ 나사의 물림이 좋고, 마모를 적게 할 수 있는 장점이 있다
④ 프레스, 나사잭 등과 같이 큰 하중이 한쪽 방향으로만 작용하는 경우에 적합하다.

51 선박의 수선면적과 길이, 형폭으로 이루어진 직사각형의 면적의 비로서 나타내는 계수는?

① 중앙 횡단면 계수
② 연직주형 계수
③ 주형 비척 계수
④ 수선면 계수

52 축로 nel에 설치하여 프로펠러축을 교환 시 빼내기 편리하도록 설치한 구조물의 명칭은?

① 축로 리세스
② 축로 거더
③ 축로 트렁크
④ 기관실 케이싱

53 다음 중 선수구조의 구성요소가 아닌 것은?

① 제수판(Wash plate)
② 트랜섬판(Transom plate)
③ 브레스트 훅(Breast hook)
④ 팬팅 스트링어(Panting stringer)

54 선박의 만재배수톤수가 5000ton이고, 경하 배수톤수가 3000ton일 때, 이 선박의 재화 중량톤수는 몇 ton인가?

① 2000   ② 3000
③ 4000   ④ 5000

55 선박을 용도에 의해 분류했을 때 여객선은 어디에 포함되는가?

① 어선   ② 상선
③ 군함   ④ 특수선

56 선박에서 이중저 구조의 장점이 아닌 것은?

① 선체 종강도 증대된다.
② 선저 파손시 선내 침수를 막을 수 있다.
③ 밸라스트 탱크 등 각종 탱크로 이용할 수 있다.
④ 화물의 적재 공간이 넓어져 운송량을 증대할 수 있다.

57 다음 중 1인용 구명설비는?

① 구명 부기   ② 구명 동의
③ 구명 뗏목   ④ 구명정

58 일반적으로 강력갑판에 해당되는 것은?

① 상갑판
② 선교 갑판
③ 선수루 갑판
④ 항해 갑판

59 디프탱크에 대한 설명으로 옳은 것은?

① 선체 바닥에 고이는 오수를 모아두는 탱크이다.
② 다른 선박과의 접촉 시 파손을 방지하기 위한 탱크이다.
③ 선수미부, 창내 또는 갑판 사이에 선체구조의 일부로서 구성된 탱크로 심수조라고도 한다.
④ 탱크의 자유표면을 줄이기 위하여 나누어진 구획 탱크이다.

60 선박이 움직일 때 파도의 발생에 기인하는 저항은?

① 마찰 저항
② 조와 저항
③ 조파 저항
④ 공기 저항

정	답								
01	02	03	04	05	06	07	08	09	10
④	④	③	③	②	③	④	①	③	①
11	12	13	14	15	16	17	18	19	20
④	①	④	①	④	③	②	②	③	③
21	22	23	24	25	26	27	28	29	30
④	①	②	②	③	③	③	①	②	①
31	32	33	34	35	36	37	38	39	40
②	①	①	④	②	①	④	③	④	③
41	42	43	44	45	46	47	48	49	50
③	②	①	②	④	①	②	②	②	④
51	52	53	54	55	56	57	58	59	60
④	①	②	①	②	④	②	①	③	③

기출문제(2015년)

선박기관정비기능사 및 국가기술자격 시험 예상 문제 모의고사

01 힘, 일 및 동력과 관계된 단위 관계로 옳은 것은?

① 1kgf = 1N
② 1ps = 427kgf•m/s
③ 9.8J/s = 1W
④ 1kW = 102kgf•m/s

02 다음 중 전력을 구하는 식이 아닌 것은?(단, V 전압, I 전류, R 저항이다.)

① VI
② I^2R
③ $\dfrac{V^2}{R}$
④ $\sqrt{VR}$

03 가솔린기관에서 노킹이 발생하기 쉬운 경우가 아닌 것은?

① 기관이 과열되었을 경우
② 기관의 부하가 과대할 경우
③ 점화 시기가 너무 늦을 경우
④ 압축비에 비해 연료의 옥탄값이 너무 낮을 경우

04 아크용접이나 가스용접 시 눈을 보호하기 위한 안경은?

① 방진안경
② 방사안경
③ 일반안경
④ 차광용안경

05 행정부피는 4200, 압축부피 300인 디젤기관의 압축비는 얼마인가?

① 12
② 14
③ 15
④ 16

06 보일러 운전 중 비상 정지시켜야 할 경우가 아닌 것은?

① 보일러수의 소모량이 적을 경우
② 수면계에 수위가 보이지 않는 경우
③ 보일러 본체의 과열 및 변형이 생긴 경우
④ 급수 계통에 이상이 생겨서 더 이상 급수를 할 수 없는 경우

07 4행정 사이클 기관의 행정을 순서대로 나열한 것은?

① 흡입 – 작동 – 배기 – 압축
② 흡입 – 작동 – 압축 – 배기
③ 흡입 – 압축 – 작동 – 배기
④ 흡입 – 압축 – 배기 – 작동

08 다음 중 증발잠열이 가장 큰 냉매는?(단, -15°C에서의 값으로 비교한다.)

① 프레온 R-12
② 탄산가스
③ 메틸클로라이드
④ 암모니아

09 디젤기관의 작동 중 상사점 부근에서 흡기밸브와 배기밸브가 동시에 열려있는 상태를 무엇이라 하는가?

① 캐비테이션
② 스로틀링
③ 밸브 오버랩
④ 밸브 래핑

10 다음 중 디젤기관의 전기 시동용 전동기로 많이 사용되는 형식은?

① 동기전동기
② 유도전동기
③ 직권전동기
④ 교류전동기

11 디젤기관의 작동 시 왕복 운동부에 해당하는 것은?

① 피스톤
② 크랭크축
③ 실린더
④ 플라이휠

12 선박의 디젤기관에서 메인 베어링의 발열 원인이 아닌 것은?

① 베어링 하중이 너무 클 때
② 베어링 틈새가 부적당할 때
③ 공급 윤활유 양이 과다할 때
④ 선체의 휨 및 기관대가 변형되었을 때

13 분사 구멍이 막히기 쉬운 결점이 있지만 무화, 분산이 양호하여 직접 분사식 기관에 사용하는 연료분사 노즐은?

① 단공형
② 핀틀형
③ 다공형
④ 스로틀형

14 냉동기의 팽창밸브를 통과한 냉매는 파이프 내에서 어떠한 상태인가?

① 포화액
② 건포화증기
③ 고온, 고압의 기체
④ 습포화증기

15 수공구 이용시 안전한 작업을 하기 위한 설명으로 틀린 것은?

① 쇠톱을 이용한 절단작업시 밀 때 절삭이 되도록 한다.
② 스패너의 크기가 너트에 맞는 것이 없을 때는 끼움판을 사용한다.
③ 스패너로 너트를 조일 때는 모양에 맞게 끼우고 앞으로 당기면서 조인다.
④ 해머 작업시 면장갑이나 기름 묻은 손으로 자루를 잡지 않는다.

16 가솔린기관에서 점화 코일이 유도된 고압의 전류를 기관의 점화 순서에 따라 각 실린더의 점화 플러그에 분배하는 기구는?

① 배전기
② 점화 코일
③ 기화기
④ 점화 장치

17 다음 중 기관의 동력전달장치에 해당하지 않는 것은?

① 조타기
② 클러치
③ 감속기
④ 역전기

18 선박기관에 사용되는 추력베어링(Thrust bearing)의 종류가 아닌 것은?

① 밀폐형
② 말굽형
③ 미첼형
④ 글랜드형

19 원심 펌프와 비교했을 때 왕복 펌프의 특징으로 틀린 것은?

① 흡입 성능이 양호하다.
② 높은 양정을 얻기가 쉽다.
③ 큰 유량을 얻는데 유리하다.
④ 운전 조건이 광범위하게 변해도 효율변화가 적다.

20 실린더 라이너의 안지름을 측정할 때 사용하는 기구가 아닌 것은?

① 브리지 게이지
② 텔레스코핑 게이지
③ 실린더 게이지
④ 안지름 마이크로미터

21 다음 중 주로 발전기용 조속으로 사용되는 것은?

① 정속도 조속기
② 변속도 조속기
③ 과속도 조속기
④ 비상용 조속기

22 4행정 디젤기관에서 캠축 1회전마다 크랭크축은 몇 회전하며, 폭발은 몇 회 일어나는가?

① 1회전, 1회
② 2회전, 1회
③ 1회전, 2회
④ 2회전, 2회

23 증기터빈을 증기의 작동 방식에 따라 분류할 때 해당되지 않는 것은?

① 충동 터빈 ② 배압 터빈
③ 반동 터빈 ④ 혼식 터빈

24 유압을 일로 바꾸는 역할을 하는 유압기구의 구성요소는?

① 유압펌프 ② 유압밸브
③ 액추에이터 ④ 유압탱크

25 디젤기관에서 과급을 행하는 주된 이유는?

① 배기를 좋게 하기 위하여
② 평균유효압력을 높이기 위하여
③ 윤활유 소비를 줄이기 위하여
④ 실린더 내에 공기를 빨리 넣기 위하여

26 외연기관과 비교한 내연기관의 장점은?

① 진동과 소음이 적다.
② 큰 마력을 내는데 적합하다.
③ 사용 연료의 제한을 받지 않는다.
④ 열효율이 높고 중량 및 부피가 작다.

27 폭발성 가스 중에서 안전하게 사용할 수 있도록 고안된 전기기구의 형식은?

① 방폭형
② 방수형
③ 수중형
④ 풍우밀형

28 실린더 헤드의 볼트나 메인베어링의 스터드 볼트를 정확한 힘으로 죌 때 사용하는 공구는?

① 토크 렌치 ② 래칫 렌치
③ 복스 렌치 ④ 육각 렌치

29 주로 닻(anchor)을 감아올리는 데 사용하는 갑판 보조기계는?

① 태클 ② 양묘기
③ 계선기 ④ 크레인

30 용량이 100Ah인 납축전지에서 매시간 5A의 크기로 방전시키면 사용할 수 있는 시간은 몇 시간인가?

① 10 ② 20
③ 30 ④ 40

31 마찰에 의해 생긴 열을 외부로 발산시키고, 열 변형이나 융착이 일어나지 않도록 하는 윤활유의 작용은?

① 기밀 작용 ② 냉각 작용
③ 방청 작용 ④ 청정 작용

32 다음 중 크랭크 암의 개폐 작용이 반복적으로 발생할 경우 해야 할 수리작업은?

① 밸브 타이밍 조절
② 스러스트 베어링 교환
③ 피스톤 링의 교환
④ 커넥팅 로드의 교환

33 다음 중 트랜지스터의 기능이 아닌 것은?

① 증폭 작용　② 발진 작용
③ 스위칭 작용　④ 발열 작용

34 그림과 같은 제 1종 추진기축의 도면에서 부품 ㉠ 의 명칭은?

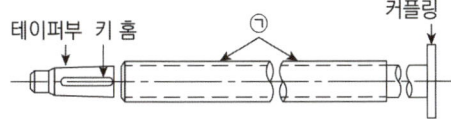

① 베어링 부시
② 슬리브
③ 리그넘 바이티
④ 오일시일

35 디젤기관이 다른 기관에 비해 열효율이 높은 이유는?

① 압축비가 크기 때문이다.
② 양질유를 사용하기 때문이다.
③ 큰 플라이휠을 사용하기 때문이다.
④ RPM(1분간 회전수)이 높기 때문이다.

36 배관 제도 방법에 대한 설명으로 틀린 것은?

① 관은 1줄의 실선으로 표시한다.
② 계기는 종류에 따라 O안에 문자 기호를 넣어 표시한다.
③ 관의 굵기는 배관을 표현한 곳 옆에 굵기에 따라 여러 줄의 가는 실선을 이용하여 표시한다.
④ 배관이 접속하면서 교차할 경우 교차지점에 굵은 점으로 표시한다.

37 피치가 2mm인 2줄 나사를 180° 회전시키면 몇 mm 이동하는가?

① 1　② 2
③ 3　④ 4

38 TIG 용접에서 사용하는 전극재료는?

① 텅스텐　② 탄소
③ 알루미늄　④ 주철

39 그림과 같은 베어링의 명칭은?

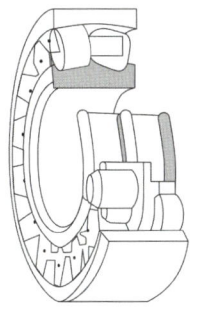

① 스러스트 볼 베어링
② 자동조심 롤러 베어링
③ 스러스트 롤러 베어링
④ 단열 앵귤러 볼 베어링

40 교류아크용접기의 종류가 아닌 것은?

① 정류형
② 가동철심형
③ 탭전환형
④ 가포화 리액팅형

41 웜 기어(Worm gear)의 장점이 아닌 것은?

① 부하 용량이 크다.
② 역회전이 가능하다.
③ 소음과 진동이 적다.
④ 큰 감속비를 얻을 수 있다.

42 제도할 대상 물체의 주요 면을 투상면에 나란하게 두고 투상면에 직각인 평행 투상선으로 투상도를 그리는 것은?

① 정투상법
② 등각투상법
③ 사투상법
④ 투시투상법

43 판의 두께를 표시하는 치수 보조 기호는?

① □   ② ϕ
③ R   ④ t

44 다음 중 축용(軸用) 한계게이지는?

① 링 게이지
② 테보 게이지
③ 봉 게이지
④ 플러그 게이지

45 어미자 눈금이 1mm이며 아들자의 눈금은 19mm를 20등분한 M형 버니어 캘리퍼스에서 측정 가능한 최소값은 몇 mm인가?

① 1/5   ② 1/10
③ 1/15   ④ 1/20

46 자동차, 항공기, 내연기관의 피스톤, 실린더 등에 사용하며 주성분이 Al으로 Al-Cu-Ni-Mg로 이루어진 Al 합금은?

① 두랄루민
② 실루민
③ 배빗메탈
④ Y 합금

47 마이크로미터와 같은 직접측정방법의 특징으로 옳은 것은?

① 눈금을 읽는 오류가 적고 측정시간이 짧다.
② 초보자도 정밀한 측정기기를 쉽게 다룰 수 있다.
③ 측정범위가 넓고 피측정물의 실제치수를 읽을 수 있다.
④ 치수 편차의 파악이 용의하고 원격제어에 활용할 수 있다.

48 다음 중 [보기]와 같은 성질을 우선 고려해야 하는 재료는?

[보기]
- 담금질에 의하여 변형이나 균열이 없어야 한다.
- 시간이 지남에 따라 치수 변화가 없어야 한다.
- 팽창계수가 보통 강보다 작아야 한다.

① 내식강
② 영구 자석강
③ 기계구조용강
④ 게이지용강

49 제도에서 사용하는 선의 종류와 용도에 대한 설명으로 틀린 것은?

① 외형선은 실선으로 표시한다.
② 지시선은 쇄선으로 표시한다.
③ 중심선은 1점 쇄선으로 표시한다.
④ 무게중심선은 2점 쇄선으로 표시한다.

50 가스용접 장치 중 산소와 아세틸렌가스를 일정한 비율로 혼합하고 이 혼합 가스를 연소시켜 고온의 불꽃을 얻는 장치는?

① 봄베　　② 용접봉
③ 토치　　④ 압력조정기

51 선수의 형상 중 선수파의 파형을 조정하여 선박의 조파저항을 감소시킬 목적으로 개발된 것은?

① 램형　　② 경사형
③ 구상형　　④ 클리퍼형

52 다음 중 선박의 적재 가능한 중량을 나타내는 것은?

① 배수량　　② 총톤수
③ 순톤수　　④ 재화중량

53 선박의 마찰저항 크기에 영향을 미치는 요소가 아닌 것은?

① 침수 표면적　　② 파고
③ 유체의 밀도　　④ 유체의 점성계수

54 배가 진행할 때 선미에서 배의 진행방향으로 물의 흐름이 생기는데 이를 무엇이라 하는가?

① 반류
② 슬립
③ 공동현상
④ 피치

55 유조선에서 중앙기관선보다 선미기관선을 주로 채택하는 이유로 틀린 것은?

① 화재의 위험이 적다.
② 선수트림을 조정하기 쉽다.
③ 축로를 아주 짧게 단축할 수 있다.
④ 중앙부의 장소를 유효하게 화물창으로 쓸 수 있다.

56 선박 기관실 천창(Sky light)의 설치 목적이 아닌 것은?

① 통풍
② 채광
③ 방열
④ 관계자의 출입

57 중앙횡단면의 현측에서 상갑판보의 상면부터 기선까지 측정한 수직거리는?

① 형깊이
② 건현
③ 형흘수
④ 건형용의 깊이

58 주기관이 설치되는 곳의 보강방법으로 부적절한 것은?

① 보를 크게 한다.
② 특설늑골을 증설한다.
③ 늑판의 두께를 증가한다.
④ 이중저 내의 실체늑판의 수를 증가한다.

59 축로의 상부보다 높게 위치하는 공간으로 프로펠러 축을 빼기에 편리하게 되어 있는 곳은?

① 선미관
② 탈출 트렁크
③ 축로 리세스
④ 스터핑 상자

60 항공기의 원리인 날개의 양력을 이용하여 수면 가까이 떠서 운항하는 선박의 명칭은?

① 활주형선
② 위그선
③ 수중익선
④ 공기부양선

| 정 | 답 |

01	02	03	04	05	06	07	08	09	10
④	④	③	④	③	①	③	④	③	③
11	12	13	14	15	16	17	18	19	20
①	③	③	④	②	①	①	④	③	①
21	22	23	24	25	26	27	28	29	30
①	②	②	③	②	④	①	①	②	②
31	32	33	34	35	36	37	38	39	40
②	②	④	②	①	③	②	①	②	②
41	42	43	44	45	46	47	48	49	50
②	①	④	①	④	④	③	④	②	③
51	52	53	54	55	56	57	58	59	60
③	④	②	①	②	④	①	①	③	②

유재웅

- 울산대학교 자동차선박기술 공학석사
- 울산대학교 건설기계공학 공학박사
- 현 우송정보대학교 교수

선박기관정비기능사 필기 예상문제집

초판 인쇄 | 2026년 1월 20일
초판 발행 | 2026년 1월 30일

저 자 | 유재웅
발 행 인 | 조규백
발 행 처 | 도서출판 구민사
(07293) 서울특별시 영등포구 문래북로 116, 604호(문래동 3가 46, 트리플렉스)
전 화 | (02) 701-7421
팩 스 | (02) 3273-9642
홈페이지 | www.kuhminsa.co.kr

신고번호 | 제2012-000055호 (1980년 2월 4일)
ISBN | 979-11-6875-651-9 (13550)

값 | 28,000원

※ 낙장 및 파본은 구입하신 서점에서 바꿔드립니다.
※ 본서를 허락없이 부분 또는 전부를 무단복제 게재행위는 저작권법에 저축됩니다.